植栽設計選種大要

Selection of plants for landscape design

潘富俊 著

序

　　景觀設計師主要的設計元素是什麼？山石流水、硬體建物或水泥鋼構設施？答案恐怕是植物。栽植設計必須根據各植物之形態、生態特徵和文化內涵，才能進行專業的配置。以台灣地區各都會區而言，各地城市行道樹、園景樹沒什麼差別，主要樹種都是黑板樹、小葉欖仁、欖仁、台灣欒樹、南洋杉、印度橡膠樹、榕樹、樟樹、鳳凰木、水黃皮、楓香、茄苳等。位於北部的台北和南部的高雄，園景樹幾無區別；西部的台中和東部的花蓮，景觀植物也無法區分。各地行道樹、綠地公園、私人宅第等所栽培的綠化植物幾乎千篇一律，各城市的植栽，均無當地特色可言。綜觀各地的公園、綠地有一個共同的特色：春季色彩繽紛，夏季就只剩下綠色，秋季、冬季的景色更是乏善可陳。如此的植栽設計，絕對談不上專業。以植物為主要設計元素的景觀設計師必須認識植物、必須懂植物。

　　景觀系有八學期的景觀設計課，每一學期的景觀設計總評，學生流傳：沒有老師會去在意作品中的植栽，花時間在植栽的選擇和配置不務實際。所以所有景觀畢業設計的植栽部分都在虛應故事，幾乎看不到植栽的內容。這種景觀設計的態度似乎存在整個景觀界。

　　植物具有「色彩美」、「形態美」，植物也有「內容美」、「含蘊美」。個人認為植栽設計至少應包含五個層次：第一層次，所種的植物必須成活；第二層次，所種的植物不但成活，還要生機旺盛；第三層次，植栽要美觀，植物配置得宜，顯現景觀整體美；第四層次，植栽要展現地區的特色；第五層次，植栽要典雅，所種的植物具文化意涵、歷史典故。

　　因此，本書分成五篇：第一篇〈植物形態與色彩的選擇〉，描述植物葉、花、果、莖、根、樹冠的形態美。第二篇〈特殊表現與特別場所的植栽〉，包括香花香草植物、栽種地被植物、鋪設草坪、設置綠籬等。第三篇〈極端環境的植物選擇〉，有鹼性土壤植栽的選擇、酸性土壤植栽的選擇、海岸強風和多鹽霧逆境的植物選擇、水生植物、乾旱、貧瘠的土壤逆境的植物選擇、

耐蔭植物的判定和選擇……等。第四篇〈具文學與文化意涵的植栽〉，説明植物的文學典故、植物意涵、植物的歷史和文化內容、漢字植物名稱的特殊性等。第五篇〈植物的地域性〉，敍述成為入侵種的植物、常用的鄉土種或原生種觀賞植物，説明常用觀賞植物的五大洲原產地。

　　筆者任教景觀系二十餘年，發現國內外極少有專門提供景觀系學生學習植栽設計，可參據引用的文獻或辭典。本書主要是提供學生植栽設計參考用，也希望對景觀設計業者有用。

　　本書引述植物種類多，如果詳述全部形態特徵，所占篇幅太大，只能簡述少數植物特性分布。大多數植物只提供中文名稱、學名和科別。如果本書還有一點參考的價值，來年會再寫一本供本書參考及植栽設計專用的植物圖鑑。

目錄

序   4

第 0 章　前言   13

第一篇　植物形態與色彩的選擇   23

第一章　植物葉的形態   25

    第一節　葉形大小與環境   26
    第二節　葉的質感   32
    第三節　葉片的色彩   34
    第四節　常綠性和落葉性   39

第二章　植物的色彩及季相變化   42

    第一節　葉顏色的季節變化   43
    第二節　花的顏色   48
    第三節　果實的色彩   54
    第四節　代表四季的植物   56
    第五節　具四季色彩變化的植物   60

第三章　樹冠形狀   63

    第一節　樹冠形定義   65
    第二節　枝下高與樹冠形   66
    第三節　主要的樹冠形及樹種   67
    第四節　特殊的冠形或幹形   76
    第五節　樹冠形與栽植法   78

第四章　樹幹樹皮和樹根　80

第一節　樹幹之類別　82
第二節　樹皮與氣候　83
第三節　樹皮之裂紋　85
第四節　枝幹樹皮的色彩　88
第五節　根的深淺性與行道樹　92
第六節　樹木的根與植栽設計　94

第二篇　特殊表現與特別場所的植栽　99

第五章　香氣植物　101

第一節　定義　102
第二節　植物體具香氣的植物　103
第三節　香花植物　108
第四節　香果植物　114

第六章　地被植物　117

第一節　地被植物的定義　118
第二節　地被植物的類型　119
第三節　地被植物的選擇　121

第七章　草坪植物　128

第一節　草坪的定義　129
第二節　草坪的功能　129
第三節　草坪植物的選擇　130
第四節　主要的草坪植物　132

第八章	綠籬植物	140
第一節	綠籬定義	141
第二節	綠籬的作用	143
第三節	自然式綠籬的植物	145
第四節	整齊式綠籬的植物	149
第五節	其他類別綠籬	153

第三篇 極端環境的植物選擇 157

第九章	耐鹼性土環境的植物	158
第一節	鹼性土的形成	159
第二節	鹼性土壤的分布	161
第三節	鹼性土壤對植物的影響	162
第四節	耐鹼性土植物	163

第十章	耐酸性土環境的植物	171
第一節	酸性土壤的形成和分布	171
第二節	酸性土壤對植物的影響	173
第三節	植物對酸性土壤的適應	174
第四節	耐極酸性土的景觀植物	175

第十一章	強風、多鹽霧環境的植物選擇	182
第一節	鹽分逆境	184
第二節	鹽分對植物的傷害	185
第三節	植物對鹽分逆境的適應	187
第四節	常見的耐風耐鹽觀賞植物	188

第十二章	水生環境的植物	199
第一節	淹水對非水生植物的影響	200
第二節	水生植物的特性	201
第三節	水生植物的類別	202
第四節	常見的水生觀賞植物	204

第十三章	耐乾旱、貧瘠環境的植物	213
第一節	乾旱和土壤貧瘠化現象	214
第二節	植物的耐旱耐瘠機制	215
第三節	菌根菌與植物的耐旱耐瘠	217
第四節	根瘤與植物的耐旱耐瘠	217
第五節	含根瘤菌的植物	218
第六節	菌根菌共生植物	224
第七節	適生於乾旱地區的植物	225

第十四章	陽光不足環境的植物選擇	229
第一節	植物耐蔭性之概念和定義	230
第二節	自然界光照的強度	231
第三節	複層植栽下之光源	233
第四節	決定植物耐蔭性的方法	234
第五節	非耐蔭植物的特性	237
第六節	耐蔭植物的特性	240
第七節	耐蔭的觀賞植物	241

第四篇 具文學與文化意涵的植栽 247

第十五章 植物與文學 249

第一節 詩經與植物 250
第二節 楚辭與植物 252
第三節 詩詞歌賦與植物 252
第四節 章回小說與植物 254
第五節 具觀賞價值的文學植物 255

第十六章 植物與象徵 275

第一節 詩經的象徵性植物 276
第二節 《楚辭》的香草香木植物 279
第三節 《楚辭》的惡草、惡木 283
第四節 植物與借喻 286

第十七章 植物與歷史 293

第一節 史前時代引進的植物（-BC207） 294
第二節 漢代引進的植物（427 年，BC207-220） 296
第三節 三國、魏晉南北朝引進的植物（399 年，220-618） 298
第四節 唐、五代引進的植物（343 年，618-960） 299
第五節 宋代引進的植物（310 年，960-1270） 301
第六節 元代引進的植物（98 年，1271-1368） 302
第七節 明代引進的植物（277 年，1368-1644） 304
第八節 清代引進的植物（268 年，1644-1911） 305
第九節 台灣的植物與歷史 308

第十八章	漢字植物名稱的特殊性	316
第一節	季節的植物名稱	318
第二節	數字與植物名	320
第三節	顏色名稱與植物名	323
第四節	人、鬼、神、仙	328
第五節	以動物為名的植物	329
第六節	吉祥詞植物	336

第五篇	植物的地域性	339
第十九章	鄉土植物與外來植物	341
第一節	定義	343
第二節	外來種與基因平衡	344
第三節	引進種汙染的問題	345
第四節	生育地的破壞和基因平衡	346
第五節	熱帶及亞熱帶地區常見的入侵植物	348
第六節	廣泛使用的台灣鄉土觀賞植物	358
第七節	選用外來種或原生種的原則	363

第二十章	植物與地理	366
第一節	澳洲原產的觀賞植物	367
第二節	美洲原產的觀賞植物	369
第三節	非洲原產的觀賞植物	376
第四節	亞洲原產的觀賞植物	380
第五節	歐洲原產的觀賞植物	384

索引		388

第 0 章　前言

一、商品樹種的氾濫

　　庭園植物的選擇，除了適地適種之外，美觀之效果也是重要之考慮因素。庭園植物的栽植必須根據各植物之形態和生態特徵，前者如葉大小、質地、花色、果色、樹冠形等；後者如土壤酸鹼值的適應性、適水性、耐旱耐瘠姓、耐蔭性等特質才能進行合理的配置。台灣地區各地的植栽設計，目前偏重於引進的商品樹種，景觀上缺少變化，也顯示不出地方特色和庭園特色。原因在於景觀設計專家對植物生態和植物習性知識之不足；而植物生態學家、造林專家又鮮有機會參與庭園式綠化之景觀設計，導致兩者之間知識無法交流，植栽綠化成效未能達到專業的需求。深入鑽研植物方面的專門知識，可提供植栽相關資訊，以為庭園植物選擇及設計的重要參考。如果未來能將各種具景觀價值之植物形態及生態資料輸入電腦，設計出簡易實用的電腦軟體，建立查詢系統，作為進行綠化及庭園設計的依據，以改善各地區不同庭園的景觀，建立真正的景觀設計專業。

　　台灣各地目前栽種最多的行道樹和庭園樹只有少數幾種，其中最普遍者，一為原產東非洲的馬達加斯加島的小葉欖仁（*Terminalia mantalyi* H. Perrier. 使君子科），台灣於 1975 年以後引進栽植。本樹種枝條在主幹上輪生，枝條層層有序向四開展，外型酷似經過人工修剪整型，樹冠像雨傘疊在一起，極為優雅美觀。由於樹姿優美，多被

0-01 離島的金門、小金門到處都是小葉欖仁。

種於庭園、公園、校園及道路旁，供綠化觀賞用。本樹種在台灣已種植過多，分布近似氾濫程度。南自恆春半島的鵝鑾鼻，北至基隆的和平島，台灣無處不有小葉欖仁。不只是台灣，連離島的金門、小金門到處都是小葉欖仁（圖0-01）。更有甚者，小葉欖仁近年來也在大陸地區的華南城市拓延開來，如福建的廈門及福州市區等街道多有栽植之。另一為原產於印度至印尼、越南、馬來西亞、菲律賓、澳洲亞熱帶地區及非洲的黑板樹（*Alstonia scholaris*（L.）R. Br.，夾竹桃科），台灣於 1943 年引入。黑板樹樹幹筆直，樹皮呈淺灰褐色，高度可達 25-30m。樹冠呈傘蓋狀，枝條輪生並呈水平狀向外伸展，有白色乳液，具毒性。因樹形高大筆直，姿態優美，不易落葉，對環境適應力強的特性，且大樹移植容易，已然成為國內主要的行道樹種（圖0-02）。本樹種花為黃白色，果實褐色，細長可達 60cm。成熟時果實開裂，種子有黃褐色軟毛，因而會隨風散布至各地，到處孳生黑板樹苗木。類似這兩種樹種的商品樹種氾濫，已到無以復加的程度。

0-02 黑板樹已成為各城市的主要行道樹種。

二、景觀樹種到處皆同

　　世界熱帶、亞熱帶地區的行道樹、綠化及景觀植物，由於大量採用商用品種的緣故，各地都有栽植相同植物的趨勢，例如黑板樹、木麻黃、黃檀類、九重葛、黃椰子等，在類似緯度的世界各地城市，如新加坡、雅加達、馬尼拉、台北、高雄、洛杉磯等地，均為主要的綠化樹種。在不同國度，相似或不同的氣候帶塑造相同的植物景觀，這絕非景觀專業應該呈現的設計效果。

　　數十年來，海峽兩岸各地綠化事業蓬勃，綠地面積逐漸增加。唯共同的特色是，每個城市道路行道樹、公園住宅區庭園植物種類，差異不大，主要景觀樹種幾乎雷同。以大陸各大都市而言，植栽設計並未呈現各城市該有的

特色，行道樹樹種之喬木類不外乎法國梧桐、梧桐、槐樹、洋槐、垂柳、銀杏、側柏、圓柏、香樟、水杉等；灌木千篇一律，大概都有紫薇、桂花、女貞、石榴等。

以台灣地區各都會區而言，各地城市行道樹、園景樹各城市沒什麼差別，主要樹種都是黑板樹、小葉欖仁、欖仁、台灣欒樹、南洋杉、印度橡膠樹、榕樹、樟樹、鳳凰木、水黃皮、楓香、茄苳等，姑且不論所植之樹種為本地種或外來種，以植物多樣性、各地區生態特性而言，都不是專業的選擇，也不是令人讚許的植栽設計。台北和高雄的園景樹幾無區別；台中和花蓮的景觀植物，也無法區分，因為行道樹、綠地公園、私人宅第等所栽培的綠化植物幾乎沒有什麼不同，各地一定有大花紫薇、榕樹、蒲葵、大王椰子、九重葛等。以景觀設計的觀點而言，台灣各地的城市植栽，並無當地特色可言。

台灣各地校園面積大小不一，為了美化綠化及教學的需要，都種植有許多喬木、灌木、藤本、草本花卉。各級學校為彰顯有學習的級別，會刻意設計不同的建築物類型，表現學校的性質類別。由建築物可看出學校是小學、國中、高中、大學，但校園內的植栽，各地區各級學校卻無差異。以大學而言，有傳統大學、技術學院、天主教、基督教、佛教設立的學校；也有都會區和鄉村的學校的不同。從各級學校的建物類型也能區分是坐落在山區、山麓或海邊，不同環境特色的學校。但全台各級學校的校園景觀樹種卻無不同，都有黑板樹、小葉欖仁、欖仁、山櫻花、南洋杉、龍柏、榕樹、樟樹、洋紫荊、仙丹花、羅比親王海棗、九重葛、金露華、平戶杜鵑、久留米杜鵑等，幾乎沒有例外。普遍顯現出建築設計具有專門技能，而景觀設計卻沒有技術專業。

三、苗木商決定植栽種類

由上述商品樹種到處氾濫，和景觀樹種到處皆同的情形，可知至少在台灣，景觀植栽的種類，不是來自相關專家的建議，而是由苗木商決定。樹種的選擇，有時與景觀效果無關，只要能保障設計合約的植栽保固期間植物能成活，會選用移植容易、成活率高，外觀不美的樹種：如一度流行景觀界的

魯花,或稱俄氏刺莖（*Scolopia oldhamii* Hance,大風子科）,屬常綠小喬木,樹皮平滑,全株著生銳刺,尤以嫩枝上者為顯著。原分布全台平地山麓,最高可達海拔 400m 處,也常見於海岸至低海拔地區。是一種適應性強,大樹栽植、移植容易,栽植成活率高,但無固定樹型、絕談不上美觀的樹種(圖 0-03)。另外,苗木商也會選用花色美豔、種植成本低的景觀植物應付景觀界,最典型的例證是非洲鳳仙花(*Impatiens walleriana* Hook. f.,鳳仙花科)。此物原產非洲莫三鼻給一帶,引進台灣後,被廣泛栽種為庭園、道路、花壇、吊盆及陽台草花,形成無處不在的觀賞花卉。另外一種花色繽紛、栽植易、成本低的觀賞植物則是原產熱帶美洲、西印度的馬纓丹(*Lantana camara* L.,馬鞭草科),台灣於 1645 年由荷蘭人引入,已野生化普遍見於全灣低海拔山野、墓園、路旁及海邊地區,且常成片生長。至今,仍舊是苗木商和景觀界的寵愛對象。

0-03 移植容易、外觀不美的魯花,一度流行於景觀界(左:枝葉;右:莖幹)。

　　台灣的景觀植栽很多不但無關美觀效果,大部分設計更沒有理想性,也缺乏生態概念,更不用說有任何文化、文學或歷史意涵。到目前為止,台灣的植栽設計還是沿襲著長官說了算,官商協調才能定案的舊習。景觀設計師必須仰賴市場苗木的供應量去完成設計案,所呈現的設計案例,可謂不忍卒睹。譬如近年來,台北市政府決定在南京東路一到七段種台灣光蠟樹,官方

說不出選用該樹種的原因，幾經詢問，才說明該樹種是鄉土樹種、市民可在樹幹上養獨角仙等似是而非的理由。此說無法避免該案有官商勾結的嫌疑。

四、景觀設計師的角色

景觀設計師，最重要的工作任務就是設計景觀，依照客戶的需求，衡量地形、人文背景、環境特色等來建構整個景觀的概念，製作景觀設計圖。再依照設計圖來規劃工程，由相關工程人員進行施工，景觀設計師則須負責監督施工情況，要使其符合原本設計上的要求。

景觀設計師要運用專業知識及技能，展現景觀設計師的專業性和必要性。一個優秀的景觀設計師不僅需要具備城市規劃、生態學、環境藝術學、敷地計畫學、景觀工程學等方面的綜合知識，還要具備植物學方面的專業知識。景觀設計的主要元素，本來就是植物，景觀設計的重點，毫無疑問是植栽設計。每個城市和地區都有其不同的環境、文化、歷史特色和背景，植栽設計應該根據每個區域的特點，選取相應的植物種類，進行配置，才是專業的景觀設計，像台北市多數公園都用差不多的植物，這種景觀設計就毫無價值可言。景觀設計師要熟悉植物的生態習性、形態特性（如樹冠形狀、葉的質地大小）、可生長高度、葉花果色彩、季相變化、生長週期、耐蔭性質、特殊性（香氣或毒性等）等。除了選擇植物種類，植物配置也必須與基地周遭的道路、地形、水體、建築物等充分協調。植栽設計的選種，還要考慮苗木規格和數量、種植密度、造價、初期表現和遠期效果等，植栽設計完成後，也要有縝密的撫育計畫，不同植物有不同的灌溉方式、需水量、除草頻度、施肥需求等。

因此，如果植栽設計仍舊由廠商或單位長官決定景觀植物種類，景觀設計師不會有功能和角色，也沒有存在的理由。如何顯現景觀設計師的專業和重要性，是極須討論和解決的課題。

五、植栽設計選種的理論基礎

1. 表現設計主題

在植栽設計中首要的作用，是植物如何在景觀中表現主題和功能。植物的種類和配置可使景觀區具有美化、教育、改善環境、遊憩等功能，各種功能的植物造景內容、形式、風格、配置等都會不同。利用植物的配置，如植物種類、高下層次、冠形、花葉色彩和季相變化、植物的特殊意涵、植物的歷史典故等，表現設計主題。如台灣民俗村園區景觀設計上，應同時呈現閩南傳統建築格式，與華南庭園植栽風味，與台灣風俗習慣相關的植物種類與設計，才能貼切的表現台灣民俗村與一脈相承的台灣文化風味主題。

2. 展現美學效果

植物具有特殊形狀和色彩，可配合園景中的的山石、土壤、河湖水面等，以美學的觀點來進行植物造景。植物造型與色彩必須與當地背景的景象相互調和，人工設施與自然環境要配置得宜。人工景物，如牆面、欄杆等，可以花卉、樹木等作為前景，襯托出更鮮明、突出的輪廓，展現藝術效果。又如綠色背景，可運用具紅色或橙紅色、紫紅色葉、花、果實的花木作前景會呈現出清新、雅致的氛圍。充分利用植物的形態特色、葉花果色彩，才能設計出和諧如畫的整體景觀，合乎景觀設計的美學原理。

3. 表達藝術訴求

植物造景必須要考慮自然環境、建築造型、功能需求、美學效果等因素，並表現整體設計的藝術性。景觀設計有襯托與對比的原則，如淺色的、亮度高的建物宜採用深綠色葉的植物作背景，而用淺色的背景植物，則植物會產生突出建物的效果。在坐椅或小型建築前種下一定的樹木和花草，會產生親

切柔和的氣氛。浙江寧波的日月湖公園，岩石後方栽植扇型樹冠的落葉樹種朴樹（*Celtis sinensis* Persoon），冬季嚴寒枝幹造型，呈現非常美觀的藝術效果（圖 0-04）。

0-04 浙江寧波的日月湖公園栽植的朴樹，呈現美觀的藝術效果。

4. 符合生態需求

　　植栽設計植物種類的選擇，不僅要具備優良的觀賞性狀，也要適應棲地的生態需求。景觀植物生長環境中的氣溫、水分、光照、土壤等各種生態因子，都會影響植物的生長和發育，植物造景要充分考慮植物的生態習性，不同的環境要選用不同的植物。例如熱帶植物大王椰子、紫檀、棋盤腳樹等要求日平均溫度在 18℃以上才能生存；溫帶樹種如楊樹、樺樹、雲杉等，在熱帶、亞熱帶地區無法成活。海岸乾旱地區，只能栽種能忍受乾旱、鹽霧的南洋杉、蓮葉桐等。因此，植物造景應掌握適地適種原則。

5. 顯現文化內涵

　　早期的景觀植物主要是取其觀賞功能，在栽培的過程中逐漸重視植物的生態、生理特性。經過一段很長的時間，在文化、文明的發展過程中，很多植物被賦予特殊意涵、文化象徵或其他高貴幸福特質。植物造景有時可以植物的文化內涵作為選種依據。例如，槐樹，在《全唐詩話》中有「槐

0-05 植物造景也可以文化內涵作為選種依據，如竹。

花開，舉子忙」之說法，說明槐具有高貴及古人重視文人的象徵。「竹性直，直以立身」；「竹心空，空以體道」，竹子代表高節及虛心待人的人格（圖 0-05），

自古文人常用以自況。現代景觀設計，也應適當地使用植物的文化性、文學性去表現創作意圖。

六、植栽設計的層次

植物材料在景觀造園上用量最大，也是造園材料中之最重要者，故庭園景之美俗，大部分取決於植物材料。在植栽設計上，凡供庭園、公園、風景林、行道樹及盆景用之植物，無論喬木、灌木、蔓性之藤本、草本植物，統稱曰「觀賞植物」。植物各具實用、美觀兩種用途，除了美觀特色，有些植物又具有文學文化內涵。植物材料的處理方式，景觀設計植栽之目標層次，與設計者的學識及學問、涵養、所受之訓練有關。簡述如下：

第一層次　植物能成活就好：適生

在氣候惡劣、環境不佳之區域，如海岸、沙漠等。最常遇到的問題，就是環境逆境問題，即風過大、乾旱、土壤鹽度過高，如此環境下栽植植物難度較高，因此植物種類的選擇就特別重要，植栽能成活，是首要考慮；植物的美與否，是次要條件。澎湖群島大多數地區都貧瘠、乾旱，植物成長不易，每年夏天的颱風季節，颱風攜帶的含鹽水氣，往往殺死已成活的樹苗、作物，澎湖群島的綠化造林，就屬於此一層次。這類地區，必須選種耐特殊氣候的植物種類，大多數多肉植物，是耐熱或抗旱的植物，適應沙漠及海岸氣候的典型植物。這些抗旱植物的根、莖特別肥大，葉片退化，以利於儲存大量的水分。多肉植物有景天科、龍舌蘭科、大戟科、夾竹桃科、百合科、番杏科、蘿藦科、鴨跖草等科植物。

第二層次　植物要生長茂盛：蓬勃

立地條件與樹種特性相互適應，原是選擇造林樹種的一項基本原則，造林工作的成敗在很大程度上取決於這個原則的實施與否，此原理也適用於景

觀植物的栽植。植栽設計必須瞭解生育地特色，熟悉植物的生態特性，包括不同植物對光照、氣候、土壤的不同要求等，滿足生態需求，植栽才可能生長良好。深入瞭解棲地的立地條件和景觀植物的生物學、生態學特性等，才能按照立地條件的異質性進行植栽規劃。一般來說，採用鄉土植物比較容易實現適地適樹，達到植物生長茂盛的要求，但有時引種外來樹種也能取得良好的效果。適地適樹的結果，植栽才能成活良好、生機旺盛，這是植栽設計的第二個層次。

第三層次　植物配置得宜，顯現植栽整體美：美觀

觀賞植物之色彩，常常讓園景區產生視覺效果的變化，而植物色彩常隨季節、氣候變化而有差異。大部分植物春季開花或萌生翠綠紅紫新葉，群芳競秀，可謂萬紫千紅，常成為庭園主要的景觀焦點。也有很多植物夏季開花，葉子顏色由黃綠、翠綠轉為深綠、墨綠，呈現植物生機蓬勃景象。秋季是很多植物果實成熟時期，紅紫及淡紅、黃色等暖色將熟之果，點綴其間，成為自然之美景。夏去秋來，有些植物葉色產生變化，葉色可分為紅色、紅紫色、黃色、橙黃色等種種豔麗色彩。冬季常綠闊葉樹及大部分針葉樹之葉，大多呈濃綠之色，而落葉樹則葉落凋零，植株呈乾枯狀，顯現淒涼冬景。此外，植物樹幹、樹皮、樹冠等，各樹種皆有其特有的形態與色澤，都是景觀設計可資運用的素材。植栽設計，利用植物四季的色彩變化、不同樹冠形的配合，充分表現植物的美觀色彩，可達到第三層次。

第四層次　植栽要展現城市地區性質：特色

一般的歷史文化名城，常保存有豐富的文物，屬於有重大歷史文化價值的城市。有些具悠久歷史的都城，舊巷區都會有人文景點，找尋都市特有的景物，配合適當的植栽設，可形成該城獨一無二的特色。有些城市保存較完整的古代建築藝術和一些歷史上最傑出的技藝，也保存有民俗文物、文化特

色。有些具有特殊物產、人物、氣候、地形的城市或區域,可以透過景觀及植栽設計,營造並展現城市特色。或是訂定景觀植栽設計栽種要點,透過有系統的景觀設計和植栽計畫,讓該城市變成一座美麗的花園城市,創造該地區的藝文生活新聚點,提供藝術家展現的舞台。應用植栽設手法,營造特殊景物,展現城市及地區特色,此為第四層次。

第五層次　植栽有文化意涵、歷史典故:典雅

　　植物除色彩、形態兩種美觀之外,尚具有「內容美」、「象徵美」。許多觀賞植物同時具形態美及內涵深意。中國詩詞歌賦、史實傳記、章回小說及風俗習慣中,不乏含有文化意涵、歷史典故之植物種類。譬如,在《論語》中,有:「歲寒,然後知松柏之後凋也」之敘述,松柏代表堅貞。又如唐代王維的〈相思〉詩中有「紅豆生南國,春來發幾枝。願君多採擷,此物最相思」,以紅豆象徵思慕等。植栽設計,如果每種植物皆有其文化意涵、歷史典故,達到文雅細緻的標準,可謂植栽設計的第五層次。

第一篇
植物形態與色彩的選擇

　　本篇各章在描述植物葉、花、果、莖、根、樹冠的形態美。

　　葉有常色，也有四季變化色澤。有些植物葉的顏色會呈現四季變化，顏色由淺入深。一般植物葉的顏色從春季開始的嫩綠，逐漸變成鮮綠，到夏季呈深綠，再來是墨綠色；有些植物秋天氣溫下降時，葉會變黃或變紅。葉可展現的色彩和質地的美感特質，葉的形狀大小，也能表現植物生長地的寒熱或乾溼的生態及氣候特徵，並指示棲地的環境優劣。

　　瞭解植物的開花季節及顏色表現，春、夏、秋、冬各季節開花的種類。大部分觀賞植物春天、夏天開花，無須太過強調；但秋天、冬天開花的植物種類很少，植栽設計時，所有的景觀設計師都應該著重發掘、選用秋冬開花的植物種類，才能顯現景觀設計者的專業水準。很多植物秋天或冬天具鮮豔色彩的果實，有紅色的、粉紅色、金黃的、藍色的、紫色的、白色的，都是重要的景觀資源，可運用在植栽設計上。

　　樹木莖幹的形狀，是單幹或多幹叢立，樹幹挺直或彎曲，都是植栽設計的重要元素。樹皮質地和色澤以前很少被提及，樹枝樹幹皮的顏色，樹皮光滑或粗糙，也有美化的效果。樹皮有紅色、紅褐色、黃色、白色、綠色或黑色者，都可以運用在植栽設計上。譬如，在單調廣闊的雪景、黃土、水泥鋪面、草坪背景前，可選用對比顏色樹幹的樹種。樹皮的厚薄、光滑度、顏色，也可指示環境的乾旱或潮濕。

　　根在植栽設計的造型的表現，主要是變態根的形態。有些植物種類為適應環境，發展出具有特別功能和形態的根，稱變態根。如板根（Buttress、Plank root）、氣生根（Aerial root）、呼吸根、支柱根、膝根等，都具有獨特的外觀，也是重要的景觀資源。

　　由根、莖、葉所構成的樹冠，也成為表現植物形態美不可或缺的一環。樹冠的形狀有尖塔形、傘形、扇形、圓錐形、圓筒形、圓形、橢圓形等多種。不同的樹冠形，具有不同的景觀功能，有的適合栽作道路的行道樹，有的適合在停車場或休憩廣場作遮蔭樹等。有些樹冠形植物如圓筒形樹冠有視覺引導、區位阻絕的效果。很多場合，可選用適當的樹冠形樹木塑造植栽的韻律感。

　　本篇各章內容，目的是要達到景觀設計「美」的層次要求。

第一章 　植物葉的形態

葉形態的內容，包括葉片之大小、質感、形狀、顏色（常色）、常綠性等，都是景觀設計上可表現的植物特性。一般人往往忽略葉形態在植栽設計的重要性，殊不知植物葉之形態，不但能夠塑造四季變化景觀，達到美觀需求；而且可用來表現生育地寒熱或乾溼的生態及氣候特徵，指示棲地環境優劣。另外，植物葉之大小、質感，可搭配建築、山石，達成設計師想要表現的藝術效果。

歐洲是現代景觀及植栽設計的典範，歐洲人善用植物之形態變化，塑造美麗的景觀。如英國的海德公園、邱皇家植物園（Kew, Royal Botanic Garden）、英國皇家園藝協會所屬植物園（Botanic Garden, Royal Horticulture Society），和其他著名的植物園，皆能善用不同葉片之大小、質感、形狀、顏色的植物來進行植栽設計，達到很好的效果（圖1-01、1-02、1-03）。

相反地，有些必須展示植物特殊生態環境的重要場域，如台中科博館植物園所營建的熱帶雨林溫室，卻是失敗的例證。檢視該溫室內的植栽的設計皆非「熱帶雨林」氛圍，樹種有一半以上非雨林植物，

上：1-01 英國的海德公園用通草造景。
中：1-02 邱皇家植物園（Kew）的植栽。
下：1-03 英國皇家園藝協會所屬植物園（RHS）善用葉片之質感、色彩進行植栽設計。

上：1-04 台中科博館植物園的熱帶雨林溫室。
中：1-05 台中科博館植物園溫室內有一些著生植物表現濕熱氣候。
下：1-06 台中科博館植物園溫室內卻少有顯示濕熱氣候的大葉型植物。

如墨水樹、羅望子等；且溫室內也未展現熱帶雨林該有的景物：如板根現象、豐富的著生植物和木質藤本等，也少有顯示濕熱氣候的大葉型植物。從任何角度審視，該溫室以「熱帶雨林溫室」作號召，實在是名不符實（圖 1-04，1-05，1-06）。

其實，熱帶雨林的氣候特徵是高溫多雨，表現在植物形態上，就是森林內多全緣的大型葉植物。因此，只要在該溫室內，多種大型葉或巨型葉植物，即能創造熱帶雨林氛圍。

第一節　葉形大小與環境

一、氣候影響植物的葉形及大小

葉的形態特徵主要表現在葉片的大小和形狀，是辨識植物種類的重要依據。葉的大小，長度由幾毫米（mm）到幾公尺（m）（如棕櫚、香蕉的葉片），王蓮（*Victoria cruziana* Orbigny）的巨大漂浮葉直徑達兩公尺（m）。葉片的形狀包括葉緣、葉尖、葉基以及葉脈的分布等，變化更大。

植物葉片之形態，與生活型一樣，與氣候有相關之趨勢。在熱帶之溫暖潮

濕地區，植物之葉形通常較大；而在寒冷而乾燥之地區，植物之葉片常有縮小之趨勢。此為植物適應氣候，而產生之演化結果（Luttge, 1997）。巨大型葉通常用來呈現熱帶雨林氛圍，小型葉則用來指示乾旱或寒冷氣候。此種葉形大小與氣候（溫暖度及水分之供應）之相關，亦可由控制栽培之實驗，得到應證。因此，如將葉形大小加以分類，並統計各型植物之百分比，亦可推測當地之氣候因素。

　　另一項葉形與氣候相關的特徵，為葉緣形態。熱帶雨林雙子葉植物全緣葉（Entire leaf）種數所占之百分率一般都極高，如亞馬遜低地（Amazon lowland）全緣葉植物的種類比率高達 90%。而在溫帶之中性森林，此值極低，如北美洲之中東部僅占 10%。在熱帶之高海拔地區，氣候較冷，全緣葉種數之百分率亦極低。古生態學者即利用葉全緣比例，經由葉片化石之統計，可推測過去地質年代中之氣候概況（Shimmel, 1971）。

　　全緣之小型葉（Entire microphylls）亦盛行於沙漠氣候，可見葉型之縮小與葉緣之鋸齒或裂片，有相同之效應，同樣是為了減少水分之散失。在各種植物習性中，灌木及喬木最具有此種關聯性。葉之形態，除了上述之大小及葉緣外，其餘之持徵，如葉片厚度（Thickness）、葉脈（Venation），葉先端的形態（Shapes of leaf apices）、氣孔之排列（Arrangement of stomata）等，亦可顯示與氣候之相關性（Luttge,1997）。

二、葉大小之分級

　　植物生態學上，將葉片大小加以分類，並統計各葉型大小植物之百分比，可推測當地之氣候概況；植栽設計也能夠利用各類型葉大小的植物配置，表現棲地的氣候特點。生態學家 Raunkiaer（1934）對於葉片大小之分類如下：

第一級 **微小葉**（Leptophylls）葉片面積 $< 25mm^2$

第二級 **細小葉**（Nanophylls）面積 $25\text{-}9 \times 25mm^2$

第三級 **小型葉**（Micorphylls）面積 $9 \times 25\text{-}9^2 \times 25mm^2$

第四級 **中型葉**（Mesophylls）面積 $9^2 \times 25\text{-}9^3 \times 25mm^2$

第五級　**大型葉**（Macrophylls）面積 $9^3 \times 25\text{-}9^4 \times 25\text{mm}^2$

第六級　**巨大葉**（Megaphylls）面積 $9^4 \times 25\text{-}9^5 \times 25\text{mm}^2$

以下常見的觀賞植物，葉片由小而大排列。生育地分別從乾旱之沙漠、寒冷之高山，至溫帶、亞熱帶，中海拔至低海拔。小型葉之植物大多分布在乾旱和寒冷的生境；而大型葉片如姑婆芋、香蕉等，通常較易受到風害，因此適生在潮溼、遮蔽的熱帶雨林環境。

1. 微小葉（葉面積 < $0.5 \times 0.5\text{mm}^2$ = 0.25cm^2）

葉退化成鱗片狀，有些保持綠色，有些則葉綠體消失呈茶褐色；也有葉片呈魚鱗狀，緊貼在幼枝上者；有些種類葉短針形。都是分布在極乾旱或寒冷的生育環境。舉例如下：

1-07 產於沙地及鹽鹼地屬微小葉的檉柳。

檉柳 *Tarmarix chinensis* **Lour.**（檉柳科）

產乾旱之沙漠地區。落葉小喬木或灌木，枝條纖細，多下垂。鱗片狀小葉，葉鮮綠色，長 0.15-0.18cm（圖 1-07）。產於中國黃河及長江流域以至兩廣、雲南等地平原、沙地及鹽鹼地，為鹽土地區重要的造林樹種。其枝葉纖細懸垂，婀娜可愛，多栽於庭院、公園等處，被栽種為庭園觀賞植栽。

1-08 耐乾旱、強風、鹽風，葉退化成微小型的木麻黃。

木麻黃 *Casurina equisetifolia* **Furst.**（木麻黃科）

常綠大喬木，高度可達 20m 以上，樹冠長圓錐形；小枝灰綠色，葉退化成鞘齒狀（圖 1-08）。果毬果狀，橢圓形。原產澳洲、馬來

西亞、印度、緬甸及大洋洲群島。常應用於海岸防風林帶、行道樹；耐乾旱、強風、鹽風，為目前主要之海岸防風及攔砂樹種。

龍柏 *Juniperus chinensis* L. var.*kaizuka* Hort. *ex* Endl.（柏科）
側柏 *Thuja orientalis* L.（柏科）
柏木 *Cupressus funebris* Endl.（柏科）
日本花柏 *Chamaecyparis pisifera*（Sieb. *et* Zucc.）Endl.（柏科）
南洋杉 *Araucaria excelsa*（Lamb.）R. Br.（南洋杉科）

2. 細小葉（葉面積：微小葉 - 1.5x1.5cm^2= 2.25cm^2）

迷迭香 *Rosmarinus officinalis* L.（唇形科）

1-09 原產地中海沿岸乾熱地區的迷迭香，葉屬細小型。

　　灌木，高達 2m。葉常常在枝上叢生，灰綠，葉背銀白，葉片具強烈辛香味（圖 1-09）。原產歐洲地區和非洲北部地中海沿岸，喜好充足日照，乾燥，排水良好及略帶鹼性石灰質土壤（pH6.5-7.0）。

竹柏 *Decusscarpus nagi*（Thunb.）dr Laub.（羅漢松科）

1-10 主分布於台灣北部中低海拔多風地區的竹柏。

　　常綠喬木，株高可達 20m。葉揉碎有芭樂味，橢圓狀披針形（圖 1-10）。竹柏是有名的景觀樹種，材質似杉木，故有山杉之稱，一般民間以為廟門前樹種或家門前栽植，作為避邪樹種。主產亞熱帶。台灣原生，分布於北部中低海拔文山地區及南部恒春半島之大武山區。

海馬齒 *Sesuvium portulacastrum*（L.）L.（番杏科）
馬齒牡丹 *Portulaca umbraticola* Kunth（馬齒莧科）

黃楊 *Buxus microphylla* S. & Z. subsp. *sinica*（Rehd. & Wils.）Hatusima（黃楊科）

3. 小型葉（葉面積：細小葉 - 4.5×4.5cm² ＝ 20.25cm²）

山茶花 *Camellia japonica* L.（山茶科）

　　常見庭園觀賞花木。灌木或小喬木，高至 1.5m。葉倒卵形或橢圓形，長 5-10cm，寬 2-6cm。花單生於葉腋或枝頂，大紅色，花瓣 5-6，栽培品種有白、淡紅等色，且多重瓣。原產中國、日本。

福木 *Garcinia subelliptica* Merr.（藤黃科）

　　常綠中喬木，高可達 20m，樹形呈圓錐挺立。葉對生，長橢圓形或橢圓形，先端鈍而微凹，基部鈍，革質，全緣，表面呈有光澤的暗綠色（圖 1-11）。原產菲律賓、印度、琉球、錫蘭、台灣蘭嶼、綠島。

1-11 福木葉革質、耐風，是小型葉的代表植物。

紅楠 *Machilus thunbergii* Sieb. & Zucc.（樟科）
石楠 *Photinia serratifolia*（Desf.）Kalkman（薔薇科）

4. 中型葉（葉面積：小型葉 - 13.5×13.5cm² ＝ 182.25cm²）

梧桐 *Firmiana simplex*（L.）W. F. Wight（梧桐科）

　　落葉喬木；高可達 20m；枝幹綠色。單葉，互生，全緣或掌裂，基部心形，掌狀脈；3-7 淺至中裂（圖 1-12）。花成圓錐或總狀花序，花小；花瓣缺。蓇葖果，具長柄，成熟前開裂。

1-12 落葉喬木梧桐，屬中型葉樹種。

泡桐 *Paulownia fortunei* Hemsl.（玄參科）

　　落葉喬木；高可達 25m，幼枝、花序各部均被黃褐色星狀絨毛。葉對生，廣卵形，全緣或 3-5 淺裂（圖 1-13）。聚繖花序集生成圓錐狀，3、4 月開淡紫色花。蒴果，種子具膜狀翅。

1-13 泡桐也是典型的中型葉樹種。

野桐 *Mallotus japonicas* Muell.-Arg.（大戟科）

血桐 *Macaranga tanarius*（L.）Muell.-Arg.（大戟科）

油桐、千年桐 *Aleurites montana*（Lour.）Wils.（大戟科）

5. 大型葉（葉面積：中型葉 - 40.5×40.5cm^2 = 1640.25cm^2）

麵包樹 *Artocarpus incisa*（Thunb.）L. f.（桑科）

　　常綠大喬木，株高可達 10-15m。葉闊卵圓形，先端銳尖，羽狀深裂，老樹亦有全緣者，裂片 3-9 枚（圖 1-14）。樹冠傘狀、葉大、濃綠色、遮蔭效果甚佳。原產波里尼亞、馬來西亞、菲律賓熱帶雨林。熱帶地區普遍栽培，是公園、庭園之綠蔭樹。

1-14 麵包樹原產熱帶雨林地區，有典型的大型葉。

美人蕉 *Canna indica* L.（美人蕉科）

龜背芋 *Monstera deliciosa* Liebm.（天南星科）

天堂鳥蕉 *Strelitzia reginae* Banks（旅人蕉科）

6.巨大葉（葉面積：大型葉 - 121.5x121.5 cm^2 = 14762.25 cm^2 = 1048 m^2）

1-15 產於熱帶潮濕林下的姑婆芋有巨大型葉。

姑婆芋 *Alocasia macrorrhiza*（L.）Schott & Endl.（天南星科）

　　產熱帶林之多年生直立性草本，莖高 30-80cm。葉片半盾狀生或廣卵狀心形，先端銳尖，全緣，長可達 1m（圖 1-15）。產台灣、東南亞、南洋群島、澳洲。

1-16 香蕉的巨大型葉也顯示生長的環境炎熱而潮濕。

香蕉 *Musa nana* Lour.（芭蕉科）

　　主產熱帶的大型草本，植株從根狀莖發出，由葉鞘下部形成高 3-6m 的假莖。葉長圓形至長橢圓形，有的長達 3-3.5m，寬 65cm，10-20 枚簇生莖頂（圖 1-16）。植株結果後枯死，由根狀莖長出新株繼續繁殖，每一根株可活多年。

旅人蕉 *Ravenala madagascariensis* Sonn.（旅人蕉科）
白鳥蕉 *Strelitzia nicolai* Regel & Körn.（旅人蕉科）

第二節　葉的質感

　　葉片的質地厚薄情況，有革質的葉片質感像皮革一樣，厚而硬，表面有光澤，如福木、榕樹、印度橡膠樹等。有些植物葉片的質感像紙一般，薄而軟，如雀榕、台灣欒樹、小葉桑等。

1. 粗糙質感的植物

粗糙質感的植物通常具大型、粗厚的葉子，枝條粗壯雜亂。如喬木之血桐（*Macaranga tanarius*（L.）Muell.-Arg.）（大戟科），麵包樹（*Artocarpus incisa* L. f.）（桑科），刺桐（*Erythrina variegata* L. var. *orientalis*（L.）Merr.）（蝶形花科）等，屬於此類；草本之向日葵（*Helianthus annus* L.）（菊科），玉簪（*Hosta plantaginea*（Lam.）Aschers.）（百合科）等也屬於粗糙質感植物。

粗糙質感的植物具有質樸、厚重、粗獷的視覺效果，會產生大的明暗變化。有縮短視線，產生拉近場景的效果，使空間顯得狹窄和擁擠。宜使用在開闊的場所，如球場、公園等，不宜使用在狹小的空間，如庭院、巷弄等場域（劉榮風，2008；屈海燕，2012）。

2. 中粗型（中質型）植物

中等大小葉片、枝幹，適度密度樹冠之植物。輪廓雖明顯，但透光度差。大多數植物屬於此類型，具有溫和、平靜、柔軟的視覺效果。

3. 細緻質感的植物

樹葉小型、密集，枝條纖細，樹冠密實緊湊，有整齊、密集特性。展現整齊、清晰、規則的特徵。如喬木之垂柳（*Salix babylonica* L.）（楊柳科），槭樹（*Acer* spp.）（槭樹科）；灌木之檉柳（*Tamarix chinensis* Lour.）（檉柳科）等屬之。

細緻質感的植物具有安靜、高雅、細緻的視覺效果，有拓展視線，產生遠距的效用，使空間顯得開闊和遼遠。可使用在較狹窄的場所，如道路、公寓間隙地等（劉榮風，2008；屈海燕，2012）。

第三節　葉片的色彩

　　高等植物的葉片主要含有葉綠素和類胡蘿蔔素等色素，這些色素的比例多寡和對光的選擇性吸收形成了葉子的顏色。大多數植物的葉片含葉綠素最多，因此呈現綠色。但也有些植物的葉子卻非綠色，如朱蕉的葉是紅色的，這是因為葉片中除含葉綠素外，還有類胡蘿蔔素或藻紅素的緣故。花青素能使葉片變紅，秋天來臨時，楓樹、槭樹、烏桕樹、黃櫨木等植物的葉因花青素的存在都會變得特別紅。每到深秋，漫山遍野的紅葉，形成景觀的焦點，古詩甚至有「霜葉紅於二月花」的讚譽。至於紫鴨跖草、紅莧等植物，葉子裡面的花青素始終占優勢，完全遮蓋了其他色素的顏色，所以常年都是紫紅色的。

　　本節所言之葉色，係指葉之常色，亦即四季都維持的葉片顏色。不同常色葉片植物種類舉例如下：

1. 綠色系列

　　葉色終年或隨季節變化呈翠綠、鮮綠、深綠、墨綠者，大多數植物屬之。常見或具潛力綠色系列葉的景觀植物如下：

羅漢松 *Podocarpus macrophyllus*（Thunb.）Sweet（**羅漢松科**）
　　常綠喬木，小枝多。單葉，螺旋排列，葉長 8-12cm，寬 0.8-1.2cm，線形或狹披針形，革質，葉色正面濃綠，背面呈綠色，無葉柄。產中國大陸西南各省、日本及琉球。樹姿優雅，可作庭園觀賞樹木，機關、學校、庭園及寺廟多栽植作為景觀植物用。

厚皮香 *Ternstroemia gymnanthera*（Wright *et* Arn.）Bedd.（**山茶科**）
　　常綠喬木。葉叢生枝端，葉革質，倒卵形，先端圓或鈍，基部楔形。幼

葉深紅，成年葉墨綠色（圖 1-17）。產臺灣、中國大陸南部、中南半島、菲律賓、馬來西亞、日本。葉細密叢生，亮麗，常被種植為庭園觀賞樹、誘鳥樹。

1-17 常見的庭園觀賞樹厚皮香的成年葉呈墨綠色。

五掌楠 *Neolitsea konishii*（Hay.）Kaneh. *et* Sasaki（樟科）

樟樹 *Cinnamomum camphora*（L.）Presl（樟科）

森氏紅淡比 *Cleyera japonica* Thunb. var. *morii*（Yam.）Masam.（山茶科）

2. 磚紅系列

葉片中橙黃色的胡蘿蔔素占優勢，以致樹冠葉色多呈橙紅至橙黃色澤。本系列植物種類較少，常見的僅變葉木。

變葉木 *Codiaeum variegatum* Blume（大戟科）

葉有紅、紫、綠、黃、橙各種品種，其他形態的園藝品種極多。屬常綠灌木，株高可達 3-4m。葉形多變，從線形，橢圓形，倒卵形，倒披針形（圖 1-18），戟形都有，且葉子可能旋捲，也有子母葉型，植種容易，觀賞價值極高。原產越南、太平洋群島等熱帶地區。

1-18 有些品種變葉木樹冠葉色多呈橙紅至橙黃色澤。

3. 黃色系列

植物樹冠上的葉片中以黃色的葉黃素占優勢，致全株樹大部或全部葉呈金黃至黃色。

黃金榕 *Ficus microcarpa* Linn. f 'Golden Leaves' （桑科）

1-19 黃金榕全株樹大部或全部葉呈金黃色。

常綠喬木或灌木，樹冠廣闊，樹幹多分枝。單葉互生，葉形為橢圓形或倒卵形，幼葉呈金黃色（圖 1-19），葉全緣，葉有光澤。

黃金露華 *Duranta repens* L. 'Golden Leaves' （馬鞭草科）

葉為金黃色或嫩綠色之常綠灌木。夏秋季開花，花淺紫色。成熟果色鮮黃，聚生成串，觀花賞果。性耐修剪而分枝力強，因此常用作綠籬樹。

4. 紫紅系列

葉片裡的花青素始終占優勢，植物葉中年呈紅褐色、暗紫色或紫紅色。

非洲紅 *Euphorbia cotinifolia* Linn. （大戟科）

1-20 非洲紅嫩莖與葉片均呈紅褐至暗紫色。

嫩莖與葉片均呈紅褐色或暗紫色常綠灌木（圖 1-20），株高 2-3m。主要用在庭園樹、綠籬及盆栽。原產地為西印度、熱帶非洲。

紫葉酢醬草 *Oxalis violacea* L. 'Purple Leaves' （酢醬草科）

葉片均呈暗紫色之多年生草本。葉叢生於基部，為掌狀複葉，由三片小葉組成，小葉倒三角形或倒箭形，紫紅色。晚上會有睡眠運動，葉片會聚合後下垂，直到隔天早上再張開。原產巴西。

紫錦草 *Setcreasea purpurea* Boom （鴨跖草科）

朱蕉 *Cordyline terminalis*（Linn.）Kunth.（龍舌蘭科）

紅花檵木 *Loropetalum chinense* Oliv. var. *rubrum* Yieh（金縷梅科）

紅莧草 *Alternanthera paronychioides* St.（莧科）

紫葉楓 *Acer palmatum* Thunb. 'Artropurpureum'（楓樹科）

5. 藍綠系列

葉呈鮮綠深綠，表面白粉或藍白色粉，致葉面呈現藍色色澤。

藍桉 *Eucalyptus globulus* Labill.（桃金孃科）
常綠大喬木，樹皮灰藍色，網狀剝落。幼嫩葉對生；葉片卵形，基部心形，無柄，有白粉；成長葉片革質，披針形，鐮狀，長 15-30cm，寬 1-2 cm，呈灰藍色。原產地為澳洲的塔斯馬尼亞和維多利亞州南部。

藏柏 *Cupressus cashmeriana* Goyle（柏科）
常綠喬木，株高可達 8m，樹冠尖塔形，小枝、葉簇下垂。葉壓扁狀，針形葉細小，銳尖，粉藍色，被白粉（圖 1-21）。原產喀什米爾、西藏。

1-21 小枝柔細下垂，葉呈粉藍色的藏柏。

6. 銀灰系列

葉面及幼嫩枝條遍布銀白、銀灰色鱗片或絨毛，使葉片呈現銀白色或灰白色。

白水木 *Messerschmidia argentea*（L. f.）Johnston（紫草科）
常綠性的小喬木或中喬木，小枝條、葉片、花序，都被有銀白色的絨毛。

葉叢生在枝端，兩面都密布絨毛，倒卵形，肉質，葉片銀白綠色（圖1-22）。海岸防風林、道樹、庭園景觀植物植物。適應性強，生長力佳，為第一線海岸林不可缺的樹種。

1-22 白水木的小枝條、葉片、花序都呈銀白綠色。

椬梧 *Elaeagnus oldhamii* Maxim.（胡頹子科）

　　常綠小喬木或灌木植物，株高約2-7m，幼枝銀白色。葉倒卵形、倒卵狀披針形，先端鈍圓形，常微凹，葉背面具痂狀銀白色鱗片與褐色斑點，外觀呈銀白色。原產於台灣、中國華南。

蘄艾 *Crossostephium chinense*（L.）Makino（菊科）
銀葉菊 *Senecio cineraria* DC.（菊科）

7. 斑葉

　　葉片分布有白色、黃色、紫色、紅色或淺綠斑紋、斑塊。

乳斑榕 *Ficus microcarpa* L. f. ‘Milky Stripe’（桑科）

　　灌木或小喬木，高可達5m。葉表面光滑油亮，綠色葉，具淺乳黃色或乳白色斑塊，與綠色鑲嵌狀（圖1-23），日照強烈，斑紋越明豔。

1-23 乳斑榕葉具淺乳黃色或乳白色斑塊。

斑葉印度橡膠樹 *Ficus elastica* Roxb. ‘Doesheri’（桑科）

　　常綠喬木，株高可達30m。葉厚革質，葉面綠色，散布金黃、乳黃、淺綠斑紋。

威氏鐵莧 *Acalypha wilkesiana* Muell.-Arg.（大戟科）
吊竹草 *Zebrina pendula* Schnizl.（鴨跖草科）

第四節　常綠性和落葉性

1. 常綠樹

　　常綠樹是指一年四季都有綠葉的多年生木本植物。植物葉片可生活至一年以上，新葉發生後老葉才逐漸凋落。葉片在植株上次第脫落，並非集中在某個季節，全株樹木終年綠色，稱為常綠樹（evergreen trees）。常綠喬木是重要的行道樹、園景樹、庭蔭樹樹種。在熱帶地區，大多數雨林植物都是常綠的，隨著葉片年齡增長和秋天的到來，一整年都在逐漸替換葉片。常綠樹每年春天都有新葉長出，同時也有部分老葉脫落，但植物體一年四季都保持有綠葉，所以稱作常綠樹。有些生長在季節性乾燥氣候的物種既可能是常綠的也可能是落葉的。

　　常綠樹的葉子並非永不凋落，只不過葉子壽命比落葉樹的葉子壽命長一些，常綠植物的葉子一般也只能存在一年多一點時間（老的葉子脫落不久以後，新的葉子就會長出）。有些植物葉片可成活一年以上，如冬青葉可活 1-3 年，松樹葉可活 3-5 年，羅漢松的葉子可活 2-8 年。少數植物葉片可成活數十年，據研究刺果松（*Pinus longaeva* D.K. Bailey）葉存在的時間大約是 40 年。葉片也有生存百年生以上者，如二葉樹，又稱百歲蘭（*Welwischia mirabilis* Hook. f.），已證明葉片成活數百年至千年。然而，很少有物種可以保持葉子存在超過 5 年的。

　　常綠樹有闊葉和針葉兩大類：常綠闊葉樹多半分布在熱帶和亞熱帶地區，一般不耐寒，如棕櫚、香樟、柑橘、珊瑚樹等；常綠針葉樹多半是裸子植物，如松樹、柏樹等。

　　重要的常綠喬木科，裸子植物有松科、柏科、羅漢松科、南洋杉科等。被子雙子葉植物有木蘭科、樟科、桑科、山茶科、藤黃科、杜英科、山欖科、柿樹科、桃金孃科等。最常見的常綠灌木或灌木狀的植物，有裸子植物之蘇鐵科；雙子葉被子植物之仙人掌科、錦葵科、杜鵑花科、紫金牛科、野牡丹科、大戟科、五加科、夾竹桃科、馬鞭草科、茜草科等。

2. 落葉樹

　　葉的生活期短於一年，只能生活一個生長季。冬季或乾旱季節時期植株之葉全數乾枯掉落，此類樹木謂之落葉樹（deciduous trees）。落葉樹和常綠樹之不同點在於落葉樹在秋冬季時會多數或全數落葉，常綠樹在四季都有落葉，但同時它也有再長新葉，有些松、柏科的葉子衰老、枯黃後會留在幹上，不會落下（如杉木）。並不只有松柏植物常青，闊葉樹中也很多是常青的種類（如椰子、烏心石、青剛櫟、第倫桃、桑、榕、白千層、蓮霧等）。

　　植物的落葉現象，是植物逃避低溫或乾旱為害，所演化出來的機制。落葉樹之所以能夠抵抗冰雪嚴寒，是因為樹木的葉片遇酷寒或乾旱時，會完全掉落，減低樹液活動並防止水分散失。在寒冷氣候下，常綠闊葉植物較少，只有松柏科植物在這種極端氣候下能占優勢，這是因為松柏科植物擁有可以忍受 -25℃ 低溫的機制。

　　落葉喬木的形態特徵：
a. 芽苞：巨大顯著包被苞片的花芽及葉芽，如鳥榕等。
b. 幼葉嫩芽：翠綠的春葉，如樟樹。
c. 成熟葉：深綠、墨綠色的夏葉。
d. 秋季變色葉：黃葉或紅葉。

　　重要的落葉喬木，有裸子植物之杉科。雙子葉被子植物多落葉種類的科，有金縷梅科、榆科、梧桐科、木棉科、薔薇科、蘇木科、蝶形花科、千屈菜科、大戟科、無患子科、漆樹科、楝科、紫葳科等。

參考文獻

· 朱鈞珍 2003 中國園林植物景觀藝術 北京中國建築工業出版社
· 李文敏 2006 園林植物與應用 北京中國建築工業出版社
· 屈海燕 2012 園林植物景觀種植設計 北京化學工業出版社
· 劉榮風 2008 園林植物景觀設計與應用 北京中國電力出版社

· Austin, R. L. 2001 Elements of Planting Design. John Wiley & Sons, Inc., New York, USA.
· Luttge, U. 1997 Physiological Ecology of Tropical Plants. Springer-Verlag, Berlin, Germany.
· Raunkiaer, C. 1934　The Life Forms of Plants and Statistical Plant Geography, being the collected papers of C. Raunkiær. Translated by H. Gilbert-Carter, A. Fausbøll, and A. G. Tansley. Oxford University Press, .Oxford, UK.
· Shimwell, D.W. 1971　The Description and Classification of Vegetation. Sidgwick & Jackson, London, UK.

第二章　植物的色彩及季相變化

　　不同的地區，季節的劃分也不同。溫帶地區一年可明顯分為四季，即春季、夏季、秋季、冬季；赤道地區卻只有旱季和雨季，或無季相之分；在極地，春秋季不明顯，以北極為例，只有夏季和冬季。亞熱帶地區也有四季的區分，唯冬季不明顯，沒有持久的低溫，季相變化不如溫帶地區顯著。無論是溫帶地區或是亞熱帶地區，都應該利用植物的顏色變化表現四季色彩（Boisset, 1990）。表現季相變化的植物形態，包括葉顏色的季節變化、開花節氣及花色、果實的形態與顏色等。

　　四季植物色彩的變化，大多數情形，指不同植物在不同季節的顏色表現。大部分植物春天開花，春花的景觀植物種類特別多，如芍藥、牡丹、桃、紫荊、紫藤等都是；夏天開花的種類也有不少，如鳳仙、石榴、紫薇、荷花等；秋天開花的植物種類很少，只有木芙蓉、菊、黃鐘花等少數種類；冬天開花的植物種類絕少，僅梅、蠟梅、山茶花等。除了花色，有些植物的葉會呈現四季變化，如春季翠綠或紅色嫩葉；夏季深綠色葉；秋季的紅葉或黃葉；冬季枯黃及落葉景觀等。有些植物秋天或冬天具鮮豔色彩的果實，如紅色的冬青類果實、粉紅色的欒樹蒴果等，也是重要的景觀資源。

　　只有少數植物種類，具有四季變化色彩：春季的嫩葉或艷麗的花色，夏季的花色或果實色彩，秋天變色葉，冬天的葉色或落葉。如楝樹（*Melia azedarach* L.）春季開淡紫色花，夏季具深綠色葉，秋季金黃色葉，冬季有金黃色果；梧桐（*Firmiana simplex*（L.）W. F. Wight.）春季翠綠色葉，夏季深綠色葉和淡黃綠色花，秋季葉變黃，冬季落葉呈現凋零枝幹等，就是典型的實例。

　　大部分台灣的公園和中國大陸的公園，春天開花的植物種類特別多，因此春季色彩繽紛，夏季則全是綠色，秋天的色彩變化也不大，缺乏四季變化色彩，看不出這些公園的景觀設計師有植物學的知識，也感受不到有景觀美學的表現（圖 2-01、2-02）。

　　在公園及其他公共遊憩據點設計栽種四季變化色彩的植物，是所有景觀設計師必有的起碼訓練。如果做不到，在景觀專業上就是有虧職守。相反，歐美等講究園藝美學的國家，大多數的公共遊憩據點，植栽都富有四季變化色彩和造形排列。例如，英國是全世界最講究植栽設計的國家，凡是英國人設計的公園或植物園，都會善用植物的色彩及季相變化來表現景觀美學。英國國內之海德公園、溫莎公園、邱皇家植物園，或國外的新加坡植物園等，皆莫不如此（圖 2-03）。

　　另外，色彩會影響人的情緒，例如黃、紅等溫熱色彩，會讓人感受到活潑進取的氣氛；而墨綠、藍紫等寒冷色彩，會塑造嚴肅憂鬱氛圍。因此，校園的植栽設計，特別是中小校園植物，色彩宜活潑，該選用黃或紅色系列的植物。而寺廟庭院的植栽，則宜選擇能表達肅穆端莊的深綠、墨綠色樹冠樹種。

第一節　葉顏色的季節變化

上：2-01 高雄原生植物園夏天只能看到綠色。
中：2-02 福州西湖公園夏季的植物色彩也很單調。
下：2-03 英國溫莎公園的夏季景觀。

　　植物美最主要表現在植物的葉色，絕大多數植物葉的葉片是綠色的，但植物葉片的綠色在色度上有深淺不同，在色調上也有明暗、偏色之異。這種色度和色調的不同隨著

一年四季的變化而不同。如垂柳春葉由黃綠逐漸變為淡綠，夏秋季為濃綠。春季銀杏和烏桕的葉子為綠色，到了秋季則銀杏葉為黃色，烏桕葉為紅色。這些樹種的葉片隨著季節不同，變化複雜的色彩，利用植物的這種生物學特性，運用其色彩的循環變化，可表現在景觀設計的配置上。

　　植物葉片中含有花青素、葉黃素、胡蘿蔔素和葉綠素。新長出來的葉片因為葉綠素尚未成熟，會先呈現出花青素、葉黃素或胡蘿蔔素等占優勢的黃綠、橙紅顏色。紅楠（豬腳楠），初春時，小枝頂端的新葉包被在紅色的苞片裡，初萌新葉殷紅如火，就是花青素和胡蘿蔔素的作用。有些樹在落葉之前，因為細胞停止工作，葉綠素逐漸被分解掉，呈現出紅色或黃色。樹會隨著溫度的變化，葉綠素逐漸被取代，使葉片顯現出各種繽紛亮麗的色彩。因此，楓葉變紅實際上是楓樹對環境變化反應的結果：秋季日間的暖陽及夜晚的沁涼，楓葉葉片中的葉綠素被破壞，隱藏在葉片中的花青素及葉黃素就會顯現出來，葉子就會由綠轉紅，或變黃，展現出華麗繽紛的景色。充分了解植物四季變化特色，可在植栽設計運用自如（King, 1991; Scarfone, 2007）。

1. 春天的色彩

　　春季初長的嫩葉大多呈黃綠、翠綠、鮮綠等新鮮的淺綠色。有些植物的嫩芽及嫩葉卻成鮮紅色、紫紅色等鮮豔的色彩，成為景觀設計重要的材料。以下樹種春季初生之嫩葉均成紅色或紫紅色：

石 楠 *Photinia serratifolia*（Desf.）Kalkman（薔薇科）

　　常綠喬。葉革質，長橢圓形，長 9-15 cm，銳頭，圓或銳基，細鋸齒緣。春季嫩芽、新葉呈紅色（圖 2-04）。

黃連木 *Pistacia chinensis* Bunge（漆樹科）

2-04 石楠春季嫩芽及嫩葉呈紫紅色。

2. 夏季綠的變化

多數落葉樹種，葉片從春季新鮮的淺綠色，翠綠、鮮綠等逐漸生長至深綠、墨綠等成熟葉。有些樹種如大葉桃花心木，夏天枝頂會重新長出黃綠色的嫩葉，配合著樹冠下方的深綠至墨綠的成熟葉，整個樹冠呈現淡濃色彩，極為美觀並富特色。

大葉桃花心木 *Swietenia macrophylla* King（楝科）

常綠大喬木，高可以達到 20m 以上。偶數羽狀複葉，長 25-45cm；小葉表面呈有光澤的綠色，初春落葉後迅即萌換新葉，葉片翠綠盎然。初夏之後，葉從黃綠、翠綠、鮮綠漸成墨綠色（圖 2-05）。

2-05 大葉桃花心木夏天枝頂會重新長出黃綠色的嫩葉，整個樹冠呈現淡濃綠色。

3. 秋紅植物

有些樹種在秋季落葉之前，會隨著溫度的變化，葉綠素逐漸被分解掉，葉片中的花青素顯現出來，葉子就會由綠轉紅，最後呈現出亮麗紅色的色彩。

在緯度或海拔稍高的溫、寒帶地區，常見秋季葉片變紅的樹種如下：

楓香 *Liquiambar fomosana* Hance（金縷梅科）

落葉喬木，樹形呈圓錐形，高約 20-40m。葉互生或枝端叢生，秋季葉片變紅（圖 2-06）。本種樹幹挺直、樹形挺偉優雅，為優美的園藝樹、行道樹和高級盆景。

2-06 緯度或海拔稍高地區，楓香秋季葉片變紅。

青楓 *Acer serrulatum* Hay.（槭樹科）
柿 *Diospyrus kaki* Thunb.（柿樹科）

山漆 *Rhus succedanea* L.（漆樹科）

黃櫨木 *Cotinus coggyria* Scop.（漆樹科）

小蘗 *Berberis* spp. 如川上氏小蘗 *Berberis kawakamii* Hayata（小蘗科）

熱帶低海拔地區，往往低溫不足，葉秋紅植物種類絕少，僅有九芎、大花紫薇、欖仁、烏桕等。

欖仁 *Terminalia caltappa* L.（使君子科）

落葉喬木，高可達 15m，枝幹平展，樹冠傘形。葉倒卵形，互生，叢生枝頂層次分明；秋季轉紅葉（圖 2-07），冬季落葉。

2-07 熱帶低海拔地區，僅有欖仁等少數植物秋葉變紅。

烏桕 *Sapium sebiferum*（L.）Roxb.（大戟科）

九芎 *Lagerstroemia subcostata* Koehne（千屈菜科）

大花紫薇 *Lagerstroemia speciosa*（L.）Pers.（千屈菜科）

落葉喬木，株高 8-15m。葉大，橢圓形，秋葉變紅（圖 2-08）；葉柄短。花呈圓錐花序，花形大，花瓣紫至紫藍色。蒴果，種子有翅。

2-08 大花紫薇也是熱帶低海拔地區少數秋葉變紅的植物

4. 秋黃植物

有些樹種秋季氣溫下降，葉片的葉綠素逐漸被分解掉，葉中葉黃素開始占優勢，葉子就會由綠變黃，呈現出黃色或金黃色。

在緯度或海拔稍高的溫、寒帶地區，常見秋季葉片變黃的樹種如下：

銀杏 *Ginkgo biloba* L.（銀杏科）

落葉性喬木，可長到 20-35m 高。葉片扇

2-09 緯度或海拔稍高地區，秋葉呈金黃色的銀杏。

形，常 3-5 枚叢生短枝之頂端，入秋後扇形葉片轉為金黃色（圖 2-09）。

梧桐 *Firmiana simplex*（L.）W. F. Wight.（梧桐科）

樺樹類 *Betula* spp.（樺木科）

楊樹類 *Populus* spp.（楊柳科）

八角楓 *Alangium chinensis*（Lour.）Harms.（八角楓科）

鵝掌楸 *Liriodendron chinense* Semsley（木蘭科）

槲樹 *Quercus dentata* Thunb.（殼斗科）

　　熱帶及低海拔地區葉秋黃植物種類也不多，只有以下數種：

無患子 *Sapindus mukorossi* Gaertn.（無患子科）

　　落葉大喬木，高可達 20m。偶數羽狀複葉，小葉 5-8 對，葉片薄紙質，長橢圓狀披針形或稍呈鐮形。秋季葉呈黃褐至金黃色（圖 2-10），大片栽植極具景觀效果。

2-10 熱帶及低海拔地區葉秋季變黃的植物只有無患子等少數樹種。

油桐 *Aleurites montana*（Lour.）Wils.（大戟科）

桑 *Morus alba* L.（桑科）

5. 凋零冬季或色彩隆冬

　　冬季在很多地區都意味著沉寂和冷清。生物在寒冷來襲的時候會減少生命活動，很多植物會落葉，枝幹呈乾枯狀（圖 2-11），這是典型的凋零冬季。

2-11 冬季有植物會落葉，枝幹呈乾枯狀，沉寂而冷清。

　　如果庭園中常綠樹和落葉樹比例恰當，冬季庭園的色彩還是會很艷麗。例如選用一些冬季開花的植物；有些落葉灌木，如山茱萸科楝木屬的紅瑞木，

其莖幹、枝條會呈現紅色或黃色，非常亮麗；冬季觀果的品種也不少，例如適合庭園栽植的南天竹、火刺木、冬青，冬季紅果累累；紫金牛，冬葉碧綠，果實鮮紅經久不落，還有南天竹的紅果等等（圖 2-12）。

2-12 南天竹冬季紅果纍纍，是冬季觀果的品種。

第二節　花的顏色

花的色彩是觀賞植物中最受到注目的特性，花色是植物的主體色彩，予人最直接、最強烈的視覺感受。栽種植物，大多還是用來觀賞花的色彩。植栽設計選擇植物種類的重點就是選用植物的花色，和確切的植物花期。

一、白花植物

白花象徵悠閒淡雅、神聖潔淨。常見的開白色花植物：

（一）喬木類

木蘭；玉蘭 *Magnolia denudate* Desr.（木蘭科）

落葉小喬木，高可達 15m。葉倒卵狀長橢圓形，長 10-15cm，先端突尖而短鈍，基部廣楔形或近圓形。花大，徑 12-15cm，花被片白色，基部微帶紫紅（圖 2-13）。

2-13 花白色淡雅的木蘭。

梨 *Pyrus pyrifolia*（Burm.f.）Nakai（薔薇科）
洋玉蘭 *Magnolia grandiflora* L.（木蘭科）

（二）灌木類

李 *Prunus salicina* Lindl.（薔薇科）

梅 *Prunus mume* S. et Z.（薔薇科）

華八仙 *Hydrangea chinensis* Maxim.（八仙花科）

梔子花 *Gardenia jasmioides* Ellis（茜草科）

（三）蔓藤類

茉莉 *Jasminums ambac*（L.）Ait.（木樨科）

木香 *Rosa banksiae* Ait.（薔薇科）

薔薇 *Rosa multiflora* Thunb.（薔薇科）

二、黃花植物

黃色代表活潑樂觀、愉快進取。開黃色花植物，有以下代表：

（一）喬木類

黃金風鈴木 *Tabebuia chrysantha*（Jacq.）Nichols.（紫葳科）

落葉喬木，樹高 8-12m。掌狀複葉對生，小葉 5，倒卵形，全緣或疏齒緣，被褐色細茸毛。花冠漏斗形，花色鮮黃（圖 2-14）。果為長條狀翅果，種子具翅。

無憂樹 *Saraca indica* L.（蘇木科）

阿勃勒 *Cassia fistula* L.（蘇木科）

欒樹類 *Koelreuteria* spp.（無患子科）

2-14 代表活潑樂觀的黃色花植物黃金風鈴木。

（二）灌木類

黃鐘花 *Stenolobium stans*（L.）Seem.（紫葳科）

金絲桃 *Hypericum monogynum* L.（藤黃科）
金合歡 *Acacia farnesiana*（L.）Willd.（含羞草科）

（三）蔓藤類
小花黃蟬 *Allamanda neriifolia* Hook.（夾竹桃科）
軟枝黃蟬 *Allamanda cathartica* Linn.（夾竹桃科）

（四）草本花卉
　　常見開黃花的草本花卉有：
菊花 *Chrysanthemum indicum* Linn.（菊科）
黃花美人蕉 *Canna indica* L. var. *flava* Roxb.（美人蕉科）
荇菜 *Nymphoides peltatum*（Gmel.）O. Kuntze（睡菜科）
金花石蒜 *Lycoris aurea* Herb.（石蒜科）

三、粉紅花、紫紅花植物

　　粉紅色、紫紅色顯示浪漫熱情、愛欲幻境。

（一）喬木類
洋紅風鈴木 *Tabebuia pentaphylla*（L.）Hemsl.（紫葳科）

　　落葉喬木，高可達 20m。掌狀複葉對生，
小葉 5，紙質，闊卵形至長橢圓形，全緣。總
狀花序，花大型，淡粉紅色（圖 2-15）。蒴果，
線形或圓柱形，長可達 30-35cm。

2-15 洋紅風鈴木開紫紅色花，代表愛
欲幻境。

垂絲海棠 *Malus halliana* Koehne（薔薇科）
海棠 *Malus spectabilis*（Ait.）Borkh.（薔薇科）
合歡 *Albizia julibrissin* Durazz.（含羞草科）

（二）灌木類

桃 *Prunus persica*（L.）Batsch（薔薇科）

紅梅 *Prunus mume* S. *et* Z.（薔薇科）

夾竹桃 *Nerium indicum* Mill.（夾竹桃科）

紅粉撲花 *Calliandra emarginata*（Humb. & Bompl. *ex* Willd.）Benth.（含羞草科）

（三）蔓藤類

玫瑰 *Rosa rugosa* Thunb.（薔薇科）

蒜香藤 *Pseudocalymma aliaceum* Sandw.（紫葳科）

四、鮮紅花植物

鮮紅色象徵熱情興奮、冒險刺激。

（一）喬木類

紅千層 *Callistemon citrinus*（Curt.）Skeels（桃金孃科）

常綠小喬木或灌木，高可達 5m。單葉互生，披針形或有時呈闊披針形，長 5-7cm，中肋顯著。密集的穗狀花序，花鮮紅色（圖 2-16）。穗狀果序上蒴果密生，果實呈球形。

2-16 紅千層的鮮紅色花象徵熱情興奮。

火焰木 *Spathodea campanulata* Beauv.（紫葳科）

紅瓶刷子樹 *Callistemon rigidus* R. Br.（桃金孃科）

（二）灌木類

映山紅；唐杜鵑 *Rhododendron simsii* Planch.

石榴 *Punica granatum* L.（安石榴科）

錦帶花 *Weigela florida*（Bunge）A. DC.（忍冬科）

山茶花 *Camellia japonica* L.（山茶科）

朱槿 *Hibiscus rosa-sinensis* L.（錦葵科）

貼梗海棠 *Malus halliana* Koehne（薔薇科）

美洲合歡 *Calliandra haematocephala* Hassk.（含羞草科）等

（三）草本花卉

美人蕉 *Canna indica* L.（美人蕉科）

五、紫花植物

紫色花象徵嚴肅莊重、靈性智慧。

（一）喬木類

大花紫薇 *Lagerstroemia speciosa*（L.）Pers.（千屈菜科）

落葉喬木，株高 8-15m。葉大，橢圓形；葉柄短。花呈圓錐花序，花形大，花瓣紫至紫藍色（圖 2-17）。

泡桐 *Paulownia fotunei* Hemsel.（玄參科）

2-17 大花紫薇的紫色花象徵嚴肅莊重、靈性智慧。

（二）灌木類

紫薇 *Lagerstroemia indica* L.（千屈菜科）

木槿 *Hibiscus syriacus* L.（錦葵科）

辛夷 *Magnolia liliflora* Desr.（木蘭科）

紫丁香 *Syringa julianae* Schneid.（木樨科）

紫荊 *Cercis chinensis* Bunge（蝶形花科）

（三）蔓藤類

紫藤 *Wisteria sinensis*（Sims.）Sweet.（蝶形花科）

九重葛 *Bougainvillea spectabilis* Willd.（紫茉莉科）

（四）草本花卉

翠菊 *Callostephus chinensis*（L.）Nees.（菊科）

六、藍花植物

藍花代表寧靜肅穆、傷感哀愁。

（一）喬木類

藍花楹 *Jacaranda acutifolia* Humb. *et* Bonpl.（紫葳科）

（二）蔓藤類

牽牛花 *Ipomoea nil*（L.）Roth.（旋花科）

　　一年生纏繞草本。單葉互生，闊卵形或圓形，葉基心形，葉尖漸尖形，葉緣為全緣或 3 裂，上下表面皆被毛。花單一或數朵；有藍色花品種（圖 2-18），花只有一天的壽命。果實為蒴果，徑約 1cm。

2-18 牽牛花的藍花代表寧靜肅穆、傷感哀愁。

（三）草本花卉

矢車菊 *Centaurea cyanus* L.（菊科）

馬藺 *Iris lacteal* Pall. var. *chinensis*（Fisch.）Koidz.（鳶尾科）

飛燕草 *Consolida ajacis*（L.）Schur.（毛茛科）

烏頭 *Aconitum carmichaeli* Debx.（毛茛科）

龍膽 *Gentiana* spp.（龍膽科）

風信子 *Hyacinthus orientalia* L.（百合科）
百子蓮 *Agapanthus aficanus*（L.）Hoffm.（百合科或石蒜科）
桔梗 *Platycodon grandiflorus*（Jacq.）A. DC.（桔梗科）

第三節　果實的色彩

　　大部分植物春夏開花，夏秋結果。很多植物果實色彩鮮豔，是夏秋之際重要的景觀資源。有些種類的秋實經冬不落，甚至在冬季時鮮豔繽紛，成為冬季萬物凋零時節主要的景觀焦點。

一、白色果植物

花楸類 *Sorbus* spp.（薔薇科）
　　如湖北花楸（*Sorbus hupehensis* C. K. Schneid.），落葉喬木植物；高 5-10m。奇數羽狀複葉，小葉 4-8 對。花白色，直徑 5-7mm。梨果球形，白色（圖 2-19）。

2-19 很多植物果實色彩鮮豔，但有些花楸類的果實卻是白色的。

莢蒾類 *Viburnum* spp.（忍冬科）
白飯樹 *Securinega virosa*（Roxb.）Pax & Hoffm.（大戟科）
拎樹龍 *Psychotria serpens* L.（茜草科）

二、黃色、橙黃色果植物

金橘 *Fortunella margarita*（Lour.）Swingle（芸香科）
枳殼 *Poncirus trifoliate*（L.）Raf.（芸香科）

枇杷 *Eriobotrya japonica*（Thunb.）Lindl.（薔薇科）

棟 *Melia azedarach* L.（棟科）

甜橙 *Citrus sinensis*（L.）Osbeck（芸香科）

柿 *Diospyrus kaki* Thunb.（柿樹科）

三、紫紅色果植物

台灣欒樹 *Koelreuteria henry* Dummer（無患子科）

四、紅色果植物

（一）喬木類

珊瑚樹 *Viburnum odoratissimum* Ker.（忍冬科）

山楂 *Crataegus pinnatifida* Bunge（薔薇科）

冬青類 *Ilex* spp.（冬青科）

楊梅 *Myrica rubra* S. et Z.（楊梅科）

（二）灌木類

山茱萸 *Cornus officinalis* S. & Z.（四照花科）

南天竹 *Nandina domestica* Thunb.（小蘗科）

金銀木 *Lonicera maackii*（Rupr.）Maxim.（忍冬科）

火刺木 *Pyracantha koidzumii*（Hay.）Rehder（薔薇科）

硃砂根 *Ardisia crenata* Sims（紫金牛科）

五、紫色果植物

日本紫珠；朝鮮紫珠 *Callicarpa japonica* Thunb.（馬鞭草科）
　　落葉直立灌木，高約 2m。葉狹倒卵形至卵狀橢圓形，上半部邊緣有粗鋸

齒。聚傘花序腋生，花白至粉紅色。果實球形，
紫色，徑約 2mm（圖 2-20）。

杜虹花；台灣紫珠 *Callicarpa formosana* Rolfe
（馬鞭草科）

2-20 結紫色果的日本紫珠。

六、藍色果植物

十大功勞 *Mahonia japonica*（Thunb.）DC.（小蘗科）
琉球雞屎樹 *Lasianthus fordii* Hance（茜草科）
杜英 *Elaeocarpus* spp.（杜英科）

七、紫黑色果植物

女貞 *Ligustrum lucidum* Ait.（木樨科）
八角金盤 *Fatsia japonica*（Thunb.）Decaisne & Planch.（五加科）
葡萄 *Vitis uinifera* L.（葡萄科）
中原鼠李 *Rhamnus nakaharai*（Hayata）Hayata（鼠李科）
常春藤 *Hedera helix* L.（五加科）

第四節　代表四季的植物

　　一般公園庭院，會選擇在不同季節表現色彩的植物，主要是花，有些是
果或葉。適當選用代表不同季節的植物顯示季相變化，是植栽設計最基本的
要求。其中能代表春天色彩的植物種類較普遍，大多數的景觀植物種類春天
開花；夏季有色彩的種類也有不少；秋季有色彩的植物，主要是變色葉種類，

也有少數開花的植物；冬天的植物色彩最少，主要是落葉和果實，只有極少數開花植物。

一、春季

主要是指春季開花的觀賞植物。

（一）喬木類

木蘭 *Magnolia denudate* Desr.（木蘭科）

海棠 *Malus spectabilis*（Ait.）Borkh.（薔薇科）

櫻花類 *Prunus* spp.（薔薇科）

（二）灌木類

杏花 *Prunus armeniaca* L.（薔薇科）

紫荊 *Cercis chinensis* Bunge（蝶形花科）

桃 *Prunus persica*（L.）Batsch（薔薇科）

辛夷 *Magnolia liliflora* Desr.（木蘭科）

牡丹 *Paeonia suffruticosa* Andr.（牡丹科）

（三）蔓藤類

紫藤 *Wisteria sinensis*（Sims）Sweet.（蝶形花科）

玫瑰 *Rosa rugosa* Thunb.（薔薇科）

探春花 *Jasminum floridum* Bunge（木樨科）

迎春花 *Jasminum nudiflorum* Lindl.（木樨科）

（四）草本花卉

蜀葵 *Althaea rosea*（L.）Cavan.（錦葵科）

芍藥 *Paeonia lactiflora* Pall.（牡丹科）

報春花 *Primula malacoides* Franch.（報春花科）

二、夏季

主要是指夏季開花的觀賞植物。

（一）喬木類

阿勃勒 *Cassia fistula* L.（蘇木科）

火焰木 *Spathodea campanulata* Beauv.（紫葳科）

鳳凰木 *Delonix regia*（Boj.）Raf.（蘇木科）

大花紫薇 *Lagerstroemia speciosa*（L.）Pers.（千屈菜科）

（二）灌木類

石榴 *Punica granatum* L.（安石榴科）

紫薇 *Lagerstroemia indica* L.（千屈菜科）

木槿 *Hibiscus syriacus* L. f.（錦葵科）

（三）蔓藤類

姐妹花 *Rosa multiflora* Thunb. var. *carnea* Thory（薔薇科）

月季 *Rosa chinensis* Jacq.（薔薇科）

（四）草本花卉

鳳仙花 *Impatiens balsamina* L.（鳳仙花科）

（五）水生花卉

荷花 *Nelumbo nucifera* Gaertn.（蓮科）

荇菜 *Nymphoides peltatum*（Gmel.）O. Kuntze（睡菜科）

三、秋季

A. 秋花植物

（一）灌木類

主要是指秋季開花及變色葉的觀賞植物。

木芙蓉 *Hibiscus mutabilis* L.（錦葵科）

黃槐 *Cassia surattensis* Burm. f.（蘇木科）

黃鐘花 *Tecoma stans*（Linn.）Juss. *ex* H. B. K.（紫葳科）

（二）蔓藤類

炮杖花 *Pyrostegia venusta*（Ker.）Miess.（紫葳科）

（三）草本花卉

紅蓼 *Polygonum orientale* L.（蓼科）

菊花 *Chrysanthemum indicum* Linn.（菊科）

B. 秋季變色葉植物

即楓香、漆樹、烏桕、柿、棠梨、黃櫨木、衛矛、楝、梧桐、楸樹、鵝掌楸、無患子、金縷梅、槲樹、銀杏等樹種。

四、冬季

主要是指冬季會開花的觀賞植物，種類極少。

（一）喬木類

下述喬木類屬熱亞熱帶植物，仲冬至初春花。

黃金風鈴木 *Tabebuia chrysantha*（Jacq.）Nichols.（紫葳科）

洋紅風鈴木 *Tabebuia pentaphylla*（L.）Hemsl.（紫葳科）

（二）灌木類

山茶花 *Camellia japonica* L.（山茶科）

茶梅 *Camellia sasanqua* Thunb.（山茶科）

紅梅 *Prunus mume* S. & Z.（薔薇科）

蠟梅 *Chimonanthus praecox*（L.）Link

（三）草本花卉

報歲蘭 *Cymbidium sinense*（Andr.）Willd.（蘭科）

寒蘭 *Cymbidium kanran* Makino（蘭科）

水仙花 *Nacissus tazetta* L. var. *chinensis* Roem.（石蒜科）

第五節　具四季色彩變化的植物

　　一種植物（同棵樹）能表現四季變化，即春夏秋冬都有特殊色彩的植物，如春天的新芽紅色，夏天開白色花，秋天結紅果，冬季落葉等。能呈現四季強烈變化的植物種類比較少，舉下述數種（綠生活雜誌，1998c；何國生和黃梓良，2016）：

一、喬木類

　　指春、夏、秋、冬，四季具顏色變化的觀賞植物。

台灣欒樹 *Koelreuteria henry* Dummer（無患子科）

　　落葉大喬木。春季有嫩綠樹冠，夏季觀賞黃色花，秋季葉變黃，同時有滿樹的粉紅色果實，冬季落葉枝幹呈乾枯狀。

石楠 *Photinia serratifolia*（Desf.）Kalkman（薔薇科）

　　常綠喬木。春季有鮮紅嫩葉，夏季開白色花，秋季結紅果，冬季觀落葉。

桃花心木 *Swietenia macrophylla* King（楝科）

　　落葉大喬木，高可以達到 30m 以上。春季新葉葉片翠綠色，夏季樹冠具翠綠、墨綠二色葉，秋季葉變黃或紅葉，冬季落葉。

楝 *Melia azedarach* L.（楝科）

　　落葉性喬木，株高約 10-20m。春季花先葉而開，淡紫色花，夏季深綠色葉，秋季金黃色葉，冬季金黃色果。

梧桐 *Firmiana simplex*（L.）W. F. Wight.（梧桐科）

　　落葉喬木，高達 16m。春季翠綠色葉，夏季深綠色葉和淡黃綠色花，秋季葉變黃，冬季落葉。

楸樹 *Catalpa bungei* C. A. Mey.（紫葳科）

　　落葉喬木，樹幹聳直，高可達 15m。春季翠綠色葉，夏季深綠色葉和淡粉紅色花，秋季黃葉和細長果，冬季落葉。

二、灌木類

山茱萸 *Cornus officinalis* S. & Z.（四照花科）

　　落葉灌木或小喬木。春季金黃色花，夏季鮮綠色葉，秋季紅色果實，冬季落葉。

四照花 *Cornus kousa* Buerg. *ex* Hance（四照花科）

　　落葉小喬木，小枝纖細。春季黃色花，夏季白色苞片，秋季紅色果實，冬季落葉。

參考文獻

- 何國生、黃梓良 2016 園林樹木學 第二版 北京機械工業出版社
- 綠生活雜誌 1995a 多年生草花四季頌（實用園藝百科系列）台北綠生活國際股份有限公司
- 綠生活雜誌 1995b 庭園生活設計指南（實用園藝百科系列）台北綠生活國際股份有限公司
- 綠生活雜誌 1998a 草花世界：生生不息的四季花草（綠手指園藝百科 3）台北萬象圖書股份有限公司
- 綠生活雜誌 1998b 四季香頌：多年生草花風情萬種（綠手指園藝百科 5）台北萬象圖書股份有限公司
- 綠生活雜誌 1998c 神秘花園：木本花卉的人生樂土（綠手指園藝百科 6）台北萬象圖書股份有限公司
- 綠生活雜誌 1998d 庭園設計：回歸自然的庭園生活（綠手指園藝百科 9）台北萬象圖書股份有限公司
- 譚伯禹、賀賢育 1983 園林綠化樹種選擇 北京中國建築工業出版社

- Boisset, C. 1990 Gardening in Time: Planning Future Growth and Flowering. Prentice Hall Press, New York, USA.
- Jerram, M.C., G. D. Casa and M. Silbert. 1993 Christopher's Lloyd's Flower Garden. Dorling Kindersley Ltd., London, UK.
- King, C. S. 1997 Gardenscapes: Design for Outdoor Living. PBC International, Inc., New York, USA.
- Scarfone, S. C. 2007 Professional Planting Design: An Architectural and Horticultural Approach for Creating Mixed Bed Plantings. John Wiley & Sons, Inc., New Jersey, USA.
- Verey, R. 1989 The Flower Arranger's Garden. Conran Octopus Ltd., London, UK.

第三章　樹冠形狀

　　植物材料是分隔戶外空間、創造環境氛圍的良好素材。不同樹冠形狀的樹種可在不同環境中創造不同的空間感，具有建構空間、修飾空間的潛能。瞭解各種樹種的樹冠形特性，植栽排列和空間的布置才能符合美觀的需求。在植栽設計中，設計者必須根據當地的地形地物，審慎地選用適當樹冠形的樹種。

　　不同的樹冠形，具有不同的景觀功能：傘形樹冠冠幅大，遮蔽面積廣，如水黃皮、雨豆樹等，栽植時需要比較大的腹地，可植成寬廣道路的行道樹，或栽種成廣場、停車場的遮蔭樹。扇形樹冠的枝下高比較高，樹冠遮蔽度大，如光蠟樹、榆樹、青楓等，行人極易在樹下通行，是很良好的人行道樹種。而橢圓形、圓錐形、尖塔形、圓筒形樹冠之樹種，枝下高低，有時樹冠緊貼地面，如橢圓形樹冠之大葉楠、圓錐形樹冠之福木等，有視覺引導、區位阻絕的效果。可栽種在狹窄的人行道或活動空間，或作遮蔽不良景觀、建物之用。

　　樹木冠幅、冠形決定栽植的密度，濃密樹冠與開展樹形的樹冠，基地宜大，植株栽植距離宜寬；相反，冠幅狹窄的尖塔形、圓柱形樹冠可栽種在狹長空間。例如雨豆樹（*Samaea samam* Merril.）是產自熱帶地區的大喬木，株高可達 25m；樹冠很大，樹

上：3-01 雨豆樹樹冠很大，呈闊傘形，在夏威夷公園種植株距約 10-20m。
下：3-02 印尼雅加達機場附近的雨豆樹，正確的栽植株距使樹冠得到充分的伸展。

冠呈傘形或闊傘形，直徑可達 15m。夏威夷公園和印尼雅加達機場的雨豆樹，種植株距達 10-20m，正確的設計使雨豆樹樹冠得到充分的伸展，得到極佳的視覺效果（圖 3-01、3-02）。

而高雄市栽植的雨豆樹，株距卻只有 3m，所有的雨豆樹樹冠糾結在一起，根本無法顯現雨豆樹樹冠之美。表示原設計者根本不瞭解雨豆樹成熟植株的樹冠形態，才會以一般樹種的株距種植（圖 3-03、3-04）。

另外一種台灣及華南地區常用的園景樹茄苳（*Bischofia javanica* Blum），生長速度快，栽植 5 年即能長成大樹，樹冠亦呈傘形。因此，栽植時需要比較大的腹地，也適合栽成社區的避蔭樹。但新北市板橋府中路，卻在寬度只有 1m 的人行道栽種茄苳樹（圖 3-05）。除了樹根會破壞人行道硬質鋪面外，未來傘形的大樹冠，一定會對沿人行道的住房造成大破壞。

上：3-03 高雄市的雨豆樹株距太小，根本無法顯現雨豆樹樹冠之美。
中：3-04 高雄市栽植的雨豆樹，株距卻只有 3m，所有的樹冠都糾結在一起。
下：3-05 新北市板橋府中路，在寬度只有 1m 的人行道栽種茄苳樹。

3-06 德國的柏林植物園，用不同樹冠形樹種配置而成的義大利式庭園。

3-07 中國寧波的日月公園，依地形配置不同形狀的樹冠，展現當地的環境特色。

　　東西方都有善用樹冠形作景觀設計的案例：如德國的柏林植物園，用不同樹冠形樹種配置成景觀造型極佳的義大利式庭園（圖 3-06）；中國寧波的日月公園，充分使用原產中國的樹種，依地形配置不同形狀的樹冠，展現當地的環境特色，顯示世界一流的藝術手法，其成就值得嘉許（圖 3-07）。

第一節　樹冠形定義

　　樹木的地上部由主幹（喬木）、主枝、側枝、新梢等著生葉片構成，稱為樹冠。從根際到第一主枝的部分叫枝下主幹。枝下主幹以上著生枝葉的部分叫樹冠（Crown of a tree）（Echereme *et al.*, 2015）。從樹體結構上分，樹冠主要由主幹和側枝組成，即喬木或灌木樹幹以上連同集生枝葉的部分，稱為樹冠。

　　樹冠形狀（Crown shape）由枝條著生樹幹之高度、角度及其長度等三個要素所決定。外觀輪廓有圓錐形、尖塔形、扇形、傘形、圓柱形、圓形及橢圓形等多種。影響樹冠外部形態之因子很多，包括樹種、樹齡、栽植密度及撫育作業等，皆可能影響樹冠外部形態。樹冠之發展有時受制於林木生長空間，如果生長空間受到限制，枝條橫向生長受阻，會影響正常樹冠的發育，

樹冠形狀會發生變化，原來圓錐形樹冠會變成圓柱形（陳清婷等，2010）。樹冠上部能充分受到陽光照射，故枝條活力較佳，而樹冠下部，因受到陽光照射較少，故枝條生長較衰弱，樹冠形狀和孤立生長者有明顯的不同（彭芳仁和黃寶龍，1997）。

　　喬木樹冠高大，壽命較長，樹冠占據空間大。喬木的形體、姿態富有變化，在改善小氣候和環境美化方面有顯著的功能，也有很好的遮蔭效果。在造景上喬木種類很多，可育成鬱蔥的林帶，或形成優美的樹叢，也可栽種成各種組合排列的孤立樹。在景觀設計中，喬木既可以成為主景，可以組合空間和分離空間，也可以形成空間層次和達成屏障視線的作用（Booth and Hiss, 1991；賈志國，2018）。因喬木有高大的樹體樹冠和繁多龐大的根系，故要求種植的棲地要有較大的空間和較深厚的土壤。灌木樹冠矮小，多呈現叢生狀，樹冠雖然占據空間不大，但會形成阻礙遊客活動的空間，比較喬木而言對人的活動影響大。有些灌木枝葉濃密豐滿，有色彩鮮艷的花朵和果實，形體和姿態也有很多變化。可作為防塵、防風沙、護坡和防止水土流失之用。在造景方面，灌木可以增加樹木在高低層次方面的變化，可作為喬木的陪襯，也有觀賞效果。灌木也可用以分隔較小的空間，阻擋較低的視線。

第二節　枝下高與樹冠形

　　樹木枝下高是指樹冠第一個活枝到地面的高度，受到樹種遺傳差異的影響，各樹種枝下高各不相同。即便是相同樹種，也因生長環境的不同，枝下高也有很大的差異（Echereme et al., 2015）。一般說來，孤立木或生長空間較大的樹木枝下高比較低，其樹木尖削度高；而生長在比較密的林分中的樹木，因競爭而有自然修枝現象，其枝下高相對比較高，其樹幹比較通直飽滿。枝下高的景觀意義在於設計者對植栽的美觀要求及功能的要求：作為行道樹，枝下高就要求高，防止阻擋車輛及行人視線。作為區隔或遮蔽效果的綠籬植

物，則枝下高要求要低。以植物枝下高的高低來達到不同的景觀效果。

　　枝下高和樹冠形狀有很大的相關性：最低側枝的高度在樹幹上方 1 ／ 3-1 ／ 4 處的樹冠，即枝下高高的樹冠型，有傘形樹冠、扇形樹冠、圓形樹冠、椰形樹冠等。最低側枝的高度在樹幹中段，約 2 ／ 3-1 ／ 2 處的樹冠，即枝下高中等的樹冠型，有扇形樹冠、圓錐形樹冠、卵形樹冠、橢圓形樹冠、垂條形樹冠等。而最低側枝的高度在樹幹下方接近地面處的樹冠，即枝下高低的樹冠型，有尖塔形樹冠、圓錐形樹冠、圓柱形樹冠、垂條形樹冠、圓形樹冠等（Echereme *et al.*, 2015；張小紅和馮莎莎，2016）。

第三節　主要的樹冠形及樹種

　　樹冠形是樹木成熟時樹冠擴展的形態表示，也可以用作樹木辨識的參考特徵之一。一般常稱的樹冠形包括以下數類：

1. 尖塔形

　　有明顯主幹，樹冠頂端極尖，上部狹小、下部較寬，頂部樹梢輪廓凹入，呈狹長形。枝下高極低，甚而貼近地面。樹冠尖塔形樹木以裸子植物為主，常見的樹種如下：

水杉 *Metasequoia glyptostroboides* Hu *et* Chen（杉科）

　　落葉喬木，高可達 35m，幼樹樹冠尖塔形（圖 3-08），老樹樹冠廣圓形。葉線形，長 1-1.7cm，對生，排列成羽狀，冬季與小枝一同凋落。樹姿優美，為庭園觀賞樹。

3-08 水杉樹冠尖塔形，樹姿優美。

落羽杉 *Taxodium distichum*（L.）Rich.（杉科）

　　落葉大喬木，高可達 50m，樹形幼時為銳尖圓錐形（圖 3-09），老樹則為闊圓錐狀；生長溼地或水中者，從根部生出屈曲膝根。冬季將落的葉片會轉成橙褐色。原產北美濕地沼澤地，由於樹形優美常被種植為庭園造景樹及行道樹。

3-09 落羽杉杉幼時為銳尖圓錐形，老樹則為闊圓錐狀。

杉木 *Cunninghamia lanceolata*（Lamb.）Hook.（杉科）

柏木 *Cupressus funebris* Endl.（柏科）

圓柏屬植物 *Juniperus* spp.（柏科）

小葉南洋杉 *Araucaria heterophylla*（Salisb.）Franco（南洋杉科）

肯氏南洋杉 *Araucaria cunninghamii* Sweet（南洋杉科）

2. 圓錐形

　　有明顯主幹，形似尖塔形，上部狹、下部寬。惟樹冠頂端稍鈍，輪廓外凸呈三角形。枝下高亦低，有時貼近地面。亦以裸子植物為主，少數闊葉樹種如福木、烏心石等，樹冠亦屬圓錐形。常見樹冠圓錐形的裸子植物樹種如下：

龍柏 *Juniperuschinensis* L. var. *kaizuka* Hort.（柏科）

　　常綠喬木，高可達 8m；樹幹直立生長，樹形呈狹圓柱形至圓錐形（圖 3-10）。小枝密集，葉密生，全為鱗葉，幼葉淡黃綠色，老後為翠綠色。

3-10 龍柏樹冠呈狹圓柱形至圓錐形。

小葉南洋杉 *Araucaria heterophylla*（Salisb.）Franco（南洋杉科）

　　常綠喬木，樹高可達 30m；枝條 4-7 於主幹輪生，水平伸展；樹冠塔形至圓錐形（圖 3-11）。葉柔軟，尖而不刺手，幼葉線狀針形，微彎，老枝鱗狀葉呈三角形卵圓形。原產於澳洲，由於樹型美觀，生長快速，被列為世界著名五大庭園觀賞樹木之一。

3-11 小葉南洋杉樹冠塔形至圓錐形。

肯氏南洋杉 *Araucaria cunninghamii* Sweet（南洋杉科）
肖楠類 *Calocedrus* spp.（柏科）
柳杉 *Cryptomeria japonica*（L. f.）D.Don.（杉科）
雪松 *Cedrus deodara*（Roxb.）G. Don（松科）
塔柏 *Juniperus chinensis* L. var. *pyramidalis* Hort.（柏科）

　　樹冠圓錐形的被子植物樹種如下：

福木 *Garcinia subelliptica* Merr.（藤黃科）

　　常綠中喬木，高可達 20 m；枝幹密生，樹形呈圓錐挺立（圖 3-12）。整年常綠，春天新出之嫩葉常帶褐黃色。花單性，雌雄異株。果橙黃色。

3-12 福木是少數樹冠呈圓錐形的被子植物。

烏心石 *Michelia compressa*（Maxim.）Sargent（木蘭科）

3. 圓柱形

　　上下部樹冠相差不大，外觀呈圓筒形。耐修剪又有很強的耐陰性，故可作綠籬。中國古來多以圓柱形樹冠樹種配植於廟宇陵墓作墓道樹；西方國家

則栽植於博物館或宮殿等大型建築物前做為引導視線的樹種。樹冠圓柱形的
植物種類較少，常見的裸子植物樹種如下：

義大利柏 *Cupressus sempervirens* L.（柏科）

　　樹冠近圓柱形（圖 3-13），原產地中海
沿岸地區，屬於耐熱的裸子植物。目前已廣泛
在熱帶及亞熱帶地區栽植，也是一種非常挺
直、美麗的建築創作樹種，常見於庭院的各種
種植。

3-13 義大利柏樹冠近圓柱形。

鉛筆柏 *Juniperus virginiana* L.（柏科）
杜松 *Juniperus rigida* S. et Z.（柏科）

　　也有少數被子植物樹種樹冠圓柱形者，如：

長葉暗羅 *Polyalthia longifolia*（Sonn.）Thwaites 'Pendula'（番荔枝科）

　　常綠喬木，株高可達 10m 以上，熱帶樹
種；主幹高聳挺直，樹形優美，枝葉茂密、柔
軟並下垂。葉互生，下垂狀，狹披針形，紙質，
葉緣具波狀，葉面油亮，長 15-20cm，寬 2.5-
5cm。樹冠形細尖筆直，酷似佛教中的尖塔（圖
3-14），又名印度塔樹。

鑽天楊 *Populus pyramidalis* Roz.（楊柳科）

3-14 長葉暗羅樹冠細尖筆直至圓柱形。

4. 傘形

側枝水平方向生長，樹木冠形開張，枝下高極高，占整株樹 1 ／ 2-1 ／ 3 以上，遠望有如矗立之傘。常見傘形樹冠的樹種，有麵包樹、血桐、樟樹、白水木、榕樹、茄苳、雨豆樹等。簡介如下：

雨豆樹 *Samaea samam* **Merr.（含羞草科）**

落葉大喬木，株高可達 25m；樹冠很大，樹冠呈傘形或闊傘形，可達 15 m。二回羽狀複葉，2-4 羽片；小葉 2-8 對。頭狀花序，花冠淡黃色，被絲狀長絨毛；雄蕊 20 枚，深紅色。原產熱帶美洲、西印度。

榕樹 *Ficus microcarpa* **L. f.（桑科）**

常綠大喬木，高可達 20m 以上，樹冠呈廣傘型（圖 3-15）；樹皮光滑，常有懸垂氣生根。葉互生，橢圓至倒卵形，長 6-9cm，寬 3-4cm，革質或肉質狀紙質，全緣，兩面光滑。

3-15 榕樹的樹冠是典型的傘形樹冠。

麵包樹 *Artocarpus incisa*（Thunb.）**L. f.（桑科）**
血桐 *Macaranga tanarius*（L.）**Muell.-Arg.（大戟科）**
樟樹 *Cinnamomum camphora*（L.）**Presl（樟科）**
白水木 *Messerschmidia argentea*（L. f.）**Johnston（紫草科）**
茄苳 *Bischofia javanica* **Blum（大戟科）**

5. 扇形

又稱瓶狀形。具有延展的冠層，枝條集中在樹冠上部，呈 V 字形狀；下部無枝條，呈單一樹幹。常見樹冠呈扇形的喬木類樹種，有木犀科的光蠟樹屬植物；榆科大部分植物；槭樹科大部分植物：

光蠟樹 *Fraxinus griffithii* Kaneh.（木樨科）

半落葉性大喬木，高可達 10-15m，扇形樹冠（圖 3-16）；樹幹幹皮薄片狀剝落，留有雲狀剝落痕。奇數羽狀複葉稍革質，小葉 2-5 對。圓錐花序，頂生於枝端；花黃白色，花萼鐘形，先端 4 淺裂；花冠深 4 裂。翅果長線形。

櫸木 *Zelkova serrata*（Thunb.）Makino（榆科）

落葉喬木，高可達 25m，扇形樹冠（圖 3-17）。葉單鋸齒緣，羽狀脈，表面粗糙，葉柄甚短。春日開淡黃色的小花，雄花簇生於新枝下部葉腋或苞腋；雌花單生於枝上部葉腋。

榔榆 *Ulmus parvifolia* Jacq.（榆科）
朴樹 *Celtis sinensis* Persoon（榆科）
槭樹類 *Acer* spp.（槭樹科）

6. 橢圓形

單一直立的樹幹，樹冠具有整體性的分枝形態，外觀呈橢圓形。常見於人工培育出來的樹種，及落葉樹種。常見的橢圓形樹冠，天然喬木類樹種如下：

大葉楠 *Machilus kusanoi* Hay.（樟科）

常綠大喬木，樹皮灰白色，樹下高低，

3-16 光蠟樹的樹冠呈扇形。

3-17 櫸木分枝在樹體上部，形成扇形樹冠。

樹冠呈橢圓形（圖 3-18）。葉片較為大型。單葉，互生，或近對生，葉片倒披針形或長橢圓披針形。花被細小，無萼瓣之分。果實為球形之核果，成熟時為紫黑色。

白玉蘭 *Michelia alba* DC.（木蘭科）

7. 圓形

又稱球形樹冠，樹冠像一個半球形，有的成球形。

椴樹類 *Tillia* spp.（田麻科）

落葉喬木，溫寒帶樹種，樹冠呈圓球形至橢圓形（圖 3-19）。葉互生，基部偏斜，有鋸齒。花兩性，白色或黃色；聚傘花序，花序梗下半部與窄舌狀苞片貼生。約 80 種，主要分布於北溫帶和亞熱帶。為優良用材樹種；莖皮供纖維原料。花具蜜腺，芳香，為優良蜜源樹種。

泡桐 *Poulownia fortune* Hemsel.（玄參科）

8. 卵圓形

樹冠輪廓近似球形，唯樹冠上部直徑較小，下部較大。

3-18 大葉楠樹冠外觀呈橢圓形。

3-19 很多田麻類（Tilia spp.）樹種樹冠呈圓形。

常見的卵圓形樹冠喬木類樹種如下：

菩提樹 *Ficus religiosa* L.（桑科）

常綠喬木，株高 20m 以上，樹冠成波狀圓形。葉闊卵形至三角狀卵形，長 7-18cm，先端長尾狀，基部截斷狀，鈍圓或淺心形。

婆羅蜜 *Artocarcus integrifolia* L. f.（桑科）

常綠喬木，高約 10-20m，樹冠卵圓形至廣卵形（圖 3-20）。葉全緣，倒卵形至長圓形，濃綠色。雄花序頂生或腋生，圓柱形，長 5-8cm；雌花序圓柱形或長圓形，生於樹幹或主枝上。聚合果長圓形、橢圓形或倒卵形，長 25-60cm。

3-20 婆羅蜜的樹冠輪廓呈近似球形的卵球形。

9. 椰形樹冠

椰子類植物一般是單幹直立，不分枝，樹幹光滑，接近筆直。葉子極大，簇生於樹幹頂部，形成優美的樹冠，造型極為特殊。具有椰形樹冠的植物，除棕櫚科植樹外，還包括裸子植物的蘇鐵類；蕨類的杪欏類；被子植物的五加科某些成員等。

棕櫚 *Trachycarpus fortune*（Hook.）Wendl.（棕櫚科）

樹高達 5-7m；樹幹圓柱形，直立無分枝，幹上具環狀葉痕呈節狀。葉圓扇形，簇生於樹幹頂端（圖 3-21），葉柄兩側有鋸齒，葉基有黃褐色或黑褐色的纖維狀鞘包被樹幹。

3-21 棕梠的葉簇生於樹幹頂部，形成椰形樹冠。

海棗類 *Phoenix* spp.（棕櫚科）

　　有海棗（*Phoenix dactylifera* Linnaeus）、銀海棗（*Ph. sylvestris* Roxb.）、台灣海棗（*Ph. hanceana* Naudin）、加拿列海棗（*Ph. canariensis* Hort. *ex* Chabaud）、非洲海棗（*Ph. reclinata* Jacq.）、羅比親王海棗（*Ph. roebelenii* O' Brien.）。

蒲葵類 *Livistoia* spp.（棕櫚科）

　　有蒲葵（*Livistona chinensis*（Jacq.）R. Br.）、扇葉蒲葵（*L. chinensis*（Jacq.）R. Br. var. *subglobosa*（Hassk.）Beccari）、傑欽氏蒲葵（*L. jenkinsiana* Griff.）、圓葉蒲葵（*L. rotundifolia*（Lam.）Mart.）。

棍棒椰子 *Hyophorbe verschaffeltii* Wendl.（棕櫚科）

裸子植物
蘇鐵 *Cycas revoluta* Thunb.（蘇鐵科）

蕨類植物
筆筒樹 *Cyathea lepifera*（Hook.）Copel（桫欏科）
桫欏 *Cyathea spinulosa* Wall.（桫欏科）

雙子葉植物
裡白刺楤 *Aralia bipinnata* Blanco（五加科）
通草 *Tetrapanax papyriferus*（Hook.）K. Koch.（五加科）
澳洲鴨腳木 *Schefflera actinophylla*（Endl.）Harms（五加科）

10. 垂條形
　　又稱懸垂形。全株樹冠通常呈圓形，但具有顯著的下垂枝條，引導視線至地面。常見的垂條形樹種如下：

藏柏 *Cupressus cashmeriana* Royle（柏科）

又稱喀什米爾柏。常綠喬木，株高可達 8m，樹冠尖塔形，小枝、葉簇下垂（圖 3-22）。葉壓扁狀，粉藍色，被白粉。在高冷地生育良好，平地氣溫較高生長較差，但仍具特色。產喀什米爾、西藏。為世界級園藝觀賞花木。

垂柳 *Salix babilonica* L.（楊柳科）
檉柳 *Tamarix chinensis* Lour.（檉柳科）
龍爪槐 *Sophora japonica* L. f. *pendula* Hort.（蝶形花科）
龍爪柳 *Salix matsudana* Koidz. f. *pendula* Sch.（楊柳科）
龍爪棗 *Ziziphus jujuba* Mill. 'toutuosa'（鼠李科）

第四節　特殊的冠形或幹形

有特殊的冠形或幹形的植物，必須有特殊的植栽設計，配置和經營管理均不能與一般的植物等同視之。

華盛頓棕 *Washingtonia filifera*（Linden *ex* Andre）Wendl.（棕櫚科）

常綠喬木，高 8-20m。樹幹粗壯通直，圓柱狀，基部略膨大，抱在莖上的葉柄基部裂開成叉形，乾枯的葉子下垂覆蓋整株莖幹（圖 3-23）。葉頂生、叢生，下方葉下垂；葉身圓形或扇形，掌狀中裂。無知園丁多隨意砍除枯老葉，形成醜陋樹形（圖 3-24）。

上：3-22 藏柏樹冠具有顯著的下垂枝條，稱垂條形樹冠。
中：3-23 華盛頓棕乾枯的葉子下垂覆蓋整株莖幹，具特殊造型。
下：3-24 大部分公園的管理人員不知華盛頓棕不能剪掉枯葉。

酒瓶椰子 *Hyophorbe lagenicaulis*（L. H. Bailey）H. E. Moore（棕櫚科）

常綠小喬木，全株高可達 3m。單幹，地表處較細，在此以上漸次粗大，最大處直徑 38-60cm，再往上去又漸漸變細。褐色有環紋狀，甚顯著。羽狀複葉，全裂，葉長 1-1.5m，小葉 40-60 對，披針形。

猢猻木 *Adansonia digitata* L.（木棉科）

落葉大喬木，高可達 20m；主幹短，樹幹底部粗大如酒瓶（圖 3-25）。掌狀複葉，互生，多集生枝端；小葉 3-7 枚。花大型而艷。蒴果木質，被褐色星狀毛，不開裂，長 10-30 cm。

樹蘆薈 *Aloe arborescens* Mill.（百合科）

常綠灌木，莖高可達 6m 以上；莖上長側芽，二叉分枝，樹形呈扇狀（圖 3-26）。葉輪生，寬 3-4 cm，長 30 cm 左右，厚 1-1.5 cm，葉色呈灰綠色，葉片較細長，葉肉厚，葉緣具鋸齒狀刺，在冬季干燥時長出的葉其葉背上也有疏生小刺。花呈橙紅色，小花群集生于花梗的尖端處，形如一朵大花。蒴果。

上：3-25 猢猻木樹幹底部粗大如酒瓶，造型特別。
下：3-26 樹蘆薈二叉分枝，樹形呈扇狀。

第五節　樹冠形與栽植法

一、孤植

　　孤植是指喬木的孤立種植類型，孤植的樹又稱孤立樹。但有時也可以栽兩株到三株，緊密栽植，栽成一組。孤立樹可作為空曠地段的主景，或植成遮蔭樹（賈志國，2018），宜選用傘形、圓形、卵圓形樹冠之樹種。

二、對植

　　對植是指用兩株樹按照一定的軸線作相互對稱或均衡的種植方式，主要用於公園、建築、道路、廣場的入口（賈志國，2018）。可選用尖塔形、圓錐形、圓柱形、橢圓形樹冠之樹種。

三、行列栽植

　　行列栽植是指喬木或灌木，按一定的株行距成排的種植。行列栽植形成的景觀比較整齊、單純，是目前公園綠地及都市行道樹採用最多的栽植形式。行列栽植宜選用樹冠體形比較整齊的樹種，如圓形、卵圓形、倒卵形、塔形、圓柱形等樹冠之樹種。

四、叢植

　　由三株到十幾株喬木或喬灌木組合種植而成的種植類型稱叢植。樹叢是公園綠地表現聚焦景點的種植方式，可顯示樹木群體美。蔽蔭用樹叢最好採用單純樹叢形式，通常選用傘形樹冠樹種；而表現構圖藝術上主景或配景用的樹叢，則採用喬灌木混交樹叢（賈志國，2018）。

五、群植

組成群植的樹木一般在 20-30 株以上至數百株，主要為表現群體美。群植樹群通常設置在開闊場地上，如大草坪、寬廣空地、山坡上、水中的小島嶼等。樹群可以分為單純樹群和混交樹群兩類：單純樹群由一種樹木組成；混交樹群分為喬木層、灌木層、小灌木層及地被層等，選用樹木的樹冠形依美學要求或設計功能決定之。

參考及引用文獻

· 江榮先 2009 園林景觀植物樹木圖典 北京機械工業出版社
· 陳洧婷、顏添明、李介祿柳杉人工 2010 同齡林樹冠特性及形態之研究 中華林學季刊 43（2）：213-221。
· 張小紅、馮莎莎 2016 圖說園林樹木栽培與修剪 北京化學工業出版社
· 彭方仁、黃寶龍 1997 板栗密植園樹冠結構特徵與光能分布規律的研究 南京林業大學學報：自然科學版 21（2）：27-31
· 賈志國 2018 園林樹種的選擇與應用 北京化學工業出版社

· Booth, N. K. and J. E. Hiss 1991 Residential Landscape Architecture: Design Process for the Private Residence. Prentice Hall Career & Technology, New Jersey, USA.
· Echereme, C. B., E. I. Mbaekwe and K. U. Ekwealor 2015 Tree Crown Architecture: Approach to Tree Form, Structure and Performance: A Review. International Journal of Scientific and Research Publications Vol. 5, Issue 9.
· Kozlowski, T., Kramer, P., Pallardy, S. 1991 The Physiological Ecology of Woody Plants. Academic Press, Massachusetts, USA.
· Kramer, P. J. and T. T. Kozlowki 1979 Physiology of Wood Plants. MiGraw Hill, New York, USA.
· Wilson E. R. and A. D. Leslie 2008 The development of even-aged plantation forests: an exercise in forest stand dynamics. Journal of Biological Education 42（4）:170-176.

第四章　樹幹樹皮和樹根

　　樹幹樹皮的構造和外部形態，可指示環境的乾旱或潮濕（Hugues and Eckenwalder, 2003）。具深裂紋及厚皮的樹種多分布在乾旱地區，如生育於地中海型氣候的加州之世界爺（*Sequoiadendron giganteum*（Lindl.）Buchholz），及麻櫟類（*Quercus* spp.）都具有堅厚的樹皮（圖 4-01、圖 4-02）。而樹皮薄而光滑的樹種多生長在溫熱潮濕多雨的環境下，如多數榕屬（*Ficus* spp.）植物（圖 4-03）。選用特殊顏色和形態樹枝樹幹皮的樹種作為行道樹或園景樹，能塑造具特色景觀。

左：4-01 生育於地中海型氣候的加州，世界爺為適應頻發的火災而演化的厚樹皮。
右上：4-02 加州乾旱地區的麻櫟類（*Quercus* spp.）都具有堅厚的樹皮。
右下：4-03 生長在溫熱潮濕多雨的榕樹類樹皮薄而光滑。

　　白千層（*Melaleuca leucadendron* L.）是原產澳洲易生火災的乾旱地區，演化出厚而鬆軟的樹皮，才生存下來。具軟厚樹皮的大葉桉（*Eucalyptus robusta* Smith.）亦產澳洲新南威爾斯的乾燥地。栽種白千層和大葉桉，宜選擇乾燥生育地，才合乎其生態特色。而今人卻鮮少注意及此，不了解兩樹種的生態指示性質，反而栽種這些適應乾熱氣候的樹種在完全相反的生育地：種白千層於嘉義縣鰲鼓溼地的水池緣（圖4-04A、4-04B）；栽大葉桉於桃園大溪的慈湖岸。兩者均非正確的植栽設計。

　　樹枝樹幹皮的顏色，也有美化的效果。在進行植物配置時，需注意幹皮色彩，與周圍環境，以及搭配景物的協調。在單調廣闊的背景前，如雪景、沙土、黃土、水泥鋪面、草皮等鋪面，宜選擇具對比色彩樹皮的樹種叢植或列植之，可充分調合單調的背景。如紅色的樹幹可叢植在林緣，與綠色的樹冠形成互補，或栽植在綠色草皮中，對比綠色背景（圖4-05）。白色樹皮的喬木，栽種在草坪中或平靜水邊，能配合其綠色或藍色背景。深秋落葉後，枝幹的顏色尤為醒目。冬季北方的雪地，更需要有紅色、紅褐色，或其他深色樹幹的樹種反襯白色雪景，以表現強烈的對比效果。

上：4-04A 白千層是原產澳洲易生火災的乾旱地區，演化出厚而鬆軟的樹皮，才生存下來。
中：4-04B 栽種白千層於嘉義縣鰲鼓溼地的水池緣是違反其生態原則的。
下：4-05 紅棕色樹幹的西伯利亞落葉松在綠色草地中，可對比綠色背景。

植物為了適應生存環境，就會發展出具有特別功能的根，稱變態根，具有獨特的外觀。景觀設計時，展示或栽種具變態根植物，會發揮很大的美觀效果。如熱帶地區常引種，具龐大支柱根的紅刺林投；西雙版納熱帶雨林的兩層樓高的巨大板根等，都極具景觀價值。另外，印尼觀光勝地峇里島的街道兩旁，用水缸容器種植具支柱根紅樹林植物，發揮很大的聚焦作用（圖 4-06）；琉球的街道，亦栽種有紅茄苳的容器苗當作行道樹，成為當地的景觀特點。

4-06 印尼觀光勝地峇厘島的街道兩旁，用容器種植具支柱根紅樹林植物。

第一節　樹幹之類別

1. 直立幹

亭亭直立之單幹樹木，有如豎立之蠟燭。大多數高大喬木屬之，如小葉南洋杉（*Araucaria heterophylla*（Salisb.）Franco.）、梧桐（*Firmiana simplex*（L.）W.F.Wight.）、泡桐（*Paulownia fortuneii*（Seem.）Hemsel.）等。

2. 並立幹

由根株生兩枝幹者，稱並立幹，如吉貝棉（*Ceiba pentendra*（Linn.）Gaertn.）。

3. 叢立幹

由根株發生多數之幹，有如叢生者。大多是矮林作業，或經常發生火災的區域遺留的樹種，前者如杉木（*Cunninghamia lanceolata*（Lamb.）Hook.），及歐洲板栗（*Castanea sativa* Mill.）；後者如美國加州的橡樹（*Quercus* spp.）。

4. 禿狀幹

在粗大老幹上截枝後，萌生細枝者。常進行頭木作業的樹種屬之，如香椿（*Toona sinensis*（A. Juss.）Roem.）、垂柳（*Salix babylonica* L.）、旱柳（*Salix matsudana* Koiz.）等。

5. 片枝幹

僅由幹之一側生枝者，生長在迎風面或山脊之旗桿樹或風剪樹，如台灣冷杉（*Abies kawakamii*（Hay.）Ito）。

6. 扇形幹

下方樹幹單一，上方枝幹多數且呈扇形者擴展者。大多數榆科樹種，如櫸木（*Zelkova serrate*（Thunb.）Makino）、榔榆（*Ulmus parvifolia* Jacq.）、朴樹（*Celtis sinensis* Persoon）等屬之。另光蠟樹（*Fraxinus griffithii* Kaneh.）、槭樹科（*Acer* spp.）樹種亦屬之。

第二節　樹皮與氣候

樹皮是木本植物，莖和根最外面的部分。狹義的樹皮包括外表皮、周皮，廣義的樹皮還包括內層的韌皮部。外表皮是樹木最外部的死組織，由角質化的細胞組成；周皮由木栓、木栓形成層和栓內層構成；韌皮部在木質部的樹幹和周皮之間，是樹皮內部輸送營養的部分（Sandved *et al.*, 1993）。隨著樹皮逐漸生長加厚，外層組織逐漸死亡，狹義的樹皮只包括木栓和外部的死組織。

夏季乾燥而炎熱，故樹皮厚、葉子小且表皮厚，以低矮稀落的灌木林為主。如美國加州之地中海氣候區，夏季時受到亞熱帶下沉氣流影響，為乾季，氣候乾燥而炎熱，常發生林火；冬季迎西風，是雨季。樹木為適應乾季常發

生火災的氣候，演化出厚而粗糙的樹皮（Aronson *et al.*, 2009; Pollet, 2010）。相反，熱帶雨林潮溼氣候地區的樹種，一般樹皮薄而光滑。

常見的粗厚樹皮，代表乾熱環境的樹種：

栓皮櫟 *Quercus variabilis* Blume（殼斗科）

4-07 火災後次生林之重要樹種栓皮櫟，樹皮厚而軟。

落葉喬木，高達 15m 以上，主幹樹皮木栓層厚而軟，厚約 1.5cm（圖 4-07）。葉長橢圓狀卵形至闊披針形，葉緣為芒尖鋸齒緣。廣泛分布種，耐旱，抗風，耐火，適應性頗廣，為火災後次生林之重要樹種。

世界爺 *Sequoia sempervirens* Endl.（杉科）

常綠巨型喬木，在原產地可高達 100 m；樹皮深縱裂，厚 30-60 cm，呈海綿質，紅棕色。分布於美國加利福尼亞州內華達山脈西部。

美國加州的麻櫟屬 *Quercus* spp.（殼斗科）
大葉桉 *Eucalyptus robusta* Smith（桃金孃科）
白千層 *Melaleuca leucadendron* L.（桃金孃科）

常見的光滑薄樹皮，代表潮濕環境的樹種：

檸檬桉 *Eucalyptus citriodora* Hook.（桃金孃科）

4-08 檸檬桉樹幹皮白皙而光滑。

常綠大喬木，樹高可達 10-25m；樹皮呈現片狀剝落，樹幹白皙光滑（圖 4-08）。葉片具有強烈的檸檬香氣。原產澳洲。

榕樹類 *Ficus* spp.（桑科）

很多種類為常綠大喬木，高可達 20m；莖

幹粗實，樹皮光滑，具有多數氣根。葉倒卵形或橢圓形表面呈有光澤的綠色。果實為隱花果。分布熱帶。

第三節　樹皮之裂紋

　　樹皮是木本植物在莖和根最外面的部分，是一種保護構造。不同樹種的樹皮形狀、色澤、班痕及脫落情況都不相同（Hugues and Eckenwalder, 2003; Pollet, 2010）。有的樹皮上有刺，用來捍衛植株，避免遭動物啃食破壞，如美人樹、玫瑰、麒麟花等。有些樹種則樹皮光滑，樹幹每年都會有新皮更換，老樹皮褪盡，露出光滑的樹幹，如九芎、檸檬桉等。也有樹皮會剝落的樹種：隨著樹木成長，老樹皮受到新皮的向外擠壓，出現裂痕而剝落，如白千層、粗皮桉（*Eucalyptus pellita* F. Muell.）。有的樹種樹皮會龜裂，莖上又厚又硬的老樹皮爆裂開來，形成有規則或不規則的裂紋，如樟樹、楓香等。少數種類樹幹上長樹瘤，是樹木早期受傷癒合的疤痕，如金龜樹、茄苳等。有些樹種樹皮上留有葉痕，樹葉掉落後，在樹皮上留有葉痕或托葉痕，如筆筒樹、黃椰子等。這些樹種樹木幹皮的花紋、裂紋，都很有觀賞價值。適當的配置展示，能產生景觀效果。

1. 粗縱裂紋樹皮的樹種

　　木本植物的成長過程中，樹木的形成層會不斷分裂，一方面在內側製造木質部細胞，一方面在外側製造韌皮部細胞，使得樹幹不斷變粗。樹皮加粗的過程中，樹皮表皮組織會受到破壞而產生裂痕，於是呈現深溝縱裂紋（圖4-09）。

4-09 樟樹皮呈現深溝縱裂紋。

具深溝縱裂紋樹皮的樹種如下：

樟樹 *Cinnamomum camphora*（L.）Presl（樟科）
楝 *Melia azedarach* L.（楝科）

2. 細縱裂紋樹皮的樹種

樹皮幼時平滑，灰白色，多年生的樹幹有明顯的細縱裂紋（圖 4-10）。

細縱裂紋樹皮的樹種如下：
柏木 *Cupressus funebris* Endl.（柏科）
杉木 *Cunninghamia lanceolate*（Lamb.）Hook.（杉科）
美國鵝掌楸 *Liriodendron tulipfera* L.（木蘭科）

4-10 幹皮呈細縱列紋的柏木。

3. 龜裂樹皮的樹種

漸漸長成大樹、老樹之後，枝幹不斷變粗而把樹皮撐裂，樹皮就會變得粗糙，或是出現縱裂、龜裂、斑駁等種種歲月的痕跡。此類植物樹皮縱龜裂明顯、觸感堅硬（圖 4-11）。

龜裂樹皮的樹種如下：
馬尾松 *Pinus massoniana* Lamb.（松科）
濕地松 *Pinus elluittii* Engelm.（松科）

4. 條裂樹皮的樹種

樹皮灰色、灰褐色或暗灰色，幼樹樹皮裂成薄片脫落，大樹、老樹樹皮裂成長條狀脫

4-11 樹皮呈龜裂的馬尾松。

落。樹皮紅褐色，縱裂為條片狀剝落（圖 4-12）。

條片狀剝落樹皮的樹種如下：

蘋果桉 *Eucalyptus gunnii* Hook. f.（桃金孃科）

斑桉 *Eucalyptus maculate* Hook.（桃金孃科）

5. 雲片狀剝落樹皮的樹種

樹皮堅硬，為灰褐色，有粗皺紋及小突起，其老樹樹皮似鱗片而剝落，留下雲片狀的斑駁痕跡，沿剝落痕的周邊，密布許多紅褐色的小皮孔（圖 4-13）。

雲片狀剝落樹皮的樹種如下：

櫸木 *Zelkova serrata*（Thunb.）Makino（榆科）

榔榆 *Ulmus parvifolia* Jacq.（榆科）

白雞油；光蠟樹 *Fraxinus griffihii* Kaneh.（木樨科）

法國梧桐 *Platanus orientalis* L.（法國梧桐科）

木瓜 *Chaenomeles sinensis*（Thouin）Koehe（薔薇科）

6. 長瘤刺樹皮的樹種

有些植物枝條上有刺，這些刺分別來自表皮組織、皮層，或植物本身更內部的組織。一般而言，來自表皮組織的刺通常比較粗短；來自皮層內部的刺通常會比較細、也比較硬（圖 4-14）。

上：4-12 蘋果桉大樹、老樹樹皮裂成長條狀脫落。
中：4-13 法國梧桐樹皮有雲片狀的斑駁痕跡。
下：4-14 枝幹上長瘤刺的美人樹。

長瘤刺樹皮的樹種如下：

木棉 *Bombax malabarica* DC.（木棉科）

吉貝 *Ceiba pentandra* Gaertn.（木棉科）

美人樹 *Chorisia speciosa* St. Hil.（木棉科）

刺桐 *Erythrina variegata* L. var. *orientalis*（L.）Merr.（蝶形花科）

食茱萸 *Zanthoxylum ailanthoides* S. et Z.（芸香科）

7. 樹皮環狀裂的樹種

有些樹種之樹皮，有光澤，常呈橫向薄片狀剝落，呈環形的開裂（圖 4-15）。

4-15 櫻花類的樹皮呈橫向薄片狀剝落。

具環狀裂樹皮的樹種如下：

山櫻花 *Prunus campanulata* Maxim.（薔薇科）

小葉南洋杉 *Araucaria heterophylla*（Salisb.）Franco（南洋杉科）

肯氏南洋杉 *Araucaria cunninghamii* Sweet（南洋杉科）

第四節　枝幹樹皮的色彩

不同樹種的樹皮形狀、色澤、裂痕及脫落情況都不相同，適當的配置，有美化景觀的效果；特殊色彩的樹皮，具有裝飾的功能。在進行植物配置時，宜注意樹幹樹皮色彩與周圍環境的協調。在單調廣闊的背景前，選擇具對比色彩樹皮的樹種叢植或列植之，可調合單調的背景，如在一片廣闊的綠地中，栽種白色或紅色樹皮的樹種，可增加綠地色彩。

4-16 白樺的樹皮白色至灰白色。

4-17 黃竹的莖稈呈黃至黃橙色。

1.白色

樹皮外觀平滑，呈白色至灰白色等清亮顏色（圖 4-16）。

常見的白色樹皮樹種如下：

白千層 *Melaleuca leucadendron* L.（桃金孃科）

檸檬桉 *Eucalyptus citriodora* Hook.（桃金孃科）

白樺 *Betula platyphylla* Suk.（樺木科）

毛白楊 *Populus tomentosa* Carr.（楊柳科）

白皮松 *Pinus bungeana* Z. *ex* Endl.（松科）

2.金黃色

樹幹及枝節間呈黃至黃橙色的樹種很少（圖 4-17）。

呈黃至黃橙色枝幹的樹種如下：

黃金竹 *Phyllostachys sulphurea*（Carr.）Riviere（禾本科）

黃椰子 *Chrysalidocarpus lutescense*（Bory.）H. A. Wendl.（棕櫚科）

黃金槐樹 *Sophora japonica* Linn.（蘇木科）

3.紅棕色

　　樹幹之樹皮呈現紅褐色至紅棕色，栽植在綠色草皮上，以鮮綠色為背景，色澤極為突出。在公園草坪綠地上，多叢植或與其他常綠喬木相間種植，得紅綠相映之效果（圖4-18）。

　　常見的紅棕色樹皮樹種如下：

黃土樹 *Prunus zippeliana* Miq.（薔薇科）

西伯利亞落葉松 *Larix sibirica* Lebeb.（松科）

赤松 *Pinus densiflora* S. et Z.（松科）

樟子松 *Pinuss ylvestris* Linn.（松科）

紫薇 *Lagerstroemia indica* L.（千屈菜科）

九芎 *Lagerstroemia subcostata* Koenhe（千屈菜科）

番石榴 *Psidium guajava* L.（桃金孃科）

4.紅色

　　樹皮呈現紫紅色，或血紅色，有白色的雪地，或灰色的水泥地為背景，將成為極佳的配置（圖4-19）。

　　紅色樹皮樹種如下：

櫻屬植物 *Prunus* spp.（薔薇科）

紅瑞木 *Cornus alba* L.（四照花科）

杖藜 *Chenopodium giganteum* D. Don.（藜科）

上：4-18 赤松樹幹之樹皮呈現紅褐色至紅棕色。
下：4-19 幹皮呈現紫紅色或朱紅色的紅瑞木。

左：4-20 樹皮灰黑色至黑褐色的烏木。
右：4-21 稈呈紫色至紫黑色的紫竹。

5.黑色

　　樹皮灰黑色至黑褐色的樹種多屬熱帶植物，如山欖科植物、柿樹科植物等（圖 4-20）；耐寒的裸子植物僅黑松等少數樹種。

　　樹皮灰黑色至黑褐色的樹種如下：

黑松 *Pinus thunbergii* Parl.（松科）

大葉山欖 *Palaquium formosanum* Hay.（山欖科）

烏木 *Diospyros ebenum* Koeing.（柿樹科）

毛柿 *Diospyros discolor* Willd.（柿樹科）

軟毛柿 *Diospyros eriantha* Champ. *ex* Benth.（柿樹科）

6.紫黑色

　　也有少數樹種樹幹呈深紫色至紫黑色（圖 4-21）。

　　如：**紫竹** *Phylostachys nigra*（Lodd.）Munro（禾本科）

7.綠色

　　小枝及樹幹平滑，呈深綠色，甚至老齡樹幹都呈現綠色至深綠色的植物，造型也極為特殊（圖4-22）。

4-22 樹幹呈現綠色至深綠色的梧桐（青桐）。

　　樹皮呈綠色的樹種如下：

綠竹 *Bambusa* spp.（禾本科）

梧桐 *Firmiana simplex*（L.）W. F. Wight.（梧桐科）

桃葉珊瑚 *Aucuba chinensis* Benth.（四照花科）

美人樹 *Chorisia speciose* St. Hil.（木棉科）

第五節　根的深淺性與行道樹

一、行道樹

　　凡在都市地區、鄉村及郊區之道路兩旁、分向島或人行道上栽植的樹木，均可稱之為「行道樹」（劉棠瑞和應紹舜，1971）。行道樹之栽植，各依一定間隔距離整齊排列配置成行，有美化環境、淨化空氣、調節氣候、減輕噪音及庇蔭行人等功能。

　　數十年來，各地努力地綠化環境，主要道路都儘量栽植行道樹。待行道樹逐漸長大，卻因當初選種與栽植不適當的樹種，對周遭的民眾逐漸造成困擾，而影響民眾的生活環境品質，導致抱怨不斷，產生各種爭議。行道樹造成的爭議多來自根害，具根害的樹木會破壞道路、人行道鋪面、PU跑道、房屋地基等硬體，以及阻塞排水溝影響水流而造成積水，亦會破壞人工地盤之防水層而造成漏水等。不同樹種造成鋪面之破壞狀況不同，尤其是生長快速、幹徑增粗明顯之行道樹，樹栽種數年就可能會對鋪面產生破壞。行道樹之樹

體越大，對鋪面和其他人工設施破壞程度也越嚴重。這些破壞不僅造成鄰近住戶的困擾，對維護管理單位也造成沉重的負擔。

二、根之深淺性

1. 深根性植物

　　有的植物的根可以深入地下很深的地方，這種植物叫做深根性植物。深根性樹種，抗風力強，還可以涵養水分，吸附土壤，減少土石流的發生。深根性植物壽命可以很長，可長成巨大古木。常見的深根性樹種有桉樹類（*Eucalyptus* spp.）、楓樹類（*Acer* spp.）、松柏類、楠木類（*Machilus*；*Phoebe* spp.）、緬梔、山欖、銀樺等，都是易種植，生長快，成蔭較容易，而且對人行道基礎設施的破壞相對較小的樹種。

2. 淺根性植物

　　有一些植物的主根不發達，側根或不定根輻射生長，長度超過主根很多，根系大部分分布在土壤表層，這種植物叫做淺根性植物。淺根性的樹種，根分布在土壤表層或淺層，易受風的影響，抗風能力弱，容易出現斷枝、風倒現象。淺根性的行道樹樹種，側根系特別發達，膨大的根系常鑽入附近的管線水溝中，造成特殊根害；或侵入路面、撐開地磚，對人行道的破壞很大。常見的淺根性樹種有桑科榕屬（*Ficus* spp.）、欖仁類（*Terminalia* spp.）、黑板樹、阿勃勒、菩提樹等。

3. 鬚根系植物

　　主根不發達或完全消失，而由莖的基部生出許多同等大小的根，所有的根不會膨大，呈鬚狀分布，稱為「鬚根系」，單子葉植物大多數屬鬚根系。木本單子葉植物類主要有棕櫚科、露兜樹科、竹亞科、旅人蕉科、龍舌蘭科等。

三、根之深淺性與行道樹

　　行道樹最大的問題就是根系產生破壞力，造成路面突起或崩裂，影響用路人及行車安全。根據研究，常見的行道樹中，以黑板樹、樟樹、艷紫荊、菩提樹、阿勃勒、鳳凰木、榕樹、垂榕、印度橡膠樹、木棉、欖仁、木麻黃、茄苳、楓香及掌葉蘋婆等，對人行道及鋪面毀損程度最嚴重之樹種；而緬梔、山欖、香楠、青楓艷紫荊、艷紫荊等，則為較不會影響路面、毀損鋪面程度較輕微之樹種。上述破壞力較大的行道樹種，都屬淺根性樹種；破壞力較小的，均為深根性樹種。所以樹種的根之深淺性影響都市行道樹的成敗甚鉅，規劃行道樹，必須慎選樹種。避免選用根系橫向生長、根易隆起路面的淺根性或板根類，會破壞人行道的樹種。而宜選用深根性植物，或鬚根系之木本單子葉植物類，如棕櫚科、露兜樹科、竹亞科、旅人蕉科、龍舌蘭科等為宜。深根性和鬚根系樹種中，又以選用鬚根系之木本單子葉植物類為佳，對人行道或硬鋪面的破壞最小。

第六節　樹木的根與植栽設計

　　有些裸露的樹木根部，有觀賞價值。有觀賞價值的根主要是指植物的變態根，如適當配置具有獨特的外觀的植物根，尤具美觀效果，也常形成景觀焦點。

　　植物的變態根有以下數類：

1. 板根（buttress、 plank root）

　　板根是樹木為了適應熱帶雨林環境所形成的特徵。熱帶雨林的樹木為了讓樹梢可吸收到充分的陽光，必須長得非常高大且直立，但因雨林區的雨量多，

雨水經常沖蝕地表，導致地表的土壤層淺薄，高大的樹木為了避免傾倒，靠近地面的根便演化成板狀（圖 4-23），以擴展固土的面積並增加樹木的支撐力，讓樹木能順利地向上生長。

　　栽植板根植物時，應提供更大生長空間供其生長，同時避免栽植於建築物周邊，以免因植物根系生長旺太茂盛，而影響建築結構。 常見的具板根樹種：

榕樹類 *Ficus* spp.（**桑科**）

銀葉樹 *Heritiera littoralis* Dryand.（**梧桐科**）

大葉山欖 *Palaquium formosanum* Hay.（**山欖科**）

欖仁 *Terminalia catappa* L.（**使君子科**）

4-23 榕樹類（Ficus spp.）的板根。

2. 氣生根（Aerial root）

　　氣生根用以在空氣中吸收水氣，在熱帶雨林中十分普遍，其樹枝上常產生之鬚狀的不定根，垂直向下生長（圖 4-24），到達地面後即插入土壤中，會形成支柱根。氣生根有支持和吸收的作用，甚至由一株主樹幹開始向外延伸發展成一片樹林。

4-24 榕樹的氣生根。

　　常見的具氣生根樹種：

榕樹 *Ficus microcarpa* L. f.（**桑科**）

白榕；垂榕 *Ficus benjamina* L.（**桑科**）

3. 呼吸根；膝根

　　一部分生長在湖沼、熱帶海灘地帶、潮間帶或河口溼地的植物，如海桑、

水筆仔、紅樹和水松等，生在泥水中呼吸十分困難，因而有部分根垂直向上伸出土面，暴露於空氣之中，便於進行呼吸。呼吸根的內都有許多氣室。長在熱帶河海交滙處沼澤中的紅樹林樹種大多有呼吸根。突出地面的呼吸根，像瘤狀、膝蓋狀的，又稱「膝根」（圖 4-25）。

4-25 落羽杉突出地面的呼吸根（膝根）。

常見的具膝根樹種：

海茄苳 *Avicennia marina*（Forsk.）Vierh.（**馬鞭草科**）

落羽杉 *Taxodium distichum*（L.）Rich（**杉科**）

4. 支柱根

也叫支持根，是由莖節上長出的一種具有支持作用的變態根。這些莖基部的節上發生的許多不定根，伸入土壤中有支持作用，可防止植株倒伏（圖 4-26）。

常見的具支柱根樹種：

紅刺林投 *Pandanus utilis* Bory（**露兜樹科**）

林投 *Pandanus odoratissima* L. f. var. *sinensis*（Warb.）Kaneh.（**露兜樹科**）

水筆仔 *Kandelia candel*（L.）Druce（**紅樹科**）

五梨絞 *Rhizophora mucronata* Poir（**紅樹科**）

紅茄苳 *Bruguiera gymnorrhiza*（L.）Lam.（**紅樹科**）

4-26 紅刺林投的支柱根。

5. 不定根（Adventitious root）

不定根是植物的莖或葉上所發生的根。大多數情況下，不定根的發生是

由於植物器官受傷或激素、病原微生物等外界因素的刺激。不定根使植物和細胞具有了再生能力，在植物器官扦插和組織培養中廣泛使用。因此，不定根沒有固定的生長部位，也不按正常時序發生。不定根有擴大植物吸收面積和增強固著或支持植物的功能，有助於調節植物生長發育的機制。有些藤本植物的莖細長、

4-27 有些樹種可自莖幹長出不定根。

不能直立，上生許多很短的氣生根，能分泌粘液，固著於其他物體之上，藉此向上攀援生長（圖 4-27）。

　　根以外能自莖幹長出不定根的植物，如菊花、蘆薈、柳樹、葡萄、月季、秋海棠等植物枝條基部可長出不定根。常見的具不定根觀賞植物種類如下：

薜荔 *Ficus pumila* L.（桑科）
蒟藤 *Piper betle* L.（胡椒科）
凌霄花 *Campsis grandiflora*（Thunb.）K. Schum.（紫葳科）

參考文獻

・江榮先 2010 園林景觀植物 樹木圖典 北京機械工業出版社
・劉棠瑞、應紹舜 1971 台灣的行道樹木 國立台灣大學農學院實驗林 林業叢刊第 51 號
・譚伯禹、賀賢育 1981 園林綠化樹種選擇 北京中國建築工業出版社

・Aronson, J., J. S. Pereira, J. G. Pausas, eds. 2009　Cork Oak Woodlands on the Edge: Conservation, Adaptive Management, and Restoration. Island Press, Washington DC, USA.
・Graf, A. B. 1973 Exotica: Pictorial Cyclopedia of Exotic Plants. Roehrs Company, New Jersey, USA.
・Hugues, V. and J. E. Eckenwalder 2003 Tree Bark: a Color Guide. Timber Press, Oregon, USA.
・Pollet, C. 2010 Bark: An Intimate Look at the World's Trees. Frances Lincoln Publishers Ltd., London, UK.
・Sandved, K. B., G. T. Prance and A. E. Prance 1993 Bark: The Formation, Characteristics, and Uses of Bark around the World. Timber Press, Oregon, USA.

第二篇

特殊表現與特別場所的植栽

　　運用特殊工法、選用特定植物種類、在特定場所營造特別造型和作用的植群，包括栽種香花香草植物、栽種地被植物、鋪設草坪、設置綠籬等都是保護居家環境，增加美觀的現代植栽技術，每種造型的植群都需要特殊的栽植技藝，每種植群類別選用的植物都不相同，也都是現代庭園景觀設計重要的部分。

　　香料植物和香花植物合稱香氣植物，都含有揮發物質酚類、醛類等成分，可驅蟲防蚊，消除或減輕異味。垃圾處理廠或發出異味的農場、動物繁殖場等，都適宜種植香氣植物來消除或減少所產生的臭氣。在住家庭院或工作場所，景觀設計上的景觀植物的內容，除形體優美、季節變化的種類，或特殊觸感的類別外，應包含具芬芳香氣的植物。以營造氣氛，提升居住品質。

　　栽植地被植物會增加美觀，有改善視覺效果。最重要的是栽種地被植物，可保護水土、抑制塵土飛揚。地被植物有分層，這部分強調的是各層植物種類的選用，有矮生灌木、草本、禾草植物、蕨類及苔蘚、蔓藤、矮竹類等。全世界的現代化都市都擁有如庭院草坪、學校草坪、運動場草坪、公園綠地草坪等不同功能類型的草坪。草坪的建造、草坪植物的選擇，成為現代植栽設計重要的一環。草坪的設置，必須充分與喬木、灌木及其他地被植物相互配合，以發揮其景觀及生態效益。

　　綠籬也是庭園景觀設計比較特殊的部分，常用於街道、私人庭院、林蔭道、分車帶和建築物旁，有美觀的效果；公園、植物園用綠籬來區隔不同分區，或區隔各種展示主題；也常作為草坪、花壇的邊飾或組成圖案。比起石牆、磚牆或鐵欄杆更生態、更美觀。綠籬也能設計來遮蔽不良視覺景物，如

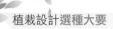

墳墓區、垃圾場，或其他不宜暴露之處所等。綠籬是現代景觀設計強調的造型藝術。

　　本篇各章的描述，也是為達成栽植設計中美觀層次的需求。

第五章 香氣植物

　　常被用在景觀設計上的景觀植物，除形體優美、季節變化的種類，或特殊觸感的類別外，應包含具芬芳香氣的植物。香氣植物都含有酚類、醛類等成分，可用來驅蟲防蚊，消除或減輕異味，並具有消毒功效（Wrensh, 1992）。香氣植物包括香料植物和香花植物。住家附近的垃圾掩埋場，會成為整個地區穢物聚集之處，空氣、土壤皆會受到汙染，會降低居民的生活品質。有研究指出，具揮發性香氣之香精植物（Aromatic herbs）有改善垃圾掩埋場或處理場周圍之環境品質的效果，能緩和或中和垃圾處理過程或處理過後所發散出來的異臭味（Tasell *et al.*, 2006）。因此，住家周圍附近如有垃圾場、養雞場、豬圈、牲畜養殖場等，常產生令人不快的氣味。在植栽設計上，可使用香氣植物來消除或減少這些場域產生的臭氣（圖 5-01）。

　　垃圾場除了異臭味，還經常蚊蟲孳生，散播細菌病菌，不但影響生活品質，對居民健康之影響很大，日久會生惡疾。芳香植物可消除或減少垃圾掩埋場、動物養殖場等之臭味，也具有驅蟲防蚊之效果（Wrensh, 1992）。因為香草散發特殊的氣味，對某些害蟲而言，有忌避作用（圖 5-02）。

5-01 住家周圍附近如有垃圾場、養雞場、牲畜養殖場等，常產生令人不快的氣味。

5-02 芳香植物可消除或減少動物養殖場等之臭味，也具有驅蟲防蚊之效果。

　　積極而言，在住家庭院、工作場所、寺廟等場所種植香氣植物，可營造香花香草氣氛，提升居住品質。生活場域種植香氣植物，會使人心情愉快，身體更健康。

第一節　定義

　　香氣植物包括**香料植物**和**香花植物**。植物體各器官，或特定部位具香氣的植物稱香料植物；開花時才從花器散發香氣的植物稱香花植物（蔡福貴，1989；劉康寧譯，2019）。

　　香料植物又包括辛香植物和芳香植物。**辛香植物（Spice Herbs）**是指根、莖、葉、或果實乾燥之後可作為烹調用，以去腥除臭的植物，例如花椒、蔥、蒜、薑等；**芳香植物**就是**香草植物（Herb Plants）**，指任何具有特殊香味的植物，可從根、莖、葉、花、果實、種子萃取精油，作為藥劑、食品、飲料、香水等，對人類提供生活需求的植物，都可稱為「香草植物」（尤次雄，2018）。例如：薄荷（*Mentha haplocaly* Brio.）、紫蘇（*Perilla frutescens*（L.）Britt.）、檸檬香茅（*Cymbopogon citratus*（DC. *ex* Nees）Stapf.）、迷迭香（*Rosmarinus officinalis* Linn.）、艾草（*Artemisia argyi* H. Lév. & Vaniot）、九層塔（*Ocimun basilicum* L.）等。

　　開的花有強烈香氣的植物就是**香花植物（Fragrant flower plants）**，例如：黃梔花、含笑花、玉蘭、桂花等。植栽設計上可運用香花植物開花期、花色、植株性狀、植物形體大小、葉的色澤和質地，錯開花期、配置複層香花植物，以發揮最大的香氣和美觀效果。

第二節　植物體具香氣的植物

植物體各部分，包括根、莖、葉、花、果實、種子等器官系統，含有各種香精，使植物體具有或淡或濃的香氣（Davies, 2015）。植物體具香氣的植物，主要分布在樟科、桃金孃科、芸香科、繖形科、唇形科、薑科等。

一、喬木類

植物體具香氣的喬木以樟科、桃金孃科、芸香科植物為主：

樟科肉桂屬植物，有許多種類是早被人類使用的香料。廣義而言是泛指樟科樹種內，其皮部或葉部含有以**肉桂醛（Cinnamomum aldehide）**為主的精油稱之。全世界的肉桂樹大約有上百種，其中二種產量最多、最具商業價值的是錫蘭肉桂和中國肉桂。皮部、葉部香氣濃郁，使用於食品，可以延長貯存期限；有防腐、防霉的作用，古埃及人用來製作木乃伊。肉桂類植物的桂皮醛是很多蟲類的忌避劑，適當地運用是防治有害昆蟲的利劑。

錫蘭肉桂 *Cinnamomum verum* J. S. Presl（樟科）

常綠喬木，高 6-10m，樹皮乾時具有肉桂香味，簡稱肉桂。葉三出脈，也具肉桂氣味。樹皮、種子除可供藥用外，目前大部分做香料。原產錫蘭、印度、斯里蘭卡、越南等地。由於葉形優美，葉革質有光澤，幼葉紅色，為庭園及遮蔭的優良樹種（圖 5-03）。

5-03 植物體具香氣的錫蘭肉桂葉革質有光澤，幼葉紅色，為庭園及遮蔭的優良樹種。

肉桂 *Cinnamomum cassia* Presl（樟科）

常綠喬木，植株高 10-15m。葉革質有光澤，離基三出脈。原產中國。樹皮、

枝、葉、果、花梗都可提取芳香油或肉桂油，用作烹飪材料及藥材；也能作為園林綠化樹種（圖 5-04）。

另外，以下具香氣樹種，也常栽植作景觀植物用：

5-04 肉桂皮部、葉部香氣濃郁，是香料植物也是觀賞植物。

月桂 *Laurus nobilis* Linn.（樟科）

常綠灌木或小喬木，高可達 10m。葉橢圓形、長橢圓形或披針形。全株具香氣，成分主要為桉樹酚及沈香醇。原產於地中海沿岸，現已遍布世界各地。新鮮葉片香氣濃郁，在料理上可去腥提味，是調味料月桂葉的來源。亦入藥，可促進食慾、幫助消化、舒緩腹痛。在羅馬時期，使用月桂編織的花環冠戴在勝利者的頭上，稱「桂冠」，就是指為勝利者加冠。月桂四季常青，樹姿優美，有濃郁香氣，適合在庭院、建築物前栽植（圖 5-05）。

5-05 月桂四季常青，樹姿優美，有濃郁香氣，是良好的景觀植物。

食茱萸 *Zanthoxylum ailanthoides* S. & Z.（芸香科）

又名刺蔥、紅刺蔥、鳥不踏、越椒、刺江某等。落葉大喬木，老樹幹有短硬瘤刺，幼枝密被銳尖刺。羽狀複葉，小葉 11-27 片，葉集中在樹冠上部。葉柄及嫩芽常呈紅色，全株有刺又有香蔥味故名紅刺蔥（圖 5-06）。其嫩葉片具有強烈的香氣，供辛香料調味。

5-06 食茱萸嫩葉具有強烈的香氣，供辛香料調味。

樟樹 *Cinnamomum camphora*（L.）Presl（樟科）
楠木 *Phoebe zhennan* S. Lee（樟科）

大葉楠 *Machilus kusanoi* Hay.（樟科）

紅楠 *Machilus thunbergii* Sieb. & Zucc.（樟科）

二、灌木類

植物體具香氣的灌木以桃金孃科、芸香科植物為主：

丁香 *Syzygium aromaticum*（L.）Merr. *et* Perry（桃金孃科）

又稱公丁香,丁子香;母丁香,雞舌香,因果實形狀似釘形而得名。常綠灌木或小喬木,高可達 10m。頂生聚繖圓錐花序,花冠白色,稍帶淡紫,芳香。丁香乾燥後的果實具有特殊香氣,可作芳香調味料,且具殺菌力和防腐性,可作食品保存劑和食品添加料。丁香的樹姿優美,也可栽植成景觀植物（圖 5-07）。國人常用的五香,包括八角、花椒、小茴、桂皮、丁香。

5-07 丁香是具香氣的灌木,果可作芳香調味料。

花椒 *Zanthoxylum bungeanum* Maxim.（芸香科）

落葉蔓性灌木或小喬木,高 3-7m,莖幹通常有增大皮刺。奇數羽狀複葉,葉軸邊緣有狹翅;小葉 5-11。聚繖圓錐花序頂生,花色大多為白色或者淡黃色。果球形,紅色,紫紅色或者紫黑色,密生疣狀凸起的油點。花椒樹因為結實累累,香氣濃郁,古時候就視為多子多福的象徵（圖 5-08）。大部分花椒含有主要成分山椒素類,主要貯存在果皮部分。作為調味料,可去腥除臭,增香味,辛溫麻辣持久。

5-08 花椒是著名的調味料,辛溫麻辣持久。

三、藤蔓類

植物體具香氣的藤蔓類以芸香科植物為多：

雙面刺 *Fagara nitida* Roxb.（芸香科）

攀緣性木質藤本，枝條有倒鉤刺，老莖有脊骨突起；小枝，葉軸及小葉均具刺（圖5-09）。羽狀複葉，小葉 3-5 枚，雙面有刺，葉質地略厚且有光澤，長橢圓形。花序總狀腋生，花梗暗紅色，花淡黃白色。果球形，種子黑色。

5-09 雙面刺是具香氣的藤蔓類。

藤花椒 *Zanthoxylum scandens* Blume（芸香科）
飛龍掌血 *Toddalia asiatica*（L.）Lamarck（芸香科）
五加 *Eleutherococcus gracilistylus* W. W. Smith（五加科）

四、雙子葉草本

雙子葉草本植物體具香氣者，以唇形科、繖形科的植物為主：

薄荷屬 *Mentha* spp.（唇形科）

薄荷屬包含 25 個種，除了少數為一年生植物外，大部分均為具有香味的多年生植物。美國、英國產的辣薄荷（M.×*piperita*（L.）Huds.）、留蘭香（M. *Spicata* L.）、薄荷（*Mentha haplocaly* Brio.）為最常見的品種。薄荷類現時主要產地為美國、西班牙、義大利、法國、英國、巴爾幹半島等；亞洲亦有分布，中國現有 12 種（圖 5-10）。

5-10 植物體具強烈香氣的薄荷。

九層塔 *Ocium basilicum* L.（唇形科）

又稱羅勒、蘭香。亞灌木，高 20-60cm。屬香草植物，具有的強烈、刺激、香的氣味，味道像茴香。原生於亞洲熱帶區。常見於西式食譜及泰國菜、中國菜。

薰衣草 *Lavandula officinalis* Claix.（唇形科）

又名香水植物，靈香草，香草，黃香草。多年生草本或亞灌木，高 45-90cm。穗狀花序頂生，花有藍色、深紫色、粉紅色、白色等，常見的為紫藍色（圖 5-11）。全株具香氣。原產于地中海沿岸、歐洲各地及大洋洲列島。也是觀賞花卉，適宜叢植或條植，也可盆栽觀賞。

5-11 薰衣草是香草也是觀賞花卉。

五、單子葉草本

單子葉草本植物體具香氣者，薑科植物為主，禾本科亦有一些種類。

小荳蔻 *Eletteria cardamomum* Maton（薑科）

多年生草本。葉兩列，葉片狹長披針狀。穗狀花序由莖基部抽出，花冠白色。種子氣味芳香而峻烈，因此利用的部位是種子，為高價之香料。

鬱金 *Curcuma aromatica* Salisb.（薑科）

多年生草本，株高約 1 m。根莖肉質，肥大呈紡錘狀、橢圓形或長橢圓形，黃色，芳香。葉基生，葉片長圓形。春季開花，穗狀花序圓柱形，基生；花粉紅至紫紅色（圖 5-12）。根莖是藥材也是染料。

5-12 鬱金春季開花，花粉紅至紫紅色。根莖是藥材也是染料。

莪蒁 *Curcuma aerugionosa* Roxb.（薑科）

　　多年生草本。葉橢圓狀長圓形至長圓狀披針形，葉中肋為紫色。春季開花，花莖由根莖單獨發出，常先葉而生；穗狀花序長約 15cm；花黃色。根狀莖淡黃色具樟腦氣味可提取精油，為烹調料，也是藥材。

薑黃 *Curcuma longa* L.（薑科）

　　又稱香鬱金、溫玉金、姜黃、黃薑、毛薑黃、寶鼎香、黃絲郁金。多年生草本。葉 2 列，長橢圓形。花莖由葉鞘內抽出，穗狀花序圓柱狀；花冠黃色，花期 8-11 月。

香茅 *Cymbopogon nardus* Rendle.（禾本科）

　　香茅為常見的香草之一，因有檸檬香氣，故又被稱為檸檬草。多年生草本，簇生成叢，稈直立，全草有香味（圖 5-13）。葉片扁平，長闊線形。主產於印度和斯里蘭卡，遍布亞洲熱帶地區。主要用途為煉製香精、人工顏料、及香水之原料。亦可用於驅除蚊蟲侵蝕等之用途，香茅屬約有 55 種芳香性植物。

5-13 香茅全株有香味，可煉製香精、人工顏料、及香水。

第三節　香花植物

　　香花植物大多沒有鮮豔的花朵，可是花香濃郁，不但會吸引昆蟲授粉，而且大都具有利用價值（蔡福貴，1989）。香花植物有草本香花植物，也有木本香花植物。草本香花植物主要分布在百合科、蘭科等，如水仙花、鬱金香、風信子、蕙蘭屬（*Cymbidium* spp.）等；木本香花植物主要分布在木蘭科、番

荔枝科、芸香科、木犀科等。一般而言，每種香花植物各有特殊香味，可供抽取提煉做為精油等天然香料，做為化妝品、飲料、醬料及工業用途，也可用於製茶薰香。喬木類香花植物可用於建材；或製作藥材，是經濟價值非常高的庭園作物（鐘秀媚，2007）。以下介紹幾種最常見的香花植物。

一、喬木類

喬木類香花植物以木蘭科、番荔枝科、芸香科植物為主，也有些熱帶產之夾竹桃科竹植物：

白玉蘭 *Michelia alba* DC.（木蘭科）

別名：玉蘭花、木筆、銀厚朴、白蘭。常綠中喬木，高度可達 20m。葉披針形或長橢圓形，葉柄基部膨大，有托葉遺痕。花單生於葉腋，花色純白，花被片披針形，富強烈香氣（圖5-14）。原產印度及爪哇。庭園觀賞樹，鮮花可作香料、胸花和髮飾。

5-14 白玉蘭花色純白，具強烈香氣，種庭院供觀賞。

洋玉蘭 *Magnolia grandiflora* L.（木蘭科）

別名：木蘭花、木蓮花、泰山木、荷花玉蘭、廣玉蘭。常綠大喬木，株高可達 30m。葉背、嫩枝及芽鱗均披有鏽色絨毛，葉大形硬革質。花頂生，大形、白色具香氣（圖 5-15）。原產美國佛羅里達州及德州，為優良的庭園樹。

5-15 洋玉蘭原產美國，為優良的庭園樹。

香水樹 *Cananga odorata*（Lam.）Hook. f. & Thoms.（番荔枝科）

又名依蘭、加拿楷、依蘭香、綺蘭樹。常綠中喬木，高可達 20-25m，幹

直。葉排成二列，長橢圓形。花有梗，腋出，單一或數朵簇生，花被 6 枚，帶狀，先端漸尖形，初開淡綠色，成熟轉為黃色，芳馨四溢（圖5-16）。花可提煉香精，是世界著名的「綺蘭」香油，可製造高級香水，花期 5-12 月。原產於緬甸、印度尼西亞、菲律賓和馬來西亞；現世界各熱帶地區均有栽培。

5-16 香水樹花芳馨四溢，可製造高級香水。

柚子 *Citrus maxima*（Burm.f.）Merr.（芸香科）

也稱為文旦、文旦柚、麻豆文旦、白柚、香欒、朱欒、內紫等。常綠性喬木。花白色或米白色，花開時，散發出強烈香氣，花期 4-5 月。果實多為葫蘆形、梨形或球形，表面黃色、橙色為多，果面光澤有凹點，一般有刺激性氣味。柚子原產於印度、中南半島、馬來亞及東印度群島等地。

雞蛋花 *Plumeria rubra* L.（夾竹桃科）

又名緬梔。落葉灌木或小喬木；小枝肥厚多肉。葉大，厚紙質，多聚生於枝頂。花數朵聚生於枝頂，花冠外面乳白色，中心鮮黃色，極芳香；夏季開花（圖5-17）。原產美洲。適合於庭院、草地中栽植，也可盆栽。

5-17 雞蛋花又名緬梔，花極芳香，適合於種植於庭院、草坪中。

二、灌木類

灌木類香花植物以木蘭科、木犀科、芸香科植物為主，和一些熱帶產之茜草科植物：

含笑花 *Michelia figo*（Lour.）Spreng.（木蘭科）

常綠灌木或小喬木，株高 3-5m，幼芽、嫩枝、葉柄及花苞均密生黃褐色

絨毛。花被片 6 枚，乳黃色，基部有紫斑，具獨特香蕉味，花期全年，春季盛花期（圖5-18）。原產中國南部。適合庭植或大形盆栽。

5-18 含笑花幾乎全年開花，花香四溢，適合庭植。

桂花 *Osmanthus fragrans* (Thunb.) Lour. (木犀科)

又名木犀，有銀桂、金桂、丹桂、四季桂等品種。常綠灌木或小喬木。花腋出，簇生，盛開時芳香四溢，具有濃郁香味，香氣經久不散。為優良之香花園景樹，各地普遍栽植。

月橘 *Murraya paniculata* (L.) Jack. (芸香科)

別名：七里香、八里香、十里香、石杚、石芬、四時橘、四季橘等。常綠灌木或小喬木。奇數羽狀複葉。花白色，具強烈香氣。臺灣原產。為綠籬植物，也可栽植為園景樹。

柑橘 *Citrus reticulata* Banco (芸香科)

常綠小喬木或灌木，高約 2m，通常有刺，單身複葉，花白色，香氣濃郁。春季開花，10-12 月果熟。中國是柑橘的重要原產地之一，柑橘資源豐富，優良品種繁多。

黃梔 *Gardenia jasminoides* Ellis (茜草科)

常綠小喬木或灌木，高約 3m。嫩枝被有微毛。花 3-4 朵腋生或頂生，花瓣 6 深裂，花具短梗；花冠白色而具芳香，花香清雅，盛花期 2-4 月。花開初期呈白色，花謝前漸轉為乳黃色，為中國典型香花植物之一。產台灣、中國大陸、日本和越南。

樹蘭 *Aglaia odorata* Lour. (楝科)

常綠小喬木，高約 2-6m。一回奇數羽狀複葉，小葉對生。圓錐花序，花

小形，初為綠色後轉為淡黃色（圖 5-19）。
產中國南方、馬來西亞、印尼。為綠籬及庭園
植物。

5-19 樹蘭開小黃花，氣味馨香，是綠
籬及庭園植物。

三、藤蔓類

藤蔓類香花植物以木犀科、茄科植物為主：

茉莉 *Jasminum sambac*（L.）Ait.（木犀科）

半蔓性常綠灌木，高約 1-4m。花白色，有梗，花朵簇生於枝梢上。有單
瓣、半重瓣、重瓣等品種。原產印度、阿拉伯一帶，中心產區在波斯灣附近。
花朵芳香四溢，可當香花植物栽培。

山素英 *Jasminum nervosum* Lour.（木犀科）

常綠纏繞蔓性藤木。花常為 3 朵聚繖花序或單生，花白色有芳香味。原
產華南、台灣至印度，分布大江南北。可植為綠廊植物，花供香水和茶的添
香料。

素馨 *Jasminum grandiflorum* Linn.（木犀科）

攀援灌木，高 2-4m。葉羽狀深裂或具 5-9
小葉。聚繖花序頂生或腋生，有花 2-9 朵；花
冠白色，有強烈芳香，花期 8-10 月（圖 5-20）。
原產印度、越南及中國大陸的雲南。花具濃厚
的香味，開花時滿樹粉紅花苞和白色的花朵，
是優良的庭園蔭棚樹種。

5-20 素馨花具濃厚的香味，是優良的
庭園蔭棚花卉。

鷹爪花 *Artabotrys hexapetalus*（L. f.）Bhandari（番荔枝科）

常綠蔓性灌木，高 3-4m。腋生花，花成熟時由綠轉黃，彎曲如鷹

爪，有強烈香氣，夏至秋季開花（圖 5-21）。
原產華南、印度、爪哇。栽培供觀賞，為蔭棚
優良植物，也可綠籬或修剪成獨立觀賞樹。

5-21 鷹爪花專栽培供觀賞，為蔭棚優良植物。

番茉莉；變色茉莉 *Brunfelsia hopeana*（Hook.）Benth.（茄科或美人襟科）

　　常綠蔓性灌木，高 1-2m。花單生，花初
開時藍紫色，後褪為白色，同株上有二色花，
極為美觀，且花朵會散發強烈香氣。原產巴西、委內瑞拉。栽植供觀賞，可
種成盆栽、群植或綠籬。

夜香木 *Cestrum nocturnum* L.（茄科）

　　別名：大本夜來香、夜丁香、夜香花、夜香玉、洋素馨。常綠蔓性灌木，
株高達 2m 以上，分枝多而柔軟。總狀花序近繖房狀排列，腋出或頂生，花色
黃綠或綠白，夜間花綻放香氣，且香氣濃郁。原產地為熱帶美洲以及西印度。
適合種在牆邊或栽成綠籬。

四、單子葉草本類

　　草本類香花植物以單子葉之百禾科、蘭科植物為主：

晚香玉 *Polianthes tuberosa* L.（石蒜科）

　　別名夜來香或月下香。多年生草本植物，
高可達 1m。基生葉片簇生，線形，深綠色。
穗狀花序頂生，花乳白色，濃香，7-9 月開花
（圖 5-22）。原產墨西哥。宜群植，是花壇的
優美花卉。晚香玉花也是提取香精的原料。

5-22 開白花夜晚才香氣濃郁，故名晚香玉，是花壇的優美花卉。

蕙蘭屬 *Cymbidium* spp.（蘭科）

舊稱蘭屬，分布於亞熱帶和熱帶亞洲以及澳洲北部。本屬植物常集生成叢，花常為淺黃綠色，有深紫紅色的脈紋和斑點；花通常香氣濃鬱。其中的蕙蘭原產中國，是中國栽培最久和最普及的蘭花之一。常見的有以下 5 種：

春蘭 *Cymbidium goeringii*（Rchb.f.）Rchb.f.

蕙蘭 *Cymbidium faberi* Rolfe

建蘭；四季蘭 *Cymbidium ensifolium*（L.）Sw.

寒蘭 *Cymbidium kanran* Makino

墨蘭；報歲蘭 *Cymbidium sinense*（Andr.）Willd.

百合花 *Lilium* spp.（百合科）

百合花是百合屬植物的總稱，皆為多年生草本球根植物，主要分布在亞洲東部、歐洲、北美洲等北半球溫帶地區，全球已發現有至少 120 個品種。百合花常有香味，有白、黃、橙、粉、紅、紫、綠等色，部分還有斑點、條紋或鑲邊。

第四節　香果植物

主要以果實供觀賞的植物。其中，有的種類果實色彩鮮艷，有的形狀奇特，有的香氣濃郁，有的則兼具多種觀賞性能。常用以點綴園林風景，以花後具色彩或具香氣的果實彌補觀花植物的不足。也可剪取果枝插瓶，供室內觀賞。觀果植物的栽培管理著重於促進果實的生長發育，以達到果繁、色鮮等目的。

有兩種植物值得推薦：

木瓜 *Chaenomeles sinensis*（Thouin）Koehne（薔薇科）

落葉灌木或小喬木，高達 5-10m。花單生
於葉腋，淡粉紅色。果實長橢圓形，夏秋間成
熟後摘下置室內可久放聞香；是中國著名的觀
果聞香植物（圖 5-23）。

5-23 木瓜果實成熟後置室內可久放聞
香，是著名的觀果聞香植物。

蒲桃 *Syzygium jambos*（L.）Alston（桃金孃科）

又名香果、風豉、南蕉、水桃樹、水石
榴、水葡萄。常綠小喬木，圓錐形或短卵形樹
冠。花期甚長，2-6 枚花簇生於小枝頂端，形
成聚繖花序，花瓣淡黃綠色或帶綠白色，具芳
香。果實於五月下旬開始成熟，球形，卵形或
扁球形，外皮淡黃白色，味甘帶玫瑰香氣（圖
5-24）。通常作觀賞樹木栽培於庭園，只有少
數當果樹栽培於果園。

5-24 蒲桃又名香果，果淡黃白色味甘
帶玫瑰香氣。

參考文獻

· 尤次雄　2018 Herbs 香草百科：品種、栽培與應用全書 台北麥浩斯出版股份有限公司
· 朱孝芬、黃克強、鄭燕玉　2011 進 ZOO 香花世界—聞香入園 臺北市立動物園
· 成美堂出版編輯部 2014 香草 ‧ 香料圖鑑 台北台灣東販出版社
· 陳坤燦　2009 在家種香花植物最幸福：80 種陽台、院子、頂樓都能種的四季香花 新北
　　市蘋果屋出版社
· 張元聰　王仕賢 王裕權 2003 臺灣香草植物品種圖鑑 臺南區農業改良場技 術專刊 124 輯
· 蔡福貴　1989 香花植物 台北渡假出版有限公司
· 劉康寧譯　2019 芳香植物 法 Serge Schall 原著 北京生活讀書新知三聯書店
· 鐘秀媚　2007 幸福香花在我家：第一本芳香花朵的居家植栽與應用 台視文化出版社

· Chin, W. Y. 2003 A Guide to Herbs and Spices of Singapore. Singapore Science Centre,
　　Singapore.
· Davies, G. 2015 The Power of Spices: Origins, Tradition, Facts and Flavour. Worth Press Ltd.,
　　Cambridge, England.

· Tapsell, L. C., Hemphill, I., Cobiac, L., Sullivan, D. R., Fenech, M., Patch, C. S., Roodenrys, S., Keogh, J. B., Clifton, P. M., Williams, P. G., Fazio, V. A. & Inge, K. E. 2006 Health benefits of herbs and spices: The past, the present, the future. Medical Journal of Australia 185（4）: S1–S24.

· Wrensch, R. D. 1992 The Essence of Herbs. University Press of Mississippi, USA.

第六章　地被植物

　　地被植物是屬於栽植容易、管理粗放的植栽群類，主要由多年生草本植物及小灌木所組成。有觀花植物，也有觀葉植物；有色彩鮮豔亮麗的不耐蔭植物，更多可生長在光線不足環境的觀葉耐蔭植物，是庭園植栽設計不可或缺的植群類別（Thomas, 1984）。

　　住屋或其他建築群周圍，常出現有裸露地。這些光禿明亮的裸地，景觀極為突兀，視覺效果極差（圖 6-01）。輕則晴朗之日，塵土飛揚，下雨之時，土壤逐漸沖蝕；重則土石流失、建物居所傾斜倒塌。地被植物有覆蓋土壤、保護土地的效果，所栽種的植物種類，都具有改善小氣候、保持水土、吸附塵埃、淨化空氣、降低噪音、美化環境等功能（周厚高，2006；Oudolf and Kindsbury, 2013）。因此，大量栽植地被植物有改善視覺效果、助益人類身心健康，並提升工作及居住環境品質（圖 6-02）。在住宅區、工廠區、公園、休憩廣場栽種地被植物，是保護生活環境、控制塵土飛楊汙染的有效措施。因此，大面積栽植地被植物已成現代人類物質文明和精神文明的一個重要指標。

6-01 住屋或其他建築群周圍如有裸露地，視覺效果極差，土壤易遭沖蝕。

6-02 良好的地被植物組合，是現代造景的必備技術。

第一節　地被植物的定義

一、地被植物的涵意

　　地被植物（Ground covers）是指株叢密集、低矮，經簡單管理即可用於覆蓋在地表、防止水土流失的植栽。地被植物能吸附塵土、淨化空氣、減弱噪音、消除汙染，並具有觀賞價值。地被植物植株高度低矮，高度一般在 50 cm 以下，可用以覆蓋地面，防止雜草滋生（Hawthorne and Maughan, 2011; 高千和金博，2017）。優良地被植物應具備的特點是：貼近地表生長，覆蓋蔓延力強，適應能力強，種植以後不需經常更換，能夠保持經年生長茂盛。地被植物一般不用修剪，或僅稍加修剪。在地被植物的定義中，低矮的植株高度是要點，但也有學者將地被植物的高度標準定為 1m，並認為有些植物在自然生長條件下，植株高度雖超過 1 m，但是植物具有耐修剪或苗期生長緩慢的特點，經過人為干預，高度可以控制在 1m 以下的，也視為地被植物。也有專家學者則將地被植物高度標定為 2.5cm 到 1.2m（1 inch to 4 feet）者（Stevens, 1995; 劉建秀，2001）。地被植物包括多年生草本和低矮叢生、枝葉密集或偃伏性或半蔓性的灌木以及藤本植物。

二、地被植物和草坪植物的區別

　　地被植物和草坪植物一樣，都可以覆蓋地面，涵養水分，但地被植物有許多草坪植物所不及的特點（劉建秀，2001；周厚高，2006）：

1、　地被植物個體小、種類繁多、品種豐富。地被植物的枝、葉、花、果富有變化，色彩萬紫千紅，季相紛繁多樣，營造多種生態景觀。草坪植物則種類少，色彩和造型都簡單。

2、　地被植物適應性強，生長速度快，可以不同環境條件下生長，在短時間內可以達到觀賞效果。

3、　地被植物中的木本植物有高低、層次上的變化，而且容易修成各種造型。

4、　養護管理粗放，一次栽種可維持多年，不需要經常修剪和撫育管理，減少人工成本。草坪植物則撫育和管理成本高。

5、　耐陰的地被植物可覆蓋樹下地面，作複層栽植，符合生態造景原則。

6、　地被植物較多數草坪植物適應性強，病蟲害少，且好防治，且覆蓋地面能力強。

第二節　地被植物的類型

　　依植物的生長高度和習性，地被植物可區分為：矮生灌木、草本、禾草植物、蕨類及苔蘚、蔓藤、矮竹類等。依生態特性，有陽性地被、耐陰性地被、半耐陰性地被。依應用範圍，又可分：空曠地地被、林緣疏林地被、林下地被、坡地地被、岩石地被、旱生地被、濕生地被等（金煜，2015；高千和金博，2017）。一般的地被植物分類如下：

1、一二年生草花
　　一年生植物是植物 生活型的一種，指在一年期間發芽、生長、開花然後死亡的植物。二年生植物是指在兩年期內完成其生命週期的植物，通常在第一年完成發芽、生長出根莖葉的生長階段。翌年開花、結果並散播種子，然後植物體死亡。二年生植物的數目遠少於多年生植物及一年生植物。一、二年生草花是鮮花類群中的主體，其中有不少是植株低矮、株叢密集、花色豔麗的種類，如紫茉莉、三色菫、一串紅、金盞菊、金魚草等，是地被植物組合中不可或缺的部分。一般會在陽光充足的地方，種植一、二年生草花作地被植物。

2、宿根性觀花植物

宿根植物是指多年生草本植物，冬季地上部分枯萎，但是地下根系仍存活，在第二年春季即可重新生長。由於宿根植物不需經常更換，往往成為主要的地被植物。宿根植物花色豐富、品種繁多，作為地被植物不僅具景觀效果，而且易於養護管理。花色美麗的多年生草本植物，如鳶尾、玉簪、萱草等，已廣泛應用於花壇、花園及池畔等處。一些觀賞價值高、顏色豐富、栽植容易、生長穩定的宿根地被植物已逐漸受到重視，應用到綠化設計中。

3、宿根觀葉地被植物

觀葉植物，一般指葉形葉色有觀賞價值的植物。大多數植物低矮，枝葉茂密而且多數是耐蔭植物，如麥門冬、沿階草、蜘蛛抱蛋等，在都市公園中被大量應用，栽植在缺少陽光的樹蔭下，生長良好。

4、水生耐濕地被植物

植栽設計中，水池、溪流及水體沿邊地帶，需要選用適生的、耐濕性較強的覆蓋植物，用來美化環境和點綴景觀，同時能防止和控制雜草危害水體，如慈菇、水菖蒲、澤瀉等。

5、藤本地被植物

藤本植物能利用吸盤或卷鬚爬上牆面或纏繞、攀附在樹幹或岩石上。凡是能攀援的藤本植物一般都可以在地面橫向生長覆蓋地面，少數耐蔭之藤本植物，可選用作地被植物。藤本地被植物具有其他地被植物所沒有的優勢，其枝條可蔓生很長，所覆蓋的地面遠遠超過一般矮生灌木。現有的藤本植物可以分為木本和草本兩大類，草本藤蔓枝條纖細柔軟，組成的地被細緻柔膩，如草莓、合果芋等；木本藤蔓枝條粗壯，具匍匐性，可以長成厚厚的地被層，如常春藤、薜藤、絡石等。

6、矮生灌木地被植物

　　灌木種類很多，其中植株低矮、耐蔭性強、枝條開展、莖葉茂盛、花色美麗、栽種容易的種類，是組成植物群落下層不可缺少的類型。矮生灌木生長期長，不用年年更換，管理也比草本植物粗放，大部分品種可以修剪進行矮化培育。一般常見的灌木地被植物種類，有立鶴花、梔子花、桃葉珊瑚、十大功勞等。

7、矮生竹類地被植物

　　低矮叢生的竹類適應性強，且終年不枯，枝葉茂密，耐修剪的種類，如箬竹、鳳尾竹、內門竹等。

第三節　地被植物的選擇

　　地被植物選擇時要十分慎重。首先應優先選擇適應性強的鄉土植物，其次則適當、謹慎引入外來的優良植物。因此，地被植物應選取多年生常綠性，植物植株低矮。覆蓋度大，耐修剪，生長快速，繁衍容易，管理維護容易，並具有觀賞價值者。植株無毒、無惡臭、無刺、根系牢固、耐踐踏等特性也是重要的選擇條件（劉建秀，2001；周厚高，2006）。

一、矮生灌木

　　以高度 2m 以下的小灌木為主，一般以選用常綠種類為原則。在上部無遮蔽的開闊地宜栽植具亮麗色彩花果或常色葉種類，而樹冠層下則選用耐蔭種類（圖 6-03）。

6-03 地被之林下矮灌木以選用黃楊這種常綠種類為原則。

開闊地可選用的矮生灌木：

杜鵑花 *Rhododendron* spp.（杜鵑花科）

木槿 *Hibiscus syriacus* L.（錦葵科）

木芙蓉 *Hibiscus mutabilis* L.（錦葵科）

朱槿 *Hibiscus rosa-sinensis* L.（錦葵科）

長穗鐵莧；紅花鐵莧 *Acalypha hispida* Burm. f.（大戟科）

變葉木 *Codiaeum variegatum* Blume（大戟科）

茉莉 *Jasminum sambac*（L.）Ait.（木犀科）

夾竹桃 *Nerium indicum* Mill.（夾竹桃科）

仙丹花 *Ixora chinensis* Lam.（茜草科）

六月雪 *Serissa japonica*（Thunb.）Thunb.（茜草科）

南天竹 *Nandina domestica* Thunb.（小蘗科）

錫蘭葉下珠 *Phyllanthus myrtifolius* Moon（大戟科）

耐蔭之矮灌木種類：

十大功勞 *Mahonia japonica*（Thunb.）DC.（小蘗科）

梔子花 *Gardenia jasminoides* Ellis（茜草科）

黃楊 *Buxus microphylla* S. & Z. subsp. *sinica*（Rehd. & Wils.）Hatusima（黃楊科）

南美朱槿 *Malvaviscus arboreus*（L.）Cav.（錦葵科）

二、矮生竹類

也以選擇高度2m以下的小型竹類為主（圖6-04）。

6-04 地被之竹類以選用稚子竹之類的小型竹類為主。

崗姬竹 *Shibataea kumasasa*（Zoll. *ex* Steud.）Makino（禾本科）

稚子竹 *Pleioblastus fortunei*（Houtte）Nakai（禾本科）

觀音竹 *Bambusa multiplex* Raeusch.（禾本科）

三、藤本植物

選擇匍匐性藤本植物，能節節生根（不定根）、迅速向四周擴散蔓延的種類（圖 6-05）。

6-05 地被之藤本植物可選擇匍匐性，能迅速向四周擴散蔓延的種類。

常春藤 *Hedera helix* L.（五加科）
蟛蜞菊 *Wedelia chinensis*（Osbeck）Merr.（菊科）
薜荔 *Ficus pumlia* L.（桑科）
絡石 *Trachelospermum jasminoides*（Lindl.）Lem.（夾竹桃科）
珊瑚藤 *Antigonon leptopus* Hook. & Arn.（蓼科）
爬牆虎 *Parthenocissus tricuspidate*（Sieb. & Zucc.）Planch.（葡萄科）

此外，亦可選擇：
金銀花 *Lonicera japonica* Thunb.（忍冬科）
蔦蘿 *Ipomoea quamoclit* Linn.（旋花科）
口紅花；毛萼口紅花 *Aeschynanthus radicans* Jack（苦苣苔科）

四、蕨類植物

蕨類植物一般喜潮濕、耐蔭，選擇作為地披植物的蕨類，以具匍匐莖，能迅速向四周擴散蔓延的種類為主（圖 6-06）。

6-06 雙扇蕨是優良的蕨類地被植物。

腎蕨 *Nephrolepis auriculata*（L.）Trimen（蓧蕨科）
過山龍 *Lycopodium cernuum* L.（石松科）
地刷子 *Lycopodium complanatum* L.（石松科）

木賊 *Equisetum ramosissimum* Desf.（木賊科）

傅氏鳳尾蕨 *Pteris fauriei* Hieron.（鳳尾蕨科）

萬年松、卷柏 *Selaginella tamariscina*（Beauv.）Spring（卷柏科）

生根卷柏 *Selaginella doederleinii* Hieron.（卷柏科）

全緣貫眾蕨 *Cyrtomium falcatum*（L. f.）Presl（鱗毛蕨科）

雙扇蕨 *Dipteris conjugata*（Kaulf.）Reinw.（雙扇蕨科）

五、雙子葉植物花卉

以易栽植、管理易，花色艷麗，有季節性開花特點的多年生植物為主（圖 6-07）。

松葉牡丹；大花馬齒莧 *Portulaca grandiflora* Hook.（馬齒莧科）

四季秋海棠 *Begonia semperflorens* Link. & Otto（秋海棠科）

虎耳草 *Saxifraga stolonifera* Meerb.（虎耳草科）

紫茉莉 *Mirabilis jalapa* L.（紫茉莉科）

一串紅 *Salvia splendens* Ker-Grawl.（唇形科）

千日紅 *Gomphrena globosa* L.（莧科）

石竹 *Dianthus chinensis* L.（石竹科）

百日草 *Zinnia elegans* Jacquin（菊科）

金魚草 *Antirrhimum majus* L.（玄參科）

6-07 虎耳草易種、造型佳，長久以來就是受歡迎的地被植物的種類。

蜀葵 *Althaea rosea*（L.）Cavan.（錦葵科）

鳳仙花 *Impatiens balsamina* L.（鳳仙花科）

醉蝶花 *Cleome spinosa* Jacq.（白花菜科）

雞冠花 *Celosia cristata* L.（莧科）

非洲菊 *Gerbera jamesonii* Bolus *ex* Hook. f.（菊科）

天竺葵 *Pelargonium* x hortorum Bailey（牻牛兒苗科）

長春花 *Catharanthus roseus*（L.）G. Don（夾竹桃科）

另外，長壽花（*Kalanchoe blossfeldiana* v. Poellnitz）（景天科）、大理花（*Dahlia pinnata* Cav.）（菊科）、金盞菊（*Calendula officinalis* Linn.）（菊科）、三色堇（*Viola tricolor* L.）（堇菜科）、瓜葉菊（*Senecio cruentus*（Masson）DC.）（菊科）、鼠尾草（*Salvia officinalis* Linn.）（唇形科）、繁星花（*Pentas lanceolata*（Forsk.）Schum.）（茜草科）、非洲堇（*Saintpaulia ionantha* Wendl.）（苦苣苔科）、彩葉草（*Coleus x hybridus* Voss）（唇形花科）、桔梗（*Platycodon grandiflorus*（Jacq.）A. DC.）（桔梗科）、大岩桐（*Gloxinia × hybrida* Hort.）（苦苣苔科）等，都可作地被植物使用。

六、單子葉植物花卉

以易栽植、管理易，花色艷麗，耐蔭性強的多年生植物為主。

玉簪 *Hosta plantaginea*（Lam.）Aschers.（百合科）

多年生宿根植物。葉基生，卵狀心形至卵圓形。花莖高 40-80cm，花單生或 2-3 朵簇生，白色，芳香（圖 6-08）。蒴果圓柱狀，有三棱。

6-08 玉簪易栽植管理、花美，耐蔭性強。

麥門冬 *Liriope spicata*（Thunb.）Lour.（百合科）

多年生草本，根近末端常膨大呈紡錘形肉質塊根。葉片線狀狹帶形，長 20-50cm。總狀花序，花莖多高於葉片，花被片 6 片淡藍紫色至紫紅色（圖 6-09）。漿果球形，成熟時紫黑色。

6-09 麥門冬也是花色美、耐蔭性強的單子葉植物。

紫玉簪 *Hosta ventricosa*（Salisb.）Stearn（百合科）

沿階草 *Ophiopogon japonicus*（L. f.）Ker-Gawl（百合科）

玉龍草 *Ophiopogon japonicus*（L. f.）Ker-Gawl. 'Nanus'（百合科）

闊葉麥門冬 *Liriope platyphylla* Wang & Tang（百合科）
萱草 *Hemerocallis* fulva L.（百合科）

鳶尾類 *Iris* spp.（鳶尾科）

　　主要的種類有原產中國的鳶尾（*Iris tetcorum* Maxim.）、蠡實（*I. lacteal* Pallas.）、蝴蝶花（*I. japonica* Thunb.）、玉蟬花（*I. kaempferi* Sieb.）等。鳶尾又名藍蝴蝶，花藍紫色國外栽培應用很廣，園藝品種甚多。商品化程度高的種類主要有：德國鳶尾（*I. germanica* L.）、荷蘭鳶尾（*I. hollandica* Hort.）、香根鳶尾（*I. pallida* Lamarck.）等。可作盆栽作室內植物或庭植美化。

吉祥草 *Reineckia carnea*（Andr.）Kunth（百合科）
美人蕉 *Canna indica* L.（美人蕉科、曇華科）
射干 *Belamcanda chinensis*（L.）DC.（鳶尾科）
水仙花 *Narcissus tazetta* L. var. *chinensis* Roem.（石蒜科）

百合花 *Lilium* spp.（百合科）

　　百合屬植物多屬多年生草本球根，主要分布在亞洲東部、歐洲、北美洲等，全球已發現有 110 多個品種。近年更有不少經過人工雜交而產生的新品種，如：亞洲百合、麝香百合、香水百合、葵百合、姬百合等。

孤挺花 *Hippeastrum equestre*（Ait.）Herb.（百合科）
文殊蘭 *Crinum asiaticum* L.（石蒜科）
金花石蒜 *Lycoris aurea* Herb.（石蒜科）

　　多年生宿根性草本。葉基生，肉質而厚，廣線形，長 25-60cm，寬 3-5cm。聚繖花序頂生，著生花 5-10，花冠黃至金黃色，瓣6反捲，邊緣波折緣（圖6-10）。瘦果背裂，種子多數。

6-10 石蒜科多年生草本植物金花石蒜。

晚香玉 *Polianthes tuberosa* L.（石蒜科）

月桃 *Alpinia zerumbet*（Persoon）B. L. Burtt & R. M. Smith（薑科）

紅花月桃 *Alpinia purpurata*（Vieill.）K. Schum.（薑科）

　　另外，玲蘭（*Convallaria majalis* L.）（百合科）、君子蘭（*Clivia miniata* Regel）（石蒜科）、風信子（*Hyacinthus orientalis* L.）（風信子科）、火球花（*Haemanthus multiflorus*（Tratt.）Martyn. *ex* Willd.）（石蒜科）、蔥蘭（*Zephyranthes candida*（Lindl.）Herb.）（石蒜科）、韭蘭（*Zephyranthes carinata*（Spreng.）Herbert）（石蒜科）、海芋（*Alocasia macrorrhiza*（L.）Schott）（天南星科）等，都是良好的地被植物。

參考文獻

- 王意成、郭忠仁 2008 景觀植物百科 南京江蘇科學技術出版社
- 金煜 2015 園林植物景觀設計 瀋陽遼寧科學技術出版社
- 吳建銘 吳昭慧 張汶肇 2010 果園草生栽培常見地被植物介紹 台南區農業專訊 2010 年 09 月 73 期
- 周厚高 2006 地被植物景觀 貴州科技出版社
- 高千、金博 2017 地被植物在園林中的應用及研究現狀 科技經濟導刊 12 期
- 劉建秀 2001 草坪、地被、觀賞草 江蘇東南大學出版社
- 薛聰賢 1992-1999 台灣花卉實用圖鑑 第 1-11 輯 台北薛氏園藝有限公司出版部

- Hawthorne, L. and S. Maughan 2011 RHS Plants for Places. Dorling Kindersley Ltd., London, UK.
- Oudolf, P. and N. Kingsbury 2013 Planting: A New Perspective. Timber Press, Oregon. USA.
- Rainer, T. and C. West 2015 Planting in a Post-Wild World: Designing Plant Communities for Resilient. Timber Press, Oregon. USA.
- Robinson, N. 2016 The Planting Design Handbook. 3rd ed. Routledge & CRC Press, London, UK.
- Stevens, D. 1995 The Garden Design Sourcebook. Conran Octopus Ltd., London, UK.
- Thomas, G. S. 1984 The Art of Planting. J. M. Dent & Sons Ltd., London & Melbourne, UK.

第七章　草坪植物

草坪是指由人工種植，並精密養護管理，具有綠化和美化作用的草地。亦即草坪是用多年生矮小草本植株密植，並經常修剪的人工草地。18世紀中，英國的庭園和公共休憩地就已出現大量的草坪，其後歐美各個現代化國家，在居住場所、休憩公園，甚至人跡可到的場域，都建置或大或小的草坪（Steinberg, 2006）。因此，草坪的大小、建置規模及草坪設計的精緻程度，是一個國家、一個城市文明程度的指標（圖7-01）。

7-01 草坪是一個國家、一個城市文明程度的指標。

草坪除美觀效果外，多具有戶外活動的功能，提供民眾散步、休息、遊戲之用（圖7-02）。近代的草坪並廣泛應用於棒球、橄欖球場、足球場、曲棍球場、壘球場、田徑場以及其他各類運動場地（Bormann *et al.*, 1993）。各類草坪都具有美化環境、園林景觀、淨化空氣、保持水土、提供戶外活動和體育運動場所的效能。

7-02 草坪可提供民眾散步、休息、遊戲之用。

現代化城市都擁有庭院草坪、學校草坪、運動場草坪、公園綠地草坪等不同功能類型的草坪。其中的學校草坪主要是指操場草坪，用以進行運動練習、上體育課、集會，及其他室

7-03 草坪常是戶外活動的場所。

外活動的草皮（圖7-03）。草坪的設置，必須充分與喬木、灌木及其他地被植物相互配合，才能發揮景觀及生態效益（Bormann *et al.*, 1993）。草坪的設置、草坪植物的選擇，是植栽設計重要的一環。

第一節　草坪的定義

　　以草皮覆蓋，草高維持在 10cm 以下，或更嚴格的標準，維持植物高度在 4-6cm 的地坪，即草坪或草地（lawn）（Bormann *et al.*, 1993; Jenkins, 1994）。大多由在苗圃培育、切割成小塊的草皮鋪植，或撒播種子培養的方式，形成一片地毯式草地。因此，草坪是用多年生矮小草本植株密植，並經修剪的人工草地。

　　草坪植物多以禾本科多年生草本植物為主體，種植在居所、公園或山坡上，提供民眾在上面發展各種活動。18 世紀中，英國風景園中出現大面積草坪，其後，世界各國近代園林中都有草坪的建置（Jenkins, 1994）。設置草坪的基地坡度不宜超過 10%，通常使用 3-5% 的緩坡。現代的草坪已延伸其建置範圍，不再局限於公園、運動場等，而廣泛用於水源地、水土保持地、鐵路、公路、飛機場和工廠等場所（劉建秀，2001；譚繼清等，2013）。

第二節　草坪的功能

1. 發揮觀賞用途

　　在國際上，用於城市廣場、街道、庭院、公園、景點的草坪，都設計美觀，讓人賞心悅目，可稱為觀賞草坪。廣場綠地的草坪，往往形成景區的視覺焦點，規劃良好的草坪是一個城市景觀綠化水準的體現，能適度地呈現其景觀效果。所以，草坪可作為衡量現代化城市環境品質和文明程度的重要指標。草坪植物長勢一致，外形低矮整齊、質地纖細典雅、視野開闊美觀。在廣闊的景點原野草坪上，會使人心胸開闊。

2. 提供民眾休憩場所

　　草坪是公園的重要組成部分，公園草坪常與樹木群、藝術創作等展示品、

座椅等構成優美的景觀環境，為人們提供散步、坐臥、休憩等戶外娛樂活動場所。

3. 提供體育活動場所

採用耐踐踏又有適當彈性的草坪，用於足球、網球、高爾夫球等等球類以及賽馬場的運動競技使用。許多體育運動場草坪，如足球場草坪，不僅可以為觀眾提供良好的觀覺享受，更有助運動員在比賽中發揮球技。

4. 改善微氣候

大面積的草坪，除可作為景觀植物，草坪植物本身具有調節濕度氣溫、釋放氧氣等生態功能。

5. 減少灰塵、淨化空氣

草坪與地被植物一樣，可發揮調節氣候、淨化空氣、減輕噪聲、吸附灰塵、防止風沙等等的綠化作用。

6. 具有水土保持效果

草坪可綠化環境，具保持水土功能，可採用耐瘠、耐旱或耐濕、耐寒或耐熱又耐踐踏的各種草種，在公路、鐵路邊或江河、水庫邊的護坡、護堤建置草坪，用以防止土壤沖蝕、保持水土，同時可以改善附近的景觀。

第三節　草坪植物的選擇

一、選擇草坪草種之原則

選擇適當的草種，是草坪建植成功與否的先決條件，而草坪的質感、環境

的適應性及建置的效率是重要的因素。草坪草種的選擇，應依草坪的用途（如綠美化、運動場、水土保持……等），草坪所在地的條件（如土壤特性、遮蔭程度、降雨量……等），及草坪種植後欲投入的管理時間等因素決定之（胡中華和趙錫惟，1984）。依草坪利用的目的，通常以植物葉片的質感和匍匐枝、側芽的密度來選擇草種。因為植株節間的長短及側芽的數目，是影響草坪形成快慢、草坪結構及外觀的重要特性（胡叔良，1991；陳志一，1991）。

1. 觀賞、裝飾用草坪：草坪以視覺感觀為主，以選擇細葉結構，需高度管理之草種。如纖細柔軟的早熟禾、結縷草、狗牙根（百慕達草）等。

2. 娛樂、運動用草坪：選擇耐踐踏、再生力強、生長快速、根系發達，並耐修剪的草種為主。以葉幅寬大、質感粗硬的竹節草、假儉草、奧古斯丁草、類地毯草等為上選。

3. 水土保持用草坪：目的是控制水土流失，宜選擇深根性，形成快速，可粗放管理的草種為主，如百喜草、兩耳草等。

　　一般而言，草坪植物選取條件，不外乎以下數端：1. 植物體具匍匐性；2. 具耐踐踏性質；3. 耐修剪；4. 常綠性及綠色期；5. 繁殖易、生長快，能迅速形成草皮。

二、草坪草種之類別

　　依植物適合生長之溫度條件，草坪可區分冷季型草坪和暖季型草坪。冷季型草坪指的是設置在溫帶寒冷地帶，或熱帶及亞熱帶高海拔地區的草坪。植物最適生長溫度為 15℃ -25℃，植物會遭遇到低溫、持續極端氣溫及乾旱的環境影響。草坪之管理需精細，草種宜選擇綠色期長、色澤濃綠，且耐寒耐冷的種類。暖季型草坪指的是設置在熱帶及亞熱帶低海拔地區的草坪。植物最適生長溫度為 25℃ -35℃，所選植物的主要特點是耐熱性強，抗病性好，可耐粗放管理。草種可選擇綠色期較短，色澤淡綠的種類（陳志一，1991；譚繼清等，2013）。

第四節　主要的草坪植物

適合栽植成草坪植物，主要是單子葉類之禾本科植物（胡中華和趙錫惟，1984；胡叔良，1991）。禾本科植物的葉有居間分生組織（intercalary meristem），葉片剪斷後可繼續生長，恢復到原來的形狀和大小，植株耐修剪。可選擇植物體具匍匐性、具耐踐踏性質的草種，栽植成草坪。雙子葉植物葉無居間分生組織，葉片剪斷後無法恢復到原來的形狀和大小。因此。雙子葉植物能栽植成草坪的種類少。

以下為常見的暖季型草坪（熱帶及亞熱帶草坪）植物種類：

一、雙子葉植物

紫雲英 *Astragalus sinicus* L.（蝶形花科）

一至二年生草本，斜生或匍匐，多分枝，莖節長。1 回奇數羽狀複葉，小葉 9-11 枚。繖形花序頂生，花 3-10 朵；蝶形花，紫色，花色漸次轉藍紫色（圖 7-04）。產中國大陸長江流域各省區，日本亦有分布。本科亦栽植作為綠肥用。

7-04 雙子葉植物能栽植成草坪的種類少，紫雲英卻是常種的種類。

蔓花生 *Arachis duranensis* Krapov. & W. C. Gregory（蝶形花科）

多年生宿根草本植物，莖蔓生，匍匐生長。複葉互生，小葉兩對。花黃色鮮豔（圖 7-5）。原產亞洲熱帶及南美洲。綠色期長，觀賞性強，四季常青，有根瘤，普遍被栽種為景觀綠化植物。一般不用修剪，可有效節省人力及物力，是極優良的地被植物。

7-05 蔓花生是近年來普遍使用的雙子葉草坪植物。

白花苜蓿 *Trifolium repens* L.（蝶形花科）

匍匐性多年生草本，莖偶具有分枝。三出複葉，小葉倒卵形或卵形，有細銳鋸齒。頭狀花序，花序軸腋生；花白色（圖 7-06）。莢果線形，不開裂。原產北美洲作為牧草、水土保持植物、地被植物，也供栽植觀賞。

7-06 原產北美洲的白花苜蓿可作牧草、地被植物及草坪。

馬蹄金 *Dichondra micrantha* Urban.（旋花科）

多年生匍匐小草本，莖細長，節上生根。葉腎形至圓形，基部闊心形全緣（圖 7-07）。花單生葉腋，花冠鐘狀，黃色。蒴果近球形。廣布於兩半球熱帶亞熱帶地區；中國長江以南各省均有分布。

7-07 馬蹄金可平貼地面，形成極平坦草坪。

雷公根 *Centella asiatica*（L.）Urb.（繖形科）

匍匐性的多年生草本植物，在節上長根生葉及花序。單葉，叢生節上，葉片圓腎形，葉基深心形，葉緣為鈍牙齒緣。花排列成頭狀繖形花序，花細小。原產熱帶、亞熱帶地區，在裸露的地上種雷公根，很快就能達到綠化效果。

天胡荽 *Hydrocotyle sibthorpioides* Lam.（繖形科）

多年生草本，莖匍匐地面，節處生根。葉片膜質至草質，圓形或腎圓形，不分裂或 5-7 裂，邊緣有鈍齒。繖形花序，單生於節上；花瓣白綠色或帶粉紅色，有腺點。分布在熱帶亞熱帶地區，略喜歡潮濕的環境；蔓生在山野、庭園、草地、路旁及荒廢地間。

二、單子葉植物

草坪草種大多是禾本科植物，其主要持性包括：地上部生長點低，且有

葉鞘保護，能抵抗機械損傷，因此能減輕踐踏危害。低矮叢生性或匍匐性，匍匐莖具有強而迅速向周圍空間擴展的能力，易形成平面型覆蓋。剪斷的葉片，可自行修復成原來葉的形狀及大小，繁殖力強；種子量大，發芽率強；又可行無性繁殖。

　　熱帶及亞熱帶草坪之草種稱暖季型草，常用的種類有：

地毯草 *Axonopus compressus*（SW.）Beauv.（禾本科）

　　地毯草的匍匐枝蔓延迅速，每節上都生根和抽出新植株。莖背腹扁壓，稈節有密鬃毛，葉片先端鈍；葉長 8-25 cm，寬 0.8-1.2cm（圖 7-08）。總狀花序 2-5 之指狀排列。原產美國南部至中南美洲。植物體平鋪地面成毯狀，故稱地毯草，為鋪建草坪的草種。與類地毯草區別：本種葉較寬，稈節具密鬚毛（圖 7-09）。

7-08 地毯草的匍匐枝蔓延迅速，植物體平鋪地面成毯狀。

類地毯草 *Axonopus affinis* Chase（禾本科）

　　具有發達的匍匐莖，稈節光滑無毛。葉片淺綠色，先端鈍。葉長 15-30cm，寬 0.2-0.8cm。總狀花序，2-4 枝指狀排列。原產美洲。建草坪的優良草種，另耐陰性亦佳，故較冷涼及潮濕或日照不足之地可選擇此草種。

7-09 與類地毯草區別：地毯草葉較寬，稈節具密鬚毛。

百喜草 *Paspalum notatum* Flugge（禾本科）

　　多年叢生或匍匐性禾草，高約 80cm；具多節的根狀莖，莖基赤紫色；稈密叢生，橫走莖節間短，緊貼地面延伸生長。葉片平滑，無茸毛。花序為 2-3 列指狀的穗狀花序，散生。原產拉丁美洲，為良好的水土保持及草坪草種。

結縷草 *Zoysia japonica* Steud.（禾本科）

多年生草本，具匍匐莖，稈高達 15cm。莖多節，節間平均長 1cm 左右。葉片條狀披針形，質地較硬，寬約 3mm 左右，葉緣常內卷，色澤濃綠，枝葉密集，平鋪地表。原產於中國、日本及東南亞地區。耐旱、耐水淹。山坡草地，常常成為優勢種而形成矮草草地。

馬尼拉芝 *Zoysia matrella*（L.）Merr.（禾本科）

稱台北草。多年生草本植物，株地下莖匍匐，植株低矮，無需經常修剪；節間短，節節生根長葉成株（圖 7-10）。葉細線形，長約 3-6cm，葉寬 0.2-0.3cm，先端尖銳，淡綠色，葉質粗硬。原產熱帶亞洲地區，台灣全島濱海地區及平地自生，屬本地草種。

7-10 馬尼拉芝葉細線形，先端尖銳，葉質粗硬。

韓國草 *Zoysia tenuifolia* Willd. *ex* Trin.（禾本科）

本名朝鮮結縷、細葉結縷草，俗稱韓國草。稈密叢生，具長匍匐莖。葉細小，葉片常 4-5cm，葉寬 < 0.1mm（圖 7-11）。花序為小型之總狀花序。產地：琉球；中國南部及熱帶亞洲。其特色為極耐踐踏，栽培容易，莖葉細小，不需經常修剪；性喜溫暖濕潤，栽培處日照需良好。

7-11 韓國草又名細葉結縷，草莖葉細小，極耐踐踏，不需經常修剪。

奧古斯丁草 *Stenotaphrum secundatum*（Walt.）Kuntze（禾本科）

多年生草本植物，匍匐莖紫紅色，匍匐地面節處長根。葉先端圓鈍，葉片藍綠色，葉長 8-16cm，寬 0.6-0.9cm。圓柱狀之總狀花序。原產美國、熱帶美洲。匍匐性強，生長速度慢，耐鹽性強，可栽植於砂質地形。耐旱、耐陰，可栽植在遮蔭的環境。是優良的公園、公共綠地草坪、安全島、庭院草坪、墓園草坪用草。

狗牙根 *Cynodon dactylon*（L.）Pers.（禾本科）

又稱百慕達草、鐵線草。稈常匍匐地面上，節著土易生根。初夏抽花穗，頂生 3-6 枚總狀排成指狀。分布於溫帶至熱帶地區，中國黃河以南各地都有分布。屬原生種，多生於路邊或草地上。其根莖蔓延力很強，廣鋪地面，為良好的固堤保土植物（圖 7-12）。常用以鋪建草坪或球場；耐踐踏，適合種於庭院草坪，運動場、公園、山區路肩路面、高爾夫球場、滑草場、果園等，但踐踏少或無踐踏區之狗牙根則植株伸長，雜亂生長（圖 7-13）。

7-12 狗牙根耐踐踏，適合種於庭院草坪及運動場。

假儉草 *Eremochloa ophiuroides*（Munro）Hack.（禾本科）

多年生草本，具橫走之匍匐莖，植株伏貼地面（圖 7-14）。葉背及葉緣具短毛，先端鈍，葉長約 4cm，寬 0.3-0.4cm。單一的總狀花序，圓筒狀。原產美國南部至中南美洲，台灣亦產，屬原生種。匍匐莖生長迅速，能生長成濃密、美麗的草坪。葉革質耐寒，且因維護容易，是目前國內普遍常用的草種。

7-13 踐踏少的狗牙根莖葉會揚起，形成一片雜亂草皮。

竹節草 *Chrysopogon aciculatus*（Retz.）Trin.（禾本科）

又稱雞穀草、蜈蚣草。具有匍匐莖，侵占性強，葉片著生於基部，易形成平坦的草皮。葉片披針形，葉緣微波浪狀，葉長 2-10cm，寬 0.4-0.6cm，先端鈍，邊緣粗糙小刺狀。花為直立之圓錐花序，高約 15cm，紫紅色。原產亞洲熱帶，台灣亦產，屬原生種。抗旱、耐濕，極耐踐踏性，但不抗寒，但花

7-14 假儉草草坪。

果期花莖矗立，果實會黏附褲腳，是為缺點（圖7-15）。由於其根莖發達，耐貧瘠土壤，最適合用於路旁和作水土保持草坪。

7-15 竹節草具有匍匐莖，侵占性強，花果期花莖矗立地面。

兩耳草 *Paspalum conjugatum* Berg.（禾本科）

　　又名毛穎雀稗、大肚草、鐵線草。多年生匍匐性草本；具有很長的匍匐性。葉線狀披針形，長約 8-15cm，寬 0.4-1cm。花序由二穗狀花序成對而成。穎果長度約 0.12cm，闊卵形。分布台灣全境，平野、濱海沙地及積水田漥。莖節經機械割草後，葉片平鋪土表（圖7-16），可作為水土保持之自生草種。

7-16 兩耳草莖節經機械割草後，葉片才平鋪地表。

雙穗雀稗 *Paspalum distichum* L.（禾本科）

　　又名牛糞草、硬骨仔草、澤雀稗。多年生單子葉草本蔓生植物，株高 30-50cm；走莖呈暗紅色。葉線形，長 5-10cm，寬 0.3-0.8cm。2 至 3 列總狀花序，頂生，線形，有 2 個分歧。產歐、亞、非熱帶地區，亦分布全島台灣低海拔潮濕處或溝渠旁。生長容易，可粗放經營，很適合用於水土保持用，也是良好的草坪植物。

　　熱帶及亞熱帶草坪使用的暖季型草種還有：

剪股穎 *Agrostis matsumurae* Hack. *ex* Honda（禾本科）

鋪地狼尾草 *Pennisetum clandestinum* Hochst ex Chiov.（禾本科）

野牛草 *Buchloe dactyloides*（Nutt.）Engelm.（禾本科）

　　高海拔及溫帶寒冷地帶的草坪草種稱冷季型草，常用的種類有：

　　早熟禾（*Poa* L.）類：

草地早熟禾 *Poa pratensis* L.（禾本科）

一年生早熟禾 *Poa annua* L.（禾本科）

粗莖早熟禾 *Poa trivialis* L.（禾本科）

加拿大早熟禾 *Poa compressa* L.（禾本科）

　　羊茅屬（*Festuca* L.）類：

高羊茅 *Festuca arundinacea* Schreb（禾本科）

匍匐紫羊茅 *Festuca rubra* L.（禾本科）

丘氏羊茅 *Festuca rubra* L. ssp. *fallax*（Thuill.）Nyman（禾本科）

硬羊茅 *Festuca brevipila* Tracey.（禾本科）

羊茅 *Festuca ovina* L.（禾本科）

　　剪股穎屬（*Agrostis* L.）類：

匍匐剪股穎 *A. Palustris* Huds.（禾本科）

細弱剪股穎 *A. acpillaris* L.（禾本科）

小糠草 *Agrostis alba* L.（禾本科）

　　黑麥草屬（*Lolium* L.）類：

一年生黑麥草 *Lolium multiflorum* Lam.（禾本科）

多年生黑麥草 *Lolium perenne* L.（禾本科）

　　其他還有：

無芒雀麥 *Bromus inermis* Leyss.（禾本科）

藍莖冰草 *Pascopyrum smithii*（Rybd.）Love（禾本科）

梯牧草 *Phleum bertolonii* D.C.（禾本科）

鴨茅 *Dactylis glomerata* L.（禾本科）

鹼茅 *Puccinellia distans* L. Parl（禾本科）

參考文獻

- 吳建銘 吳昭慧 張汶肇 2010 果園草生栽培常見地被植物介紹 台南區農業專訊 73：1-6
- 林信輝、呂金誠、林昭遠 1999 水土保持植物簡介：禾草篇 行政院農委會、國立中興大學、台灣省山地農牧局
- 邱創益、陳振盛、林信輝 1989 邊坡穩定植生技術暫行規範 中華民國環境綠化協會
- 胡中華、趙錫惟 1984 草坪及地被植物 北京中國林業出版社
- 胡叔良 1991 草坪種植 台北地景企業股分有限公司
- 陳志一 1996 草坪栽培管理 台北淑馨出版社
- 劉建秀 2001 草坪、地被、觀賞草 江蘇東南大學出版社
- 譚繼清、劉建秀、譚志堅 2013 草坪地被景觀設計與應用（第二版）北京中國建築工業出版社

- Bormann, F. H., D. Balmori, and G. T. Geballe 1993 Redesigning the American Lawn: A Search for Environmental Harmony. 2nd ed. Yale University Press, Connecticut, USA.
- Huxley, A. and M. Griffiths（Eds.）1999 The New Royal Horticultural Society Dictionary of Gardening. Nature Pub Group, London, UK.
- Jenkins, V. S. 1994 The Lawn: A History of an American Obsession. Smithsonian Books. Washington DC., USA.
- Steinberg, T. 2006 American Green, The Obsessive Quest for the Perfect Lawn. W. W. Norton & Company Ltd., London, UK.

第八章　綠籬植物

　　綠籬也是庭園景觀設計重要的部分，常作為草坪、花壇的邊飾或組成圖案；也常用於街頭綠地、小路交叉口，或種植於公園、林蔭道、街道和建築物旁，作美化用。歐洲各國的公園、植物園、街道、私人庭院，都有設計美觀的綠籬（圖 8-01）。美國的植物園、公園，也常有各式的綠籬，造型美觀。

　　綠籬也常作為區隔空間用，在歐美國家，庭園多用綠籬區隔彼此；公園、植物園，則用綠籬來區隔不同分區，或區隔各種展示主題。而台灣及大陸地區的公園、植物園，傳統上多使用石牆、磚牆或鐵欄杆（圖 8-02、8-03），來區隔各種展示主題（Pollard *et al.*, 1974）。比較之下，用綠籬來區隔空間，不但區隔效果良好，外觀上也比圍牆、圍籬，更生態、更美觀。

上：8-01 歐洲各國的戶外場所都有設計美觀的綠籬。
中：8-02 傳統上多使用石牆、磚牆來區隔或標示界限。
下：8-03 有些植物園用磚牆來區隔不同分區。

有時綠籬也能設計來遮蔽視覺上不舒適的景物，如人行道上的變電箱；或墳墓區、垃圾場，或其他不宜暴露之處所等。新加坡植物園使用耐蔭的觀音棕竹作綠籬，栽種在廁所外；英國邱皇家植物園，在廁所外及入口處，栽種歐洲冬青作綠籬，發揮綠籬的遮蔽作用，都得到極佳的效果（圖 8-04）。

臺灣的先民則常在居家附近，或耕地周圍，種植樹籬，作為保護居所、耕地作物之用。如宜蘭地區房屋周圍的竹圍，使用刺竹或其他叢生竹類，作為區隔、地界及防颱風侵襲之用，成為極為特出的景觀特色（圖 8-05）。在全島海岸，種植刺桐、木麻黃等，作海岸防風林，減低風速，保護人畜安全。新竹、桃園地區，常年有海風吹襲，為了保障作物有正常的產量，農民在耕地周圍，種植成排的火管竹以為屏障，稱為耕地防風林或田籬（圖 8-06）。這些竹圍、樹籬、防風林等，都是廣義的綠籬。

第一節　綠籬定義

圍牆（Wall）

指圍繞建築物或園林區域所設置的，具有保護作用和隔斷空間作用的垂直結構物，

上：8-04 英國邱皇家植物園，在廁所外及入口處，栽種綠籬植物作遮蔽用。
中：8-05 宜蘭地區房屋周圍使用刺竹或其他叢生竹類，作為區隔、地界及防颱風侵襲之用。
下：8-06 桃園地區農民在耕地周圍，種植成排的火管竹以為屏障，稱為田籬。

上：8-07 瑞典 UPPSALA 植物園用混擬土、
磚頭砌成的圍牆（Wall）。
中：8-08 英國皇家園藝協會植物園
（RHS）用木料編製的有空隙之圍籬
（Fence）。
下：8-09 由灌木或喬木緊密列植而成的
欄柵，稱為綠籬或樹籬（Hedge）。

用混擬土、磚頭、石塊等材料，砌成的密
實構造（圖 8-07）。

圍籬（Fence）

也是圍繞建築體或特定區域所設置的
有保護作用和隔斷空間作用的垂直結構物，
用鐵製、木製竹編等材料，編製的有空隙
之籬牆（圖 8-08）。

綠籬、樹籬（Hedge）

凡是由灌木或小喬木以小的株行距密
植，緊密列植而成的欄柵，稱為綠籬，也
叫植籬、生籬等（圖 8-09）。綠籬或樹籬
屬於一種圍牆，用於室外區域作為間隔、
防護用，由成活樹幹平面交叉編織而成。
綠籬或樹籬作為綠地、公園、庭院等的圍
牆、圍欄，代替水泥、鋼筋、磚石等的牆體，
充分利用自然資源。製造、使用成本低，
符合自然生態理念，美觀又環保。

因此，「綠籬」是指將植物密植當作
圍籬，以達到區隔空間、引導動線、排列圖
案或阻斷視線為目的造景設施。綠籬是由灌
木或小喬木密植而成，栽成單行或雙行，規
則排列的種植方式，稱為綠籬，也叫植籬、
生籬等。在景觀設計中，尤其是在歐式風
格的景觀設計，經常用綠籬作為造景手法。
綠籬可修剪成各種造型，不同造型又可相
互組合，使綠籬成為觀賞焦點的藝術創作。

第二節　綠籬的作用

　　綠籬有美化環境、減弱噪聲、圈圍場地、區分空間、屏障視線的功能，可引導遊人的視線於欲展現之景物焦點，可以指引遊人的遊覽路線，規劃參觀遊覽範圍；不適合遊覽的處所也可用綠籬阻隔。綠籬亦可作為藝術造景之雕像、噴泉、設施物等的背景；綠籬能分隔出風格和功能完全不同的景觀空間等（Wilson, 1979; Formen and Baudry, 1984; Brooks and Agate, 1998）。分述如下：

一、美觀效果

　　高綠籬高度一般在 1.5m 以上，可在其上開設多種門洞、景窗以點綴景觀（圖 8-10）。中綠籬可分隔大景區，達到組織遊人活動、美化景觀的目的。常用於街頭綠地、公園、林蔭道和建築物旁，可營建成花籬、果籬、觀葉籬等。矮綠籬高度通常在 0.4m 以內，主要用途是區隔園地和作為草坪、花壇的邊飾，多用於

8-10 高綠籬可開設多種門洞以點綴景觀。

小庭園。由矮小的植物帶構成，遊人視線可越過綠籬俯視園林中的花草景物。矮綠籬有永久性和臨時性兩種不同設置，植物材料有木本和草本多種。實際規劃時可以中籬作分界線，以矮籬作為花境的邊緣、花壇和觀賞草坪的圖案花紋。

二、圍護作用

　　綠籬原始功能是作為藩屏邊界，防止牲畜遊失，也可提供遮陰場所。目前綠籬的主要功能則常以綠籬作各種園區、場域的防範邊界。用刺籬、高籬，或綠籬內加鐵刺絲，以達到防止牲畜侵入或閒人越界的目的。綠籬也可以引

導遊人的遊覽路線選擇，按照所指的範圍參觀遊覽。不希望遊人遊覽的場所則用綠籬圍起來隔阻（圖 8-11）。

8-11 綠籬可阻絕人員或牲畜進入某些區域。

三、分區和屏障視線

景觀設計中常用綠籬或綠牆進行分區和屏障視線，分隔不同功能的空間（圖 8-12）。這種功能的綠籬最好用高於視線的綠牆來達成，由常綠喬木或大灌木來建造。其特點是植株較高，群體結構緊密，有特殊質感，並有塑造地形、烘托景物、遮蔽視線的作用。在香草花園、或低矮的草本植物園區中，用綠籬環繞園區，形成受到特別保護的獨立花園，方便管理和維護。

8-12 綠籬可用來分區和屏障視線，分隔不同功能的空間。

四、景觀背景

園林中常用常綠樹修剪成各種形式的綠牆，作為噴泉和雕像的背景，其高度一般要與噴泉和雕像的高度相稱（圖 8-13）。作為花境背景的綠籬，一般均為常綠的高籬及中籬，選用的植物以樹冠呈暗綠色之樹種為宜。高籬或綠籬形成的背景，遠比用混擬土、磚頭、石塊等材料，砌成的圍牆（Wall）；或用鐵製、木製、

8-13 綠牆可作為雕像和藝術設施景物的背景。

竹編等材料，編製的有空隙之圍籬（Fence）等有生氣。綠牆作為雕像、噴泉和藝術設施景物的背景，尤能造成美好的氣氛。

五、防風及阻隔

防風林帶是一種不修剪的天然式綠籬，建造的目的是減低風速、過濾鹽霧；防止砂土飛揚及砂丘移動；保護作物及防止風力直接為害；減少道路、村舍設施及居民受害；增強水土保持功能。城市防風林保護都市建築及附近的設施、行人車輛；耕地防風林主要在保護作物不受強風、鹽風侵襲，保障鄉村生活環境的品質；海岸防風林，建立在海岸附近，減少風砂及鹽霧，改善沿海地區的環境及居民生活品質。各種防風林除上述的保護效果外，還具有景觀、生態及附加價值，可增加棲地植物的多樣性，還提供環境美化的功能。

第三節　自然式綠籬的植物

綠籬依修剪整形的強度及頻度，可分為自然式綠籬（不修剪籬）和整形式綠籬（修剪籬）。自然式綠籬（不修剪籬）一般只施加調節生長勢的修剪，修剪強度及頻度都很低；整形式綠籬（修剪籬）則需要定期進行整形修剪，修剪強度大及修剪頻度高，以保持綠籬體形外貌（Pollard *et al.*, 1974; Brooks and Agate, 1998）。自然式植籬和整形式植籬可以形成完全不同的景觀，必須善於運用。

自然式綠籬（不修剪籬）：選取枝葉濃密、分枝點低的樹種，進行密植，不加修剪，任其自然生長。有時亦可使用多年生的高草類，或竹類，在庭園周邊、水池河域邊緣栽植。

台灣地區長年實施的田籬，屬於自然式綠籬。田籬是指由樹木或灌木所構成的帶狀植栽，其組成分與形狀依存在歷史、種植物種、以及管理方式而有很大差異。田籬可作牲畜藩屏、農田邊界、耕地防風、防止土壤流失、提供各類動物棲息之用。田籬也是鄉村景觀中的重要成分。

一、喬木

選用樹冠枝葉密、可密植、枝下高較低下、常綠性之耐蔭喬木，包括裸子植物柏科、羅漢松科樹種為主，有些被子植物實際應用結果亦甚良好（圖 8-14）。

8-14 喬木類自然式綠籬一般不修剪，任其自然生長。

1. **側柏** *Thuja orientalis* L.（柏科）
2. **龍柏** *Juniperus chinensis* L. var. *kaizuka* Hort. ex Endl.（柏科）
3. **竹柏** *Nageia nagi*（Thunb.）Kuntze（羅漢松科）
4. **木麻黃** *Casuarina equisetifolia* L.（木麻黃科）
5. **福木** *Garcinia subelliptica* Merr.（黃藤科）
6. **蘭嶼羅漢松** *Podocarpus costalis* Presl.（羅漢松科）
7. **蘭嶼肉豆蔻** *Myristica ceylanica* A. DC. var. *cagayanensis*（Merr.）J. Sinclair（肉豆蔻科）
8. **珊瑚樹** *Viburnum odoratissimum* Ker.（忍冬科）

二、灌木

選用可密植、易栽植、具鮮豔花果或花香之常綠性灌木，如錦葵科、紫金牛科、海桐科、薔薇科等之樹種為主（圖 8-15）。

8-15 灌木類自然式綠籬可選用鮮豔花葉色彩的種類密植之。

1. **朱槿** *Hibiscus rosa-sinensis* L.（錦葵科）
2. **木槿** *Hibiscus syriacus* L.（錦葵科）
3. **春不老** *Ardisia squamulosa* Presl.（紫金牛科）
4. **溲疏** *Deutzia pulchra* Vidal.（山梅花科）

5. 枸骨 *IIex cornuta Lindl.* ex Paxt.（冬青科）

6. 枳殼 *Poncirus trifoliata*（L.）Rafi.（芸香科）

7. 台灣海桐 *Pittosporum pentandrum*（Blanco）Merr.（海桐科）

8. 海桐 *Pittosporum tobira* Ait.（海桐科）

9. 火刺木 *Pyracantha koidzumii*（Hay.）Rehder（薔薇科）

10. 變葉木 *Codiaeum variegatum* Blume（大戟科）

11. 仙丹花 *Ixora chinensis* Lam.（茜草科）

12. 卡利撒 *Carissa grandiflora* A. DC.（夾竹桃科）

13. 厚葉石斑木 *Rhaphiolepis umbellate* var. *integerrima*（Hook. & Arn.）Masamune（薔薇科）

14. 郁李 *Prunus japonica* Thunb.（薔薇科）

三、竹類棕櫚類

　　選用可密植、枝幹叢生、枝葉美觀的竹類，或棕梠科植物為主（圖 8-16）。

8-16 用唐竹密植而成的自然式綠籬。

1. 刺竹 *Bambusa stenostachya* Hackel（禾本科）

2. 唐竹 *Sinobambusa tootsik*（Makino）Makino（禾本科）

3. 紫竹 *Phyllostachys nigra*（Lodd.）Munro（禾本科）

4. 火管竹 *Bambusa dolichomerithalla* Hayata（禾本科）

5. 桂竹 *Phyllostachys makinoi* Hayata（禾本科）

6. 鳳凰竹 *Bambusa multiplex*（Lour.）Raeuschel 'Fernleaf'（禾本科）

7. 觀音棕竹 *Rhapis excelsa*（Thnub.）Henry & Rehder（棕櫚科）

8. 山棕 *Arenga engleri* Beccari（棕櫚科）

四、雙子葉高草本

多年生可密植高草類，植株高度約 1m 左右。以常綠、葉形美觀、花色艷麗的種類優先選用（圖 8-17）。

8-17 雙子葉高草本：花色艷麗之紅樓花自然式綠籬。

1. **落地生根** *Bryophyllum pinnatum*（Lam.）Kurz（景天科）
2. **茵陳蒿** *Artemisia capillaris* Thunb.（菊科）
3. **山菊（橐吾）** *Farfugium japonicum*（L.）Kitam.（菊科）
4. **紅蓼** *Polygonum orientale* L.（蓼科）
5. **虎杖** *Polygonum cuspidatum* Sieb. *et* Zucc.（蓼科）
6. **繡線菊** *Spiraea thunbergii* Siebold *ex* Blume（薔薇科）
7. **三白草** *Saururus chinensis*（Lour.）Baill.（三白草科）
8. **紅樓花** *Odontonema strictum*（Nees）Kuntze（爵床科）
9. **馬藍** *Strobilanthes cusia*（Nees）Kuntze（爵床科）

五、單子葉高草本

大型多年生球根草本植物，株高約 1m。耐風、耐潮，適合庭園綠籬（圖 8-18）、叢植點綴或大型盆栽。各地庭園、校園、公園作美化觀賞植物栽培；亦可作盆栽、花壇栽植或綠籬及切花。

8-18 單子葉高草本：蜘蛛蘭之自然式綠籬。

1. **蘆竹** *Arundo donax* L.（禾本科）
2. **蘆葦** *Phragmites communis*（L.）Trin.（禾本科）

3. **菖蒲** *Acorus calamus* L.（菖蒲科）

4. **香蒲** *Typha orientalis* Presl.（香蒲科）

5. **藨草** *Schoenoplectus triqueter*（L.）Palla（莎草科）

6. **月桃** *Alpinia zerumbet*（Persoon）B. L. Burtt & R. M. Smith（薑科）

7. **允水蕉** *Crinum asiaticum* L.（石蒜科）

8. **蜘蛛蘭** *Hymenocallis speciosa*（L. f. *ex* Salisb.）Salisb.（石蒜科）

9. **射干** *Belamcanda chinensis*（L.）DC.（鳶尾科）

六、蕨類植物

　　蕨類植物一般喜潮濕環境，選用植株高50-80cm 或更高，植物形態美的種類，栽成溪邊或池邊綠籬（圖 8-19）。

8-19 蕨類植物：紫萁之自然式綠籬。

1. **木賊** *Equisetum ramosissimum* Desf.（木賊科）
2. **紫萁** *Osmunda japonica* Thunb.（紫萁科）
3. **鹵蕨** *Acrostichum aureum* L.（鳳尾蕨科）
4. **腎蕨** *Nephrolepis auriculata*（L.）Trimen（蓧蕨科）

第四節　整齊式綠籬的植物

　　整齊式綠籬（修剪籬）：此類綠籬須要人工經常修剪，外形整齊。選擇生長力強、分枝點低、結構緊密、性耐修剪的樹種。按綠籬本身的高矮型態可分為高、中、矮 3 個類型（Pollard *et al.*, 1974）：

一、高綠籬及綠牆植物

高綠籬

　　高綠籬的高度在 1.2m 至 1.6m 之間，可以越過人的視線，但人卻不能跨越而過（圖 8-20）。常用來分隔空間、屏障建物、遮蔽不宜暴露之處等。在大型公園或遊樂區中，用綠牆、高綠籬把兒童遊戲場、露天劇場、運動場與休息區分隔開來以減少不同性質的遊憩區相互干擾。高綠籬也常用來分隔空間，以防噪音、防塵，或遮蔽廁所等不宜暴露之處。高綠籬也常作為雕像、噴泉和藝術設施景物的背景。

8-20 需要經常修剪、外形整齊，高度在 1.2 m 至 1.6 m 之間的高綠籬。

綠牆

　　綠牆的特點是籬體高 1.6m 以上，高度大、造型雄偉，使用大喬木種類培育而成，群體結構緊密，有很強的遮蔽視線作用（圖 8-21）。在都市車水馬龍的鬧區，或需要隔絕交通及人群聲響的住宅區，可建造綠牆阻擋、或至少減低車輛噪音。公園內或遊憩區的綠牆的高度可在 2m 以上，綠牆上可上開設多種門洞、景窗，以提供休憩據點並美化景觀。

8-21 綠牆有時高 2m 以上，群體結構緊密，有很強的遮蔽視線作用。

　　高綠籬及綠牆植物，宜選擇枝葉茂密、可密植、耐修剪的高大喬木種類：
1. **千頭木麻黃** *Casuarina nana* Sieber *ex* Spreng.（木麻黃科）
2. **巴佩道櫻桃** *Malpighia glabra* L.（黃褥花科）
3. **珊瑚樹** *Viburnum odoratissimum* Ker.（忍冬科）
4. **冬青** *Ilex* spp.（冬青科）

5. 榆 *Ulmus pumila* L.（榆科）

6. 椴樹 *Tilia* spp.（田麻科）

7. 垂榕 *Ficus benjamina* L.（桑科）

8. 山毛櫸 *Fagus* spp.（殼斗科）

9. 山楂 *Crataegus pinnatifida* Bunge（薔薇科）

10. 紅豆杉 *Taxus sumatrana*（Miq.）de Laub.（紅豆杉科）

二、中、矮籬植物

中綠籬

其高度 0.5-1.2m，通常不超過 1.3m，綠籬寬度不超過 1m。植物種植 2 行以上，作直線或曲線栽植。中綠籬應用最廣，栽植最多，用於各類園區之植栽區及建築群的圍護。可作分隔景區用，達到組織活動、園區管理、美化景觀的目的。常見於都市綠地、馬路安全島，或種植於公園、林蔭道、街道和建築物旁。

矮綠籬

矮綠籬高度通常在 0.5m 以內，多用於小庭園（圖 8-22）。在大的園區空間主要用途是圈圍小園地和作為草坪、花壇的邊飾。綠籬由矮小的植物帶構成，遊人視線可越過綠籬俯視小園地中的花草景物。

8-22 矮綠籬高度通常在 0.5m 以內，多用於區隔小園區。

中、矮綠籬植物，可選擇枝葉茂密、可密植、耐修剪的常綠灌木種類：

1. 日本女貞 *Ligustrum japonicum* Thunb.（木樨科）

2. 黃楊 *Buxus microphylla* S. & Z. subsp. *sinica*（Rehd. & Wils.）Hatusima（黃楊科）

3. 日本衛矛 *Euonymus japonicus* Thunb.（衛矛科）

4. 月橘 *Murraya paniculata*（L.）Jack.（芸香科）

5. 小葉赤楠 *Syzygium buxifolium* Hook. & Arn.（桃金孃科）

6. 金露華 *Duranta repens* Linn.（馬鞭草科）

7. 梔子花 *Gardenia jasminoides* Ellis（茜草科）

8. 樹蘭 *Aglaia odorata* Lour.（楝科）

9. 茶 *Camellia sinensis*（L.）O. Ktze.（山茶科）

10. 小葉厚殼樹 *Ehretia microphylla* Lam.（紫草科）

11. 凹頭柃木 *Eurya emarginata*（Thunb.）Makino（山茶科）

12. 賽柃木 *Eurya crenatifolia*（Yamamoto）Kobuski（山茶科）

13. 小葉石楠 *Photinia parvifolia*（Pritz.）Schneider（薔薇科）

14. 黃金榕 *Ficus microcarpa* L. f. 'Golden Leaves'（桑科）

15. 內冬子 *Lindera akonsis* Hayata（樟科）

16. 鵝掌藤 *Schefflera arboricola* Hay.（五加科）

三、花壇圖案之矮籬植物

有一些小型灌木，枝葉細小濃密，萌芽力強，可以修剪整飭成各種幾何圖形；栽植在庭園步道兩旁，或園區視覺焦點處，以供觀賞。亦可栽培修整成矮籬或培育成各種造型的盆景（圖 8-23）。

8-23 花壇圖案之矮籬。

花壇圖案之矮籬植物，可選擇枝葉細小、可密植、耐修剪的常綠小灌木種類：

1. 六月雪 *Serissa japonica*（Thunb.）Thunb.（茜草科）

2. 薔薇類 *Rosa* spp.（薔薇科）

3. 小葉厚殼樹 *Ehretia microphylla* Lam.（紫草科）

第五節　其他類別綠籬

　　依使用的植物的形態、綠籬要強調的功能，綠籬區分為普通綠籬、刺籬、花籬、果籬、彩籬等（Pollard *et al.*, 1974; Wilson, 1979）。

1. 普通綠籬：通常見到的綠籬，指做為觀賞、區隔用綠籬，包括中綠籬及矮籬。

黃楊 *Buxus microphylla* S. & Z. subsp. *sinica*（Rehd. & Wils.）Hatusima（黃楊科）
日本衛矛；大葉黃楊 *Euonymus japonicus* Thunb.（衛矛科）
女貞 *Ligustrum lucidum* Ait.（木犀科）
側柏 *Thuja orientalis* L.（柏科）
圓柏 *Juniperus chinensis* L.（柏科）
海桐 *Pittosporum tobira* Ait.（海桐科）
珊瑚樹 *Viburnum odoratissimum* Ker.（忍冬科）
鳳凰竹 *Bambusa multiplex*（Lour.）Raeuschel 'Fernleaf'（禾本科）

2. 刺籬：作為隔離或防止牲畜侵入的綠籬，一
　　般用枝幹或葉片具鉤刺或尖刺的種類（圖
　　8-24）。

8-24 作為隔離或防止牲畜侵入的刺籬，可用枝幹具鉤刺或尖刺的枳殼。

枳殼 *Poncirus trifoliate*（L.）Raf.（芸香科）
酸棗 *Ziziphus jujuba* Mill. var. *spinosa*（Bunge）Hu *ex* H. F. Chou（鼠李科）
金合歡 *Acacia farnesiana*（L.）Willd.（含羞草科）
枸骨 *Ilex cornuta* Lindl. *et* Paxt.（冬青科）
火刺木；火棘 *Pyracantha koidzumii*（Hay.）Rehder（薔薇科）
小檗 *Berberis* spp.（小檗科）

十大功勞 *Mahonia japonica*（Thunb.）DC.（小蘗科）

花椒 *Zanthoxylum bungeanum* Maxim.（芸香科）

柞木 *Xylosma racemosum*（Sieb. *et* Zucc.）Miq.（大風子科）

魯花；俄氏刺莖 *Scolopia oldhamii* Hance（大風子科）

黃刺玫 *Rosa xanthina* Lindl.（薔薇科）

玫瑰 *Rosa rugosa* Thunb.（薔薇科）

3. 花籬：用花色鮮艷或花開繁盛的灌木種類培
　 育而成的綠籬（圖 8-25）。花籬不但花色、
　 花期不同，而且還有花的大小、形狀、有無
　 香氣等的差異而形成各種景色。非開花期間
　 和普通綠籬一樣，呈綠色作區隔用，開花期
　 則依種類不同，呈黃色、鮮紅、橙紅、紫紅、
　 紫藍等各種顏色。

8-25 用花色鮮艷的金絲桃栽植而成的
花籬。

　　　作為花籬的種類，選用花色艷麗、花量多、花期長的常綠灌木為原則。

扶桑；朱槿 *Hibiscus rosa-sinensis* L.（錦葵科）

木槿 *Hibiscus syriacus* L.（錦葵科）

棣棠 *Kerria japonica*（L.）DC.（薔薇科）

錦帶花 *Weigela florida*（Bunge）A. DC.（忍冬科）

梔子 *Gardenla jasminoides* Ellis（茜草科）

茉莉 *Jasminum sambac*（L.）Ait.（木犀科）

迎春花 *Jasminum nudiflorum* Lindl.（木犀科）

繡線菊 *Spiraea* spp.（薔薇科）

台灣繡線菊 *Spiraea formosama* Hayata（薔薇科）

繡線菊 *Spiraea salicifolia* L.（薔薇科）

粉花繡線菊 *Spiraea japonica* L. f.（薔薇科）

金絲桃 *Hypericum monogynum* L.（藤黃科）

月季 *Rosa chinensis* Jacq.（薔薇科）

4. 果籬：用果色鮮艷或結實茂密繁盛的灌木種類培育而成的綠籬。可形成果
　　實大小不同、形狀色彩各異的果籬，有些種還可招來不同的鳥類。

西印度櫻桃；黃褥花 *Malpighia glabra* L.（黃褥花科）
紫珠 *Callicarpa bodinieri* Levl.（馬鞭草科）
朝鮮紫珠 *Callicarpa japonica* Thunb. var. *luxurians* Rehd.（馬鞭草科）
冬青 *Ilex pubescens* Hook. *et* Arn.（冬青科）
枸骨 *Ilex cornuta* Lindl. *et* Paxt.（冬青科）

5. 蔓籬：由藤本植物攀爬在竹籬、木柵圍墻或鉛絲網籬上，形成的綠籬稱之。
　　宜選用花色鮮艷、花開茂盛或果色美麗或結實纍纍的藤本植物。

凌霄 *Campsis grandiflora*（Thunb.）Loisel *ex* K.Schum.（紫葳科）
美國凌霄 *Campsis radicans*（L.）Seem.（紫葳科）
常春藤 *Hedera helix* L.（五加科）
蔦蘿 *Ipomoea quamoclit* L.（旋花科）
牽牛花 *pomoea nil*（L.）Roth.（旋花科）

6. 編籬：將植物彼此編結起來成網狀或格狀的
　　欄柵式綠籬（圖 8-26）。如此編結起來的綠
　　籬的防護作用會加強。常用的植物如下：

8-26 琉球地區用垂榕枝幹彼此編結起來成格狀的編籬。

木槿 *Hibiscus syriacus* L.（錦葵科）
杞柳 *Salix integra* Thunberg（楊柳科）
沙柳 *Salix cheilophila* C. K. Schneider.（楊柳科）
垂榕 *Ficus benjamina* L.（桑科）

植栽設計選種大要

參考文獻

- 陳系貞譯 2004 綠籬設計與栽培實用指南 台北貓頭鷹出版社

- Brooks, A. and E. Agate 1998 Hedging, A Practical Handbook. British Trust for Conservation Volunteers.
- Burel, F. 1996 Hedgerows and their role in agricultural landscapes. Critical Reviews in Plant Sciences 15: 169-190.
- Burel, F. and J. Baudry 1990 Structural dynamics of a hedgerow network landscape in Brittany, France. Landscape Ecology 4:197-210.
- Hawthorne, L. and S. Maughan 2011 RHS Plants for Places. Dorling Kindersley Ltd., London, UK.
- Maclean, M. 1992 New Hedges for the Countryside. Farming Press, Ipswich, Australia.
- Pollard, E., M. D. Hooper, and N.W. Moore 1974 Hedges: Collins, London, UK.
- Forman, R. T. T. and J. Baudry 1984 Hedgerows and hedgerow networks in landscape ecology. Envir. Manag. 8: 495-510.
- Wilson, R. 1979 The Hedgerow Book. David & Charles, Newton Abbot, UK.

第三篇

極端環境的植物選擇

　　植物分布極其廣泛,生長的環境十分複雜,但植物正常的生長發育需要良好的土壤環境。而植物生長的土壤經常存在著各種各樣的障礙因素,限制著植物生長。亦即環境條件在不同地區、不同生育地會發生的劇烈變化。如果變化幅度超出植物正常生長發育所需的範圍時,即成為不良環境因素。對植物生存與生長不利的不良環境稱逆境(stress),或稱環境脅迫(environmental stress)。對植物產生重要影響的逆境主要包括乾旱、寒冷、高溫、水分過多、鹽鹼、陽光太弱、病蟲害和環境汙染等。

　　適應(adaptation)和馴化(acclimation)是植物忍受逆境的方法。適應是植物結構和功能上作遺傳上的改變;馴化是指植物逐漸暴露在逆境中會誘發生理改變,但此變化並不能遺傳給下一代。植物在長期進化過程中對各種逆境產生了一定的適應能力,有些植物在一定範圍內能夠忍耐上述不良的逆境條件。植物對逆境的抵抗和忍耐能力叫植物抗逆性,簡稱抗性(hardiness)。抗性是植物對不良環境的一種適應性反應。植物生長在不良環境下,有的能生存,有的死亡,能生存的植物就是對不良環境適應的結果。

　　本篇提到和植栽設計關係最密切的逆境有以下六類:1. 土壤太鹼;2. 土壤太酸 3. 土壤中鹽分過多和海岸強風、多鹽霧造成的逆境;4. 生育地水分過多造成的逆境;5. 乾旱、貧瘠的土壤逆境;6. 生育地陽光不足。植栽設計時,分辨基地逆境的類別和成因,選擇適應或對逆境有抗性的植物,瞭解植物對土壤環境的生理反應和抗逆機理,是植栽能否成活,及植栽能否生長良好的最大關鍵。

　　本篇各章,是達成植栽設計的第一和第二層次的要項:即要求種的植物能成活;植物不但能成活,而且要生長茂盛。

第九章　耐鹼性土環境的植物

　　美國農業部（Ditzler *et al.* 2017），將土壤 pH 範圍分類如下：pH ＜ 3.5 超酸性、pH3.5–4.4 極酸性、pH4.5–5.0 極強酸性、pH5.1–5.5 強酸性、pH5.6–6.0 中等酸性、pH6.1–6.5 微酸性、pH6.6–7.3 中性、pH7.4–7.8 微鹼性、pH7.9–8.4 中等鹼性、pH8.5–9.0 強鹼性、pH ＞ 9.0 非常強鹼性。大多數植物生長的最佳 pH 範圍在 4.5 和 6.0 之間，鹼性土壤為 pH 值大於 7 的土壤，亦即土壤溶液中的氫氧離子濃度大於氫離子濃度。鹼性土壤對大多數植物而言，屬於生存逆境。

　　在鹼性土壤的逆境生育地，未經審慎選擇植物栽種，大致都會導致失敗的下場。有一個很特別的案例發生在花蓮東華大學，該大學的校園廣闊，由大理石石礫地堆積的河岸台地整地而建校。校園土壤實測 pH 值 9-11，屬強及非常鹼之鹼性土壤。30 餘年前學校剛成立時，和其他多數學校一樣，校園到處栽植杜鵑。令全校師生納悶的是，校園的杜鵑植株不是枯黃，就是奄奄一息，後來全數死亡。這是植栽設計者不明白所有的杜鵑類都是喜酸、耐酸性土壤植物，將杜鵑栽植在強及非常鹼之鹼性土壤中，無異是強植物之難。

9-01 蘄艾原產在珊瑚礁上，葉灰白色，是造型及色彩極為特殊的亞灌木。

　　蘄艾葉灰白色，是造型及色彩極為特殊的亞灌木（圖 9-01），近年來被大量使用於公寓庭園、公園綠地（圖 9-02）或盆栽。蘄艾原產恆春半島及蘭嶼海岸珊瑚礁，屬於含鈣的鹼性土壤，pH 值 8-12，也是強及非常鹼之鹼性土壤環境。新竹縣竹北有許多公寓大樓庭院引種蘄艾，卻大量施用堆肥，使基地土壤變成強酸性，致使所植蘄艾因不耐酸性土壤而逐株死亡。管理人員認為是基地土壤貧瘠，還追加堆肥的施用量，可謂雪上加霜。台灣的公園綠地

9-02 蘄艾近年來被大量栽植於公寓庭園、公園綠地。

多屬強酸性土壤，所植的蘄艾不是枯萎，就是
葉變成綠色，失去原來的白色色澤（圖9-03）。
這些都是植栽規劃者不清楚生育地性質和植物
特殊適應性的緣故。

第一節　鹼性土的形成

9-03 在強酸性土壤上栽植的蘄艾葉常
變成綠色。

　　土壤中溶液，氫氧離子濃度大於氫離子濃度，就形成鹼性土壤。土壤中
的鹼性物質主要來源於土壤中的碳酸鈉、碳酸氫鈉、碳酸鈣等。一般包括鹽
土、鹼土和石灰質土三類。

1. 鹽土

　　土壤鹽化（soil salinization）生成鹽土，土
壤中的鹽分主要為硫酸根離子（SO_4^{2-}）、鈉離
子（Na^+）和氯離子（Cl^-）、鎂離子（Mg^{2+}）、
鈣離子（Ca^{2+}）等離子所構成，結晶後會形成
氯化鈉、氯化鎂、氯化鈣、硫酸鈉、硫酸鎂與
硫酸鈣等鹽類。土壤鹽化就是土壤中含有的氯
化鈉、氯化鎂、氯化鈣、硫酸鈉、硫酸鎂與硫
酸鈣等鹽類過高的現象。土壤中的鹽分會隨著

9-04 土壤鹽化常發生於氣候炎熱的沿
海地區。

降雨溶於水後向下移動至土壤深處，而蒸散及毛細作用則會將這些含有鹽分
的水拉向地面。如蒸散量遠大於水分的補充量時，會將大量鹽分帶至地表。
水分蒸發後各種鹽類留在地表，形成各種鹽類結晶，就成為鹽土 （Buol *et al.*,
2002）。土壤鹽化常發生於氣候炎熱、乾燥，實施灌溉卻排水不良之沙漠及
沿海地區（圖9-04）。

2. 鹼土

鹼性土壤是受自然條件和土壤內在因素的綜合影響而形成的。乾旱和半乾旱氣候帶，其大氣降水量遠遠低於蒸發量，使岩石、礦物風化釋放出來的鹼金屬和鹼土金屬的簡單鹽類，不能徹底遷移出土體，而大量積聚於土壤及其地下水中（Buol *et al.*, 2002）（圖 9-05）。這些鹼土類和上述鹽土的成分不同，大部分是碳酸鹽或重碳酸鹽，這些鹽類經水解可產生 OH 離子，使土壤向鹼性方向化育。

9-05 乾旱和半乾旱氣候帶的新疆地區，常有鹼土分布。

3. 石灰質土

石灰質土（Calcareous soils）係指土壤中含多量的石灰物質，如碳酸鈣（$CaCO_3$），碳酸鎂（$MgCO_3$），碳酸鈣鎂（$CaMg(CO_3)_2$）等。石灰質土壤呈鹼性反應（pH > 7），故屬於鹼性土，其 pH 範圍多在 7-8.5 之間（Buol *et al.*, 2002）。

石灰質土壤（Calcareous soils）指的是富含碳酸鈣或碳酸氫鈣等石灰性物質的土壤，其 pH 範圍多在 8-11 之間。在石灰質鹼性土壤中，把能被利用的可溶性二價鐵，轉化為不溶性的三價鐵鹽而沉澱，使植物根部不能吸收，產生缺鐵或鐵素現象。缺鐵會影響葉綠素的合成，使葉片變成黃綠色。另外，石灰質土壤中，植物的錳、鈷吸收不良，也缺碘、缺硒，發生營養性疾病，影響植物生長。有時石灰物質可膠結成塊或團存於底土中，稱為石灰結核（Lime concretions），有時形成連續性之石灰硬盤（Lime hardpan），阻止植物根部伸展。

有些石灰質土壤母質之石灰岩由珊瑚礁、有孔蟲、石灰藻、及貝類之遺骸組成，其上的土壤層很薄，多為鈣質紅土，土壤中含有豐富的鈣、鎂、鉀、鈉等鹽基物質（Spalding and Grenfell, 1997）。在石灰性土壤，可溶性磷易與鈣結合，生成難溶性磷鈣鹽類，降低磷的有效性。另外，在石灰性土壤上，硼、

錳、鉬、鋅、鐵的有效性大大降低，植物常常會顯現這些營養元素不足的症狀。

第二節　鹼性土壤的分布

　　石灰土（Calcareous soil）多分布熱帶、亞熱帶地區，由石灰岩母質發育的土壤。石灰土一般質地都比較黏重，土壤交換量和鹽基飽和度均高，土體與基岩介面清晰。土壤常呈紅、黃、棕、黑等顏色。

　　台灣的鹼性土主要有兩大類：

　　礁灰岩（reef limestone）又稱生物骨架灰岩（organic framework limestone）。一種在原地固著生長狀態的生物骨架構成的石灰岩。這些生物形成的石灰岩，有崗陵狀、脊狀、不規則狀構造，此生物骨架灰岩體，特稱為「珊瑚礁」。珊瑚礁石灰岩具有高的孔隙率，滲透性良好，主要造礁生物有：群體珊瑚、鈣藻類、

9-06 恆春半島的高位珊瑚礁地形。

苔蘚蟲、層孔蟲、海綿、牡蠣蛤等。此種石灰岩分布台灣的熱帶海岸，如蘭嶼、綠島、恆春半島（圖9-06），台灣東部之石梯坪、三仙台、小野柳等地的高位珊瑚礁（陳尊賢和、許正一，2002；鍾廣吉，2008）。

　　鹽土（新成土）：所謂鹽土，意指土壤加水飽和後之抽出液之導電度值大於 2 dS／m 以上者。臺灣之鹽土，主要分布於西部平原沖積土之濱海部分，涵蓋海埔新生地及俗稱之「鹽分地」均是（陳尊賢和、許正一，2002）。此地區大都蒸發散量大於降雨量，且海水之地下水位較高或排水不良而生成的。一般而言，在新分類系統上均屬於新成土。

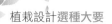

第三節　鹼性土壤對植物的影響

1. 土壤酸鹼性影響土壤養分的有效性

土壤中磷的有效性明顯受酸鹼性的影響，在 pH 值超過 7.5，磷酸和鈣或鐵、鋁形成遲效態，使有效性降低（Buol et $al.$, 2002）。鈣、鎂在強鹼性土壤中溶解度低，有效性降低。硼、錳、銅等微量元素，在鹼性土壤中有效性大大降低。

2. 土壤酸鹼性影響土壤結構

強酸土壤和強鹼性土壤中 H^+ 和 Na^+ 較多，缺少 Ca^{2+}，難以形成良好的土壤結構，不利於植物生長。

3. 土壤酸鹼性影響土壤微生物的活動

土壤微生物一般最適宜的 pH 值是 6.5-7.5 之間的中性範圍。過酸或過鹼都嚴重地抑制土壤微生物的活動，從而影響氮素及其他養分的轉化和供應（Mauseth, 1995）。

4. 鹼性土壤對植物更有毒害作用

鹼性土壤中可溶鹽分達一定數量後，會直接影響作物的發芽和正常生長（Mauseth, 1995）。含碳酸鈉較多的鹼化土壤，對植物更有毒害作用。

5. 降低土壤養分的有效性

由植物大量需要的營養物被稱為大量營養素，包括氮（N）、磷（P）、鉀（K）、鈣（Ca）、鎂（Mg）和硫（S）。植物需要微量的元素被稱為微量營養素或是微量營養素物。微量營養物不是植物組織的主要成分，但是對於生長是必需的。微量元素包括鐵（Fe）、錳（Mn）、鋅（Zn）、銅（Cu）、鈷（Co）、鉬（Mo）、和硼（B）。大量營養素和微量營養素的可用性受土

壤 pH 的影響：在輕度到中度鹼性的土壤中，鉬和大量營養素（除了磷外）的可用性增加，但是微量元素的可用性降低，對植物生長有不利的影響。在鹼性土壤中，尤其是石灰性土壤，可溶性磷易與鈣結合，生成難溶性磷鈣鹽類，降低磷的有效性（Buol *et al.*, 2002）。

第四節　耐鹼性土植物

　　耐鹼性土的植物大多原生於海濱，或生長於隆起的高位珊瑚礁上，土壤酸鹼度高的生育地，土壤中含高濃度的鈣、鎂、鈉等離子（施習德，2001）。原生在這種環境的植物，都已演化出可忍受鈣、鎂等離子干擾生長的機制。

一、喬木類

1. 象牙樹 *Maba buxifolia*（Rottb.）Pers.（柿樹科）

　　常綠灌木或小喬木，高 2-5m，樹皮黑褐色。葉小，厚革質，倒卵形，全緣略反捲，先端圓或凹，銳楔基。單性花，花色淡黃或白色。肉質漿果橢圓形，熟時由黃橙色轉紅色，最後呈紫黑色（圖 9-07）。產台灣恆春半島、蘭嶼海岸地帶高位珊瑚礁森林內，亦分布於印度、馬來西亞、澳洲及琉球。為極佳庭園樹、盆栽樹。

9-07 原產台灣恆春半島、蘭嶼海岸地帶高位珊瑚礁之象牙樹。

2. 山枇杷 *Eriobotrya deflexa*（Hemsl.）Nakai（薔薇科）

　　常綠喬木，株高可達 20 餘 m。葉多叢生於小枝先端，長橢圓形，粗鋸齒

緣，厚紙質。圓錐花序頂生，花白色。果實為梨果，橢圓形至圓球形。產臺灣低海拔至 1,500m 左右海拔之闊葉林山區。樹形美，可作園藝庭園樹種。

3. 柿葉茶茱萸 *Gonocaryum calleryanum*（Baill.）Becc.（茶茱萸科）

常綠喬木，高可達 10m。葉圓形至闊卵形，互生，長 8-11cm，寬 5-8 cm，革質，全緣，葉面呈有光澤的暗綠色（圖 9-08）。花呈腋生的總狀花序排列；花冠圓柱形；雄蕊 5 枚。果實為核果，卵形或橢圓形，成熟時呈有光澤的黑色。生長於南部墾丁之龜仔角及蘭嶼島叢林中，多見於珊瑚礁的森林內。

9-08 柿葉茶茱萸生長於恆春半島及蘭嶼的高位珊瑚礁的森林中。

4. 蓮葉桐 *Hernandia nymphiifolia*（Presl.）Kubitzki（蓮葉桐科）

常綠喬木，樹高 15m 以上。單葉，互生，有光澤，心形，長 20-40cm，寬 15=30cm，全緣，葉基近盾形而圓基（圖 9-09）。花腋生聚繖花序；總苞片肉質；花白或乳白色，花徑 0.2cm。瘦果深藏於肉質之總苞內。總苞圓形，先端有一圓孔。

9-09 蓮葉桐產於恆春半島及蘭嶼的海岸和珊瑚礁上。

5. 棋盤腳樹 *Barringtonia asiatica*（L.）Kurz（玉蕊科）

常綠小喬木。葉枝端叢生，倒卵形或長橢圓形，長 30-40cm，寬 15-20cm，先端鈍形，全緣，革質。頂生直立之總狀花序，花徑 10cm；花瓣 4，乳白色，雄蕊甚多，淡紅色。果為壓縮陀螺形，4 稜，長 10cm；外果皮光滑，中果皮纖維質，內果皮甚硬；種子一，藉海水漂流以繁殖。

6. 大葉山欖 *Palaquium formosanum* Hay.（山欖科）

常綠大喬木，高可達 20cm。葉互生叢生於小枝先端，長橢圓形或長卵形，長 10-15cm，先端圓或稍凹，厚革質，全緣。花白色或淡黃色，開放時微帶有香味。果實橢圓形，肉質，有宿存花柱；種子紡錘形，側面常具胎座的痕跡。

7. 皮孫木 *Pisonia umbellifera*（Forst.）Seem.（紫茉莉科）

常綠喬木，高可達 18cm。葉對生，近輪生或互生，密集地叢生於小枝條先端，卵形，闊卵形至長橢圓形，長 10-35cm，寬 5-15cm，全緣。花多數，白色，單性花，雌雄異株，頂生複聚繖花序或假繖形花序。果實紡錘形，長 3-4cm，有肋 5 條，肋間具有黏質液。原生於恆春半島墾丁高位珊瑚礁森林內。

此外，下列樹種在恆春半島墾丁高位珊瑚礁上生長良好，可在高 pH 值土壤及含鈣量高的石灰質土壤栽植（王相華等，2004）。

8. 茄苳；重陽木 *Bischofia javanica* Blume（大戟科）
9. 垂榕 *Ficus benjamina* L.（桑科）
10. 肯氏南洋杉 *Araucaria cunninghamii* Sweet（南洋杉科）
11. 黃心柿 *Diospyros maritime* Blume（柿樹科）

二、灌木類

1. 山柚子 *Opilia amentacea* Roxb.（山柚科）

常綠灌木或小喬木。葉革質，卵形或卵狀披針形，長 3-14cm。花瓣 5 枚，黃綠色。核果卵球形、球形或橢圓狀，紅色，長 1-2.5cm（圖 9-10）。

9-10 高位珊瑚礁森林的伴生種山柚子。

2. 白水木 *Tournefortia argentea* L. f.（紫草科）

常綠性的小喬木或中喬木，樹冠傘形，小枝條、葉片、花序，都被有銀白色的絨毛（圖9-11）。葉叢生在枝端，全緣，倒卵形，肉質性。花排成蠍尾形的聚繖花序。果實球形，具軟木質，能藉海水傳播。生長在臺灣南北兩端沿海及蘭嶼、綠島的海濱珊瑚礁上、沙灘上。

9-11 白水木生長在臺灣沿海及蘭嶼綠島的海濱珊瑚礁、沙灘上。

3. 海桐 *Pittosporum tobira* Ait.（海桐科）

常綠大灌木。枝條平滑。葉互生，簇生枝端，革質，倒披針形至倒卵形，中肋明顯。圓錐花序，頂生，黃白色，具芳香。球形蒴果，熟橙色，蒴果開裂露出紅色種子。耐鹽性佳、抗強風、耐旱性佳。

4. 鐵色 *Drypetes littoralis*（C. B. Rob.）Merr.（大戟科）

灌木或小喬木，高可達 7cm。葉單生、互生，長橢圓形或長橢圓狀卵形，長 6-10cm，先端銳尖，基部鈍而歪，略呈鐮刀狀，革質，表面呈有光澤色。花小，叢生於葉脈，淡黃色或黃綠色，雌雄異株。果實卵形或長橢圓狀卵形，長 1-1.5cm，成熟時為橘紅色。

三、單子葉木本類

1. 海棗 *Phoenix hanceana* Naudin（棕櫚科）

常綠性中型棕櫚類植物，高達 7-8m；莖布滿落葉後留下的疣狀落葉痕跡。羽狀複葉，小葉線形，先端尖銳，下部的小葉刺狀，基部者退化成刺狀。花序肉穗狀，佛燄苞橢圓形。果實剛成熟時為橙黃色，最後變成黑紫色（圖9-12）。產中國東南部、海南島及香港、台灣。栽植為公園、庭園、校園之盆景及行道樹。

9-12 台灣海棗產台灣沿海石壁上或珊瑚礁岩上。

2. 龍舌蘭 *Agave americana* L.（龍舌蘭科）

　　多年生大草本，株高 3-10m。葉叢生，葉片劍形，肥厚，肉質，長 100-150cm，葉緣及尖端有銳利的刺。花莖長 3-10cm，花黃綠色，排列成圓錐花序，花莖上有珠芽產生（圖9-13）。原產中美洲、墨西哥。植株挺拔壯美，可排植成圍籬或美化庭院。

9-13 原產中美洲、墨西哥，在全台海岸及珊瑚礁上生長。

3. 瓊麻 *Agave sisalana*（Engelm.）Perrier（龍舌蘭科）

　　多年生草本木質粗狀植物，株高 2-9m。葉叢生，多數，葉片劍形，肉質，長 80-120cm，先端漸尖形，頂端具紅褐粗硬刺。花葶高 5-9cm，頂生圓錐花序，花淡黃白色；花後形成叢生珠芽。原產美洲熱帶地區。可栽植供作綠化觀賞植栽用。

四、小灌木及高草類

1. 水芫花 *Pemphis acidula* J.R.Forst.& G.Forst.（千屈菜科）

　　常綠小灌木，莖多分枝，密被白色短毛。單葉，對生，近無柄，厚，肉質；葉片長 1-3.5cm，長橢圓形或倒披針狀長橢圓形，全緣。花單立，腋出，白色或紅色；花瓣 6 片。果實為蒴果，長約 0.6cm，蓋裂，倒卵形。生長於南部恆春半島海岸之珊瑚礁上（圖9-14）。

9-14 水芫花生長於東部及恆春半島海岸之珊瑚礁上。

2. 毛苦參 *Sophora tomentosa* Linn.（蝶形花科）

　　灌木或小喬木，高 2-4m；枝被灰白色短絨毛。羽狀複葉長 12-18cm，小葉 5-7 對，近革質，上面灰綠色，具光澤，下面密被灰白色短絨毛。通常為總狀花序至圓錐狀，頂生，被灰白色短絨毛；花冠淡黃色或近白色。莢果為串

珠狀，長 0.7-1cm，有多數種子（圖 9-15）。

9-15 毛苦參亦產於東部及恆春半島海岸之珊瑚礁上。

3. 蘄艾 *Crossostephium chinense*（L.）Makina（菊科）

常綠多年生亞灌木，株高 30-60cm，全株被灰白色短毛，有強烈香氣。葉厚，窄匙形至倒卵披針形，全緣或三至五裂，兩面被白毛。產臺灣北部海岸、澎湖、綠島和蘭嶼的珊瑚礁岩上。外型優雅，具觀花、觀葉效果，常作為盆栽觀賞植物。

4. 小石積 *Osteomeles anthyllidifolia* Lindl.（薔薇科）

匍匐性小灌木，高可 2m，根部肥大。奇數羽狀複葉，互生；小葉 7-15，革質。繖形花序頂生；花瓣 5，白色；雄蕊多數，心皮多數，梨果，內有 5 小堅果。原生於蘭嶼礁岩之上。

5. 允水蕉；文殊蘭 *Crinum asiaticum* L.（石蒜科）

大型多年生草本，株高約 1m。葉深綠色呈長線形，葉肉厚而多汁，長 50-80cm，寬 6-12cm。花頂生，繖形花序；花冠白色，具香氣（圖 9-16）。蒴果近球形，通常頂端具突出喙；有海綿組織，可漂浮於水面。耐風、耐潮，在海岸地區常有零星分布。

9-16 允水蕉在海岸地區之砂灘、珊瑚礁常有分布。

五、小草類

1. 錫蘭七指蕨 *Helminthostachys zeylanica*（L.）Hook.（瓶爾小草科）

多年生草本，地生，根莖肉質，甚短，株高約 30 cm。葉平展，近軸面朝

天，葉身長 10-30cm，寬 10-25cm，葉片三出狀，每一部分呈 2-3 裂，葉脈遊離。孢子囊穗自葉柄頂端抽出，直立，呈圓柱狀，孢子囊成簇著生。生長於濕地及池邊，數量稀少。

2. 安旱草 *Philoxerus wrightii* Hook. f.（莧科）

9-17 安旱草分布在海岸隆起、未風化的珊瑚礁上。

　　肉質匍匐草本，莖多分枝。葉肉質，倒卵形或匙形，長 4-8mm，寬 2-3mm，光滑。花序頭狀，粉紅色。主要分布在南部海岸隆起珊瑚礁上（圖 9-17）。

3. 蘭嶼小鞘蕊花 *Coleus formosanus* Hayata（唇形科）

　　多年生草本植物，株高約 60-100cm。單葉對生，葉卵形至寬卵形，基部鈍形，鋸齒葉緣，葉長 3-5cm。聚繖花序，成總狀排列，頂生；花冠漏斗狀，花紫紅色，二唇形。堅果 4 枚，細小，橢圓形，平滑。原產於蘭嶼、台東，菲律賓、馬來西亞亦有分布，生長於海濱珊瑚礁岩上。

參考文獻

· 王相華、孫義方、簡慶德、潘富俊、郭紀凡、游孟雪、伍淑惠、古心蘭、鄭育斌、陳舜英、高瑞卿 2004 墾丁喀斯勒森 林永久樣區之樹種組成及生育地類型。台灣林業科學 19（4）：357-369。
· 施習德 2001 台灣的海岸生態 台灣博物 71: 58-69
· 陳尊賢、許正一 2002 台灣的土壤 台北遠足文化出版社
· 許正一、王相華、伍淑惠、張英琇 2004 墾丁高位珊瑚礁自然保留區土壤之化育作用與分類 台灣林業科學 19（2）：153-164
· 鍾廣吉 2008 台灣的石灰岩 台北縣遠足文化事業股份有限公司

· Buol, S. W., R. J. Southard, R.C. Graham and P.A. McDaniel 2002 Soil Genesis and Classification.（5th）Edition, Ia. State Press .
· Ditzler, C., K. Scheffe, and H.C. Monger（eds.）2017 Soil survey manual. USDA Handbook 18. Government Printing Office, Washington, D.C.

- Hawthorne, L. and S. Maughan 2011 RHS Plants for Places. Dorling Kindersley Ltd., London, UK.
- Mauseth, J. D. 1995 Botany: An Introduction to Plant Biology. Saunders College Publishing, USA.
- Spalding, M. D. and A. M. Grenfell 1997 New estimates of global and regional coral reef areas. Coral Reefs: 16（4）: 225.
- Wilkinson, C.（ed.）2004 Status of coral reefs of the world: 2004（Volume 1 & 2）Australian Institute of Marine Science, Townsville, Australia.

第十章　耐酸性土環境的植物

　　大多數植物生長發育的最佳土壤 pH 範圍在 5.0 和 7.0 之間。一般指 pH < 7，缺乏鹼金屬、鹼土金屬而大量吸附 H⁺ 的土壤為酸性土壤。土壤中吸附在黏土和腐植質上的鹼性金屬離子被 H⁺ 替換，而引起土壤中這些金屬離子的缺乏，使土壤呈酸性。酸性土壤地區降水充沛，淋溶作用強烈，鹽基飽和度較低，酸度較高。酸性土壤在圈全世界分布廣泛，農業生產區大部分屬酸性土壤。多數植物及作物能生長在 pH4.5–5.0 極強酸性、pH5.1–5.5 強酸性、pH5.6–6.0 中等酸性、pH6.1–6.5 微酸性土，定義上還是酸性土壤的不同分級土壤。因此，本文討論的耐酸性土環境的植物，指的是能適應美國農業部土壤 pH 分類 < 4.5 以下，極強酸性、超酸性土壤的植物。此範圍的土壤屬於植物生長逆境，一般植物無法生存。

　　酸性土壤，特別是 pH < 4.5 以下，極強酸性、超酸性土壤，只有耐極強酸性土壤以上的少數植物，才能栽種。相反，耐極強酸性土壤，或喜酸性土壤的植物栽種在鹼性土壤上，對植物而言也是災難。如前章所提花蓮東華大學校園，屬高 pH 值的鹼性土壤，卻栽植喜好酸土的杜鵑，就是選種錯誤的實例。

第一節　酸性土壤的形成和分布

　　酸性土壤是低 pH 值的土壤總稱，包括磚紅壤、赤紅壤、紅壤、黃壤和燥紅土等土類。亞洲、中南美洲之熱帶、亞熱帶雨量充沛地區，氣溫高、雨量大，年降雨多在 1,500mm 以上，廣泛分布著各種紅色或黃色土的酸性土壤

（圖 10-01）。酸性物質來源於二氧化碳溶於水形成的碳酸和有機質分解產生的有機酸，以及氧化作用產生的無機酸。這種高溫多雨、又濕又熱的特點，使土壤的風化和成土作用都很強烈，生物物質及養分的循環十分迅速。土壤含有大量有機酸、無機酸，更重要的是土壤膠體帶有大量的致酸離子 H^+，和 Al^{3+} 水解後產生的 H^+，而強烈的淋溶作用使大量的鹽基被淋失，使得土壤的鹽基高度不飽和，變成酸性，pH 一般在 4.0-5.0，有時在 4.0 以下。同時鐵鋁氧化物有明顯積聚，土壤又酸又貧瘠（圖 10-02）。

10-01 中美洲瓜地馬拉雨量充沛地區，分布著黃色土的酸性土壤，是松樹分布的地帶。

10-02 福建德化地區的紅壤，土壤呈強酸性，肥力差。

台灣的強酸性土壤

1. 灰壤或灰壤化土

在土壤大都生成於山區針葉林下，海拔 1,500m 以上、低溫而雨量充沛的高山稜線上較平坦地形區，土壤有明顯之灰色層（一般在 5cm 厚度左右），灰色層下有一層 2.5cm 以上厚度之暗紅色機質與鐵鋁化合物之洗入澱積層。土壤呈強酸性，極貧瘠無肥力，大都分布於國有林地上。

2. 紅壤

第四紀洪積層物質，經高溫多雨，乾濕循環交替之條件下，使土壤中之物質淋洗殆盡，僅剩大部分為鋁、鐵氧化物質。主要分布於臺灣西部之各個洪積層臺地上，是臺灣最古老的土壤。紅壤土層深厚，一般 2 至 5m 厚，有時候可達 20 至 30m。土壤構造明顯，通氣、排水良好，物理性質絕佳。唯土壤呈強酸性，肥力差。

3. 黑色土

　　凡整個土壤剖面均呈現黑色或黑色占大部分者均屬之。如位於臺灣北部陽明山國家公園內之灰燼土（Andisols），屬火山灰土壤物質，土壤鬆軟、很輕，有機物多，大都為小團粒，保肥、保水之能力超強，但易受沖蝕，且土壤易缺磷肥且易產生鋁毒害。在臺灣東部膨轉土（Vertisols），屬火成岩混同泥岩生成之黑色土，土層深厚，保肥、保水力強，土壤很粘，內部排水很差，在濕時易膨脹，乾時易龜裂。

第二節　酸性土壤對植物的影響

　　雖然鋁在 pH 值中性土壤中難以溶解，對植物一般是無害的，但在酸性土壤中鋁卻是減緩植物生長的首要因素。在酸性土壤中，Al^{3+} 離子濃度會升高，並影響植物根部的生長和吸收功能。

1. 土壤酸鹼性影響土壤養分的有效性

　　土壤中磷的有效性明顯受酸性的影響，在 pH 值低於 6 時，磷酸和鈣或鐵、鋁形成遲效態化合物磷酸鐵、鋁，使磷的有效性降低，植物會呈現缺磷症狀。土壤中交換性鉀、鈣、鎂等易被氫離子置換出來，一旦遇到雨水，就會流失掉。鉬在強酸性土壤中與游離鐵、鋁生成的沉澱，降低有效性，酸性土壤也常缺鉬。

2. 土壤酸鹼性影響土壤結構

　　強酸土壤中 H^+ 和 Na^+ 較多，缺少 Ca^{2+}，難以形成良好的土壤結構，不利於作物生長。

3. 土壤酸鹼性影響土壤微生物的活動

　　土壤微生物一般最適宜的 pH 值是 6.5-7.5 之間。過酸或過鹼都嚴重地抑制土壤微生物的活動，從而影響氮素及其他養分的轉化和供應。

4. 形成「鋁毒」和「錳毒」

　　土壤過酸容易產生游離態的鋁（Al^{3+}）和有機酸，游離鋁和交換性鋁濃度過高，形成「鋁毒」現象；或還原態錳濃度過高，形成「錳毒」。因此，酸性土壤經常發生鋁和錳對多種植物的毒害作用，如根系生長明顯受阻，根短小，出現畸形捲曲，脆弱易斷等症狀。

第三節　植物對酸性土壤的適應

1. 提高根際 pH 值

　　植物根系吸收的陰離子的量大於陽離子時，在代謝過程中根系常分泌出 OH^- 或 HCO_3^-，使根際 pH 值升高。鋁的溶解性隨之下降，進入根系內鋁的數量也隨之減少，從而保證了根系的正常生長。

2. 根分泌黏膠物質

　　鋁對根系生長的主要毒害作用是抑制頂端分生組織的細胞分裂，而根尖細胞具有分泌大分子黏膠物質的能力。這些黏膠物質能使鋁阻滯在黏膠層中，防止過多的鋁進入根細胞，阻止鋁與分生組織接觸。

3. 根分泌小分子有機物

　　根系除了在根尖部位分泌大分子黏膠物質外，在根的其他部位還能分泌多種小分子可溶性有機物質，如多酚化合物和有機酸等。鋁和這些有機物形成穩定的複合體（螯合物）後，分子量劇增，體積增大，使其不能夠進入根部，從而減少了根系對鋁的吸收，保證植物正常生長。

4. 地上部積聚鋁

　　有些植物吸收鋁並在地上部大量積累，為了避免中毒，本身組織具有較強的耐鋁能力，即使體內鋁含量很高，植物仍能維持正常生長。

5. 與菌根真菌共生

　　酸性缺磷土壤上絕大多數植物都能與菌根真菌形成共生體系。菌根菌絲向根外廣泛分枝伸展，穿過根際磷肥缺乏區，在根系吸收區以外更廣泛的區域吸收土壤磷，用菌絲快速運輸到寄主植物根系，從而改善其磷素營養狀況（Harley and Smith, 1983）。對於根系不發達，根毛少的植物，菌根的作用尤為重要。例如，適應於強酸性缺磷土壤的松樹和杜鵑，對土壤磷的吸收大都依賴菌根。

第四節　耐極酸性土的景觀植物

　　此處所言之耐極酸性土植物，指的適生在土壤 pH 值＜ 4.5，或更低（4 或 3）的植物，主要是杜鵑科、松科和山茶科植物。

一、喬木類

1. 松類

（1）馬尾松 *Pinus massoniana* Lamb.（松科）

　　常綠大喬木，高可達 30m。葉 2 針一束，細長柔軟。毬果多呈卵形，無刺。廣布種，產中國秦嶺以南，雷州半島以北，東達舟山群島，西至四川盆地西緣大陸。為優良景觀美化之針葉樹（圖 10-03）。

10-03 生長在金門太武山石壁上的馬尾松。

（2）**濕地松** *Pinus elliottii* Engelm.（松科）

　　常綠大喬木，高可達 30-40m。葉長 20-30cm，2 或 3 針一束，稍堅硬。毬果長 6-18cm，鱗盾肥厚，有反捲尖刺。原產美國東南部，既能耐旱又耐濕。為行道樹、造園樹優良樹種。

（3）**日本五針松** *Pinus parviflora* S. et Z.（松科）
（4）**台灣五葉松** *Pinus morrisonicola* Hayata（松科）

　　其他適合在酸性土壤生長的觀賞喬木類尚有：

花楸類 *Sorbus* spp.（薔薇科）
洋玉蘭 *Magnolia grandiflora* L.（木蘭科）
白玉蘭 *Magnolia denudata* Desr.（木蘭科）
苦櫧類 *Castanopsis* spp.（殼斗科）
台灣苦櫧 *Castanopsis formosana* Hayata（殼斗科）
長尾栲 *Castanopsis carlesii*（Hemsl.）Hay.（殼斗科）
印度栲 *Castanopsis indica*（Roxb.）A. DC.（殼斗科）
櫻花類 *Prunus* spp.（薔薇科）
山櫻花 *Prunus campanulata* Maxim.（薔薇科）
吉野櫻 *Prunus* × *yedoensis*（Matsum.）A. N. Vassiljeva（薔薇科）
羅漢松 *Podocarpus macrophyllus*（Thunb.）Sweet（羅漢松科）

二、灌木類

1. 杜鵑類

　　杜鵑花的根系分布很淺，喜歡偏酸性的土壤，能與土中的真菌共生。這些共生的真菌可以分解有機質、吸收磷肥，供杜鵑花使用。

（1）烏來杜鵑 *Rhododendron kanehirai* Wilson（杜鵑花科）

多年生灌木植物，高 1 至 3m。葉片橢圓披針形，嫩葉覆有剛毛。花小型，色紫紅，於莖頂單生或簇生，花期 3 月下旬至 4 月上旬（圖10-04）。已無野生族群。

10-04 烏來杜鵑原生在翡翠水庫的前身鷺鷥潭極酸的生育地，目前已無野生植株。

（2）金毛杜鵑 *Rhododendron oldhamii* Maxim.（杜鵑花科）

灌木，高可達 4m，小枝密被金黃色腺毛。葉皮紙質，披針狀長橢圓形至橢圓狀卵形，先端銳形，腺狀小尖凸頭。花 1-3 朵頂生，花冠漏斗形，磚紅色。特產臺灣全島平地至高海拔 2,800m 山區，花色艷麗，花期甚長，從 3 月一直可開到 10 月，為優良之景觀樹木。

（3）唐杜鵑 *Rhododendron simsii* Planch.（杜鵑花科）

灌木，高可達 2m。葉數枚叢生於枝條的先端，披針形或闊披針形。花 2-6 朵簇生枝端，紫紅色、玫瑰色至鮮紅色。產中國長江流域及西南部各省地區，為酸性土指示植物，常見的綠化美化植栽。

（4）艷紫杜鵑 *Rhododendron pulchrum* Sweet（杜鵑花科）

半常綠灌木，高 1-2m；幼枝密被灰褐色開展的長柔毛。葉紙質，披針形至卵狀披針形或長圓狀披針形。花 1-3 朵，花淡紅色至紫紅色，花期 4-5 月。

（5）平戶杜鵑 *Rhododendron x mucronatum*（Blume）G. Don ‘Oomurasaki’（杜鵑花科）

常綠灌木或半落葉灌木，高可達 2-3m。葉形多變，有橢圓形、卵形、披針形、倒卵形等，全緣。花頂生於枝端，花色豐富，花期 2-4 月（圖 10-05）。原產日本，用於道路旁和公園中，是庭園、綠籬、盆栽或盆景常用的花木。

10-05 平戶杜鵑是目前栽培最多的杜鵑，喜生長在酸性土壤中。

（6）久留米杜鵑 *Rhododendron x obtusum*（Lindley）Planchon（杜鵑花科）

常綠或落葉性灌木植物，株高約 1-2m，小枝纖細。葉橢圓形至長圓狀倒披針形，先端鈍尖或圓形，葉形較一般杜鵑小。花色淡粉紅、粉紅、大紅、洋紅.等色，花期長。日本福岡縣久留米市地區雜交育成。

2. 山茶科植物

（1）茶 *Camellia sinensis*（L.）O. Ktze.（山茶科）

常綠灌木至小喬木。葉革質，長圓形或橢圓形。花白色。蒴果球形。原生中國長江以南各省的山區，耐修剪，是優良的綠籬植物。

10-06 山茶科植物多生長在偏酸性的土壤，此為茶梅。

（2）茶梅 *Camellia sasanqua* Thunb.（山茶科）

常綠灌木至小喬木，高可達 2m。葉闊披針形至長橢圓狀卵形，葉脈及葉柄均被粗毛。花單生，粉紅或白色，單瓣或重瓣，花期 1-4 月（圖 10-06）。果實為蒴果。原產中國、日本及琉球。葉形雅致，花色豔麗，花期長，是賞花、觀葉俱佳的著名花卉。

（3）山茶 *Camellia japonica* L.（山茶科）

灌木或小喬木，高 9m。葉革質，橢圓形，上面深綠色，有光澤，革質。花頂生，紅色，無柄；花色品種繁多，花大多數為紅色或淡紅色，亦有白色，多為重瓣（圖 10-07）。蒴果圓球形，直徑 2.5-3cm。

10-07 山茶科的山茶花也適生在酸性土壤環境中。

其他還有：

八仙花 *Hydrangea* spp.（八仙花科）

綉球花 *Hydrangea macrophylla*（Thunb.）Ser.（八仙花科）

華八仙 *Hydrangea chinensis* Maxim.（八仙花科）

狹瓣八仙花 *Hydrangea angustipetala* Hayata（八仙花科）

梔子花 *Gardenia jasminoides* Ellis（茜草科）

含笑花 *Michelia figo*（Lour.）Spreng.（木蘭科）

樹蘭 *Aglaia odorata* Lour.（楝科）

金粟蘭 *Chloranthus spicatus*（Thunb.）Makino（金粟蘭科）

檵木 *Loropetalum chinense*（R. Br.）Oliver（金縷梅科）

紅花檵木 *Loropetalum chinense*（R. Br.）Oliver var. *rubrum* Yieh（金縷梅科）

三、木本單子葉類

棕櫚類和竹類植物，大多耐酸，可在強酸性土壤生長。

四、蔓藤類

茉莉 *Jasminum s ambac*（L.）Ait.（木犀科）

五、雙子葉草本

彩葉草 *Coleus x hybridus* Voss（唇形科）

多年生草本，高可達 50-80cm。單葉對生，闊卵形至圓形，葉基楔形，葉尖鈍，葉緣鋸齒緣或齒緣，葉的色彩變異甚大，以紅色為主，而混雜有綠色，黑色，黃色，紫色等（圖 10-08）。花序頂生，花白色或藍色。果實橢圓形。

10-08 彩葉草耐酸，可在強酸性土壤生長。

秋海棠類 *Begonia* spp.（秋海棠科）

六、單子葉草本

紫鴨跖草 *Rhoeo spathacea*（Sw.）Stearn（鴨跖草科）

君子蘭 *Clivia miniata* Regel（百合科）

蘭科大部分地生型種類。

七、蕨類

大部分的蕨類植物都能在強酸性土壤生長，如：

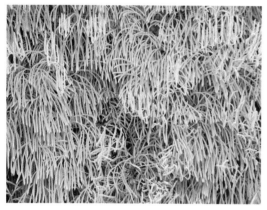

10-09 大部分的蕨類植物都能在強酸性土壤生長，包括地刷子。

10-10 芒萁是生態學上已知之強酸性土壤指標植物。

地刷子 *Lycopodium complanatum* Linn.（石松科）

多年生草本。匍匐莖蔓生。莖呈扇狀兩歧分枝，葉 4 列，背腹 2 列的葉較小，側生 2 列的葉較大，貼生枝上（圖 10-09）。孢子囊穗頂生，孢子囊圓腎形。

芒萁 *Dicranopteris linearis*（Burm. f.）Under.（裡白科）

多年生草本植物，成片生長。葉長 20-100cm，先端雙叉，各有深裂為羽

狀的葉片 1 對，分叉基部另具稍小形之同形葉片 1 對（圖 10-10）；葉表有光澤，葉背白色。

過山龍 *Lycopodium cernuum* L.（石松科）
紫萁 *Osmunda japonica* Thunb.（紫萁科）
鳳丫蕨 *Coniogramme intermedia* Hieron.（鳳尾蕨科）
鐵線蕨 *Adiantum capillus-veneris* Linn.（鐵線蕨科）

參考文獻

· 王勛陵、王靜 1989 植物形態結構與環境 蘭州大學出版社
· 徐祥浩 1981 廣東植物生態及地理 廣東科技出版社
· 陳尊賢、許正一 2002 台灣的土壤 台北遠足文化出版社
· 段寶利、尹春英、李春陽 2005 松科植物對乾旱脅迫的反應 應用與環境生物學報 11（1）：115-122.

· Boeckmann, C. 2019 Optimum Soil pH Levels for Trees, Shrubs, Vegetables, and Flowers. The old farmer's almanac.
· Buol, S. W., R. J. Southard, R.C. Graham and P.A. McDaniel 2002 Soil Genesis and Classification.（5th）Edition, Ia. State Press .
· Dai, Z. M., Y. N. Wang, N. Muhammad, X. S. Yu, K. C. Xiao, J. Meng, X. M. Liu, J. M. Xu, P. C. Brookes 2014 The effects and mechanisms of soil acidity changes, following incorporation of biochars in three soils differing in initial pH. Soil Sci. Soc. Am. J. 78:1606–1614.
· Ditzler, C., K. Scheffe, and H.C. Monger（eds.）2017 Soil survey manual. USDA Handbook 18. Government Printing Office, Washington, D.C.
· Harley, J. L. and S. E. Smith 1983 Mycorrhizal Symbiosis（1st ed.）. Academic Press, London, UK.
· Hawthorne, L. and S. Maughan 2011 RHS Plants for Places. Dorling Kindersley Ltd., London, UK.
· Ma, L., X. Rao, P. Lu, S. Huang, X. Chen, Z. Xu ＆ J. Xie 2015 Acid-tolerant plant species screened for rehabilitating acid mine drainage sites. Journal of Soils and Sediments 15:1104–1112.
· Mauseth, J. D. 1995 Botany: An Introduction to Plant Biology. Saunders College Publishing, USA.

第十一章　強風、多鹽霧環境的植物選擇

　　海濱、濱海內陸，如台灣環島海岸及濱海陸地、村落、城鎮等；以及海中小島如澎湖群島、金門、馬祖、蘭嶼、綠島等地區，這些地區大部分時間風大、沙多、鹽霧瀰漫。鹽霧的形成，就是強風使海面狂浪滔天，將海水中的鹽粒子吹向空中，稱為「鹽風」。「鹽風」使得海面上的空氣充滿鹽之細粒，狂風再將帶有鹽粒的空氣吹向沿海的陸地及島嶼，使農作物及樹木布滿鹽粒而枯萎。每年颱風季節，強風捲起海浪產生的鹽霧對植物的殺傷力最大，除了風折、風倒之機械危害，還有鹽分之生理危害，少有植物能夠忍受鹽霧覆蓋植物體表面而能成活（Bezona *et al.*, 2009）。

11-01 基隆和林口濱海公路上印度橡膠樹，在強風及鹽霧的摧殘下生機全無。

　　植物面臨地上部面臨的多風、鹽霧等逆境，地下之根部還有土壤鹽化和貧瘠的惡劣環境。沿海許多地區，土壤中鹽鹼含量往往過高，對植物的生長發育造成危害。這種由於土壤鹽鹼含量過高對植物造成的危害稱為鹽害，產生的原因通常是因為土壤中含有過量的鹽類離子，主要為氯離子和鈉離子，會使植物根部的滲透壓調節功能喪失，使植物產生鹽分逆境。

　　處在地上部多風、鹽霧，地下部土壤鹽化的環境，植物會面臨以下問題：強風會加速植物的蒸散作用、塵沙飛揚也影響植物形態的發展；陽光強烈也加速植物的蒸散作用，同時土壤也容易失去水分；土壤的鹽分過高，形成植物的生理乾旱；海風產生的鹽霧會覆蓋枝葉，促成植物凋萎；海濱地區日夜溫差大，植物必須能調整生理機能，適應日夜環境變化。只有具備克服

以上條件的植物才能在強風、多鹽霧，土壤鹽化的環境下成活，甚而生長良好。如果植栽設計不考慮此類逆境條件，任意種植不合適植物，後果將不堪設想。

　　台灣東北角長年風大，每年九月至翌年元月東北季風吹襲時節，強風帶來鹽霧，對植物產生鉅大危害，特別是靠海地區的村落、農地危害最為嚴重。舉例來說，基隆和林口濱海公路上村落住屋前所種的印度橡膠樹，在強風及鹽物的摧殘下，生機全無的景象，可謂怵目驚心（圖 11-01）。北部濱海公路，貢寮附近所植的整排行道樹蒲葵，也禁不住鹽霧海風的侵襲，整個樹冠焦枯的景色，讓人無法感受植物之美（圖 11-02）。同樣的景物也發生在花蓮市近郊，花蓮遠雄遊樂區東部海岸公路上的行道樹兼園景樹蒲葵，因為承受到海風的吹襲而頻臨死亡（圖 11-03）。原植栽設計者有所不知，蒲葵這種棕櫚科植物只耐風卻不耐鹽。

11-02 北部濱海公路貢寮附近的整排蒲葵，被鹽霧海風侵襲的樹冠焦枯。

11-03 花蓮遠雄遊樂區東部海岸公路上的行道樹兼園景樹蒲葵，受到海風的吹襲而頻臨死亡。

　　但是也有少數強風地區栽種植物成功的案例：澎湖各島常被夏季颱風和冬天強勁季節風夾帶鹽霧強襲肆虐，導致所有植物一片枯黃，農家收成也大受影響。不但農作物受損，各城鎮街道的行道樹，也無一倖免，數十年花費鉅大財力、物力都無法成功造林、建造行道樹，綠化工作完全失敗。澎湖縣政府後來聽從專家的建議，特別選擇世界最抗風耐鹽的樹種南洋杉造林，才

有今日馬公綠意盎然的南洋杉行道樹及公園森林的建置（圖 11-04）。另外，和澎湖地區有同樣逆境條件的台東海岸公路，原來種的路樹遭颱風摧殘後也損害殆盡，後來栽植原產當地的海岸樹種欖仁、白水木、草海桐等，成效斐然，路樹不但不再受害，還生意盎然（圖 11-05）。

11-04 馬公綠意盎然的小葉南洋杉行道樹是澎湖縣造林最成功的例證。

11-05 台東海岸公路栽植原產當地的海岸樹種欖仁、白水木、草海桐等，也是好的例子。

第一節　鹽分逆境

一、強風及鹽霧

　　主要是指空氣中的鹽霧，離子濃度過高（主要為氯離子和鈉離子），會使植物體的滲透壓調節功能喪失，使植物產生鹽分逆境。一般也包括土壤鹽分的綜合影響。有些植物能生長於高鹽環境；有些植物則能自根將鹽主動排除。還有一類植物則在土壤中水分潛勢低時，藉由高度的鹽分吸收能力來維持細胞膨壓，用來抵抗鹽分逆境（Bezona *et al.*, 2009）。

二、土壤鹽害

　　土壤的鹽害發生原因通常是因為土壤中含有過量的鹽類離子，通常由硫酸根離子（$SO4^{2-}$）、鈉離子（Na^+）和氯離子（Cl^-），或是其他的離子所組成如：鎂離子（Mg^{2+}）、鈣離子（Ca^{2+}）等，形成氯化鈉、氯化鎂、氯化鈣、硫酸鈉、硫酸鎂與硫酸鈣等鹽類。這些鹽類在土壤中存在過高含量（電導度 EC ≧ 4dS/m）時，對植物的生長將會造成不良影響，稱之為鹽害。

三、植物與鹽分逆境

　　生長於高鹽環境的植物稱為鹽土植物（halophytes），包括藜科和沼澤草類。耐鹽植物在氯化鈉濃度 250 到 500mm 之間仍可生長。

　　有些植物則稱為調鹽性植物（salt regulator），如紅樹其根無法吸收鹽分但能自根將鹽主動排除。也有植物能吸收鹽分，但會用葉片中的鹽腺（salt gland）將鹽分排除的調鹽性植物。還有一種蓄鹽性植物（salt accumulator）則在土壤中水分潛勢低時，藉由高度的鹽分吸收能力來維持細胞膨壓。

　　另一種極端則是敏感型非鹽土植物（sensitive nonhalophytes）又稱淡土植物（glycophytes），無法在鹽分濃度稍高的環境存。許多農業上的經濟作物，如菜豆、大豆、玉米等都是。

第二節　鹽分對植物的傷害

　　植物對鹽害的適應能力叫抗鹽性。根據許多研究報導，土壤含鹽量超過 0.2-0.25％時，稱鹽土，鈉鹽是形成鹽分過多的主要鹽類，會對一般植物造成危害（Miyamoto *et al.*, 2004）。習慣上把硫酸鈉與碳酸鈉含量較高的土壤叫鹼土，但二者常同時存在，不能絕對劃分，實際上把鹽分過多的土壤統稱為鹼

土。中國鹽鹼土主要分在西北、華北、東北和海濱地區。

土壤鹽分過多對植物的危害：

1. 形成植物生理乾旱

土壤中可溶性鹽類過多，由於滲透勢增高而使土壤水勢降低，所以土壤鹽分愈多根吸水愈困難，甚至植株體內水分有外滲的危險。鹽離子會改變土壤水分滲透壓，根部過低的滲透壓，使植物根部無法自土壤中吸收水分與養分（Mauseth, 1995）。因而鹽害的通常表現實際上是旱害，鹽害的就如同使置植物於缺水的乾旱環境下，造成萎凋死亡。

2. 鹽分破壞正常代謝

鹽分過多對光合作用、呼吸作用和蛋白質代謝影響很大。鹽分過多會抑制抑制植物葉綠素與多種生理必需酵素的合成，而產生鹽害生理病徵。生長在鹽分過多的土壤中的植物，淨光合速率一般低於鹽分低的淡土植物。鹽分過多使植物呼吸消耗增多，淨光合速度降低，不利植物生長。

3. 鹽離子毒害植物細胞

在鹽類過多的土壤中，鹽離子對植物的傷害不只是造成水分吸收困難，吸收某種鹽類過多而排斥了對另一些營養元素的吸收，會產生類似單鹽毒害的作用。

4. 鹽分傷害土壤微生物

土壤中的某些菌類能幫助植物分解與轉化營養物質，如礦物元素之轉變、腐植質之生成、固氮作用、脫氮作用、硝化作用、溶解化作用等，可增進土壤肥力。而土壤中鹽分的累積，將會減少土壤中有益菌的數量，造成植物不良生長。另外鹽害也會影響土質結構，使土質酸化或是過多累積的鹽類於土表形成結晶後，堵塞土壤縫隙使土壤通氣性變差，阻塞水分及空氣的流通，直接造成植物根部的傷害。

第三節　植物對鹽分逆境的適應

1. 形態上的適應

　　如濱刺麥、馬鞍藤、蔓荊是台灣沙質海岸常見的優勢物種。這些植物共同的形態特徵是：莖匍匐生長、節節生根，藉以增加地下固著與吸收水分的能力；葉厚革質、葉背多毛，以防止水分過度蒸散等。

2. 耐風耐鹽霧植物的機制

　　有聚鹽性植物、泌鹽性植物、排鹽性植物、抗鹽性植物等不同類型的機制。

　　聚鹽性植物：能從土壤中吸收大量的鹽分，並把這些鹽類積聚在體內而不受傷害，因此又被稱為真鹽生植物。這類植物的原生質對鹽類的抗性特別強，可忍受高鹽溶度，能忍受 6% 甚至更濃的 NaCl 溶液。以莖葉肉質化或脫落來聚集鹽分，如藜科之鹼蓬（*Suaeda glauca*（Bunge）Bunge）、鹽角草（*Salicornia europaea* L.）等。

11-06 番杏也是泌鹽性植物，葉背佈滿鹽的結晶。

　　泌鹽性植物：鹽不累積於體內，而利用分泌腺將鹽分排出。這類植物雖然能在含鹽較多的土壤上生活，但在非鹽漬化的土壤上生長發育更好，所以這類植物又被稱為耐鹽植物，如檉柳、藍雪科、番杏科（圖 11-06）、藜科植物（圖 11-07）。

　　排鹽性植物：將鹽分堆積在老葉。如水筆仔靠裸露於地面板根狀的呼吸根，具有海綿狀組織，幫助吸收氧氣及過濾掉大部分的鹽分，和將鹽分貯存在老葉脫落排鹽。

11-07 變葉藜利用分泌腺將鹽分排出。

187

　　抗鹽性植物：又稱不透鹽的植物。植物體內含大量之有機酸、糖類、胺基酸等，因而有較高的滲透壓，不吸收過量鹽分，具有從鹽土中吸收水分的能力。如茵陳蒿等植物。

第四節　常見的耐風耐鹽觀賞植物

　　耐風耐鹽的植物大多原生於海濱，適應空氣中的鹽霧，離子濃度過高的環境。包括鹽土植物（Halophytes），和高鹽容忍性非鹽土植物（Salt-tolerant, nonhalophytes）。以下為具觀賞價值的耐風耐鹽植物種類：

一、喬木類

　　實驗數據顯示小葉南洋杉和肯氏南洋杉都是耐風、耐鹽樹種，是世界各地都採用的海邊觀賞樹種。其他生長在海濱，形態和生理都已演化成抗風耐鹽的樹種 .，葉形、樹形（冠形）美觀者如下：

1. 小葉南洋杉 *Araucaria heterophylla*（Salisb.）Franco（南洋杉科）

　　常綠大喬木，樹高可達 30m；枝條 4-7 枚輪生；樹冠尖塔形至圓錐形，樹形優美雅緻。葉細長柔軟，尖而不刺手。原產澳洲諾福克群島，為世界最優美的庭園觀賞樹之一，常被栽種為行道樹、公園樹、庭園造景用樹用。耐風、耐鹽，適植為海岸景觀樹。

2. 肯氏南洋杉 *Araucaria cunninghamii* Sweet（南洋杉科）

　　常綠大喬木，樹高可達 25m 以上；側枝輪生狀。葉短針型，硬而尖銳。原產澳洲的新南威爾斯，昆士蘭至新幾內亞；為優良的庭園樹種。各地庭園、

公園、學校都有廣泛的栽植，常作園藝植栽及路樹用（圖 11-08）。

3. 棋盤腳樹 *Barringtonia asiatica*（L.）Kurz （棋盤腳樹科）

　　常綠喬木，樹高可達 20m，樹幹常呈彎曲狀。葉枝端叢生，倒卵形或長橢圓形，大型葉，長 30-40cm，先端鈍形，全緣，革質。頂生總狀花序，花徑 10cm；花瓣 4，乳白色。果為壓縮陀螺形，4 稜，外果皮光滑，中果皮纖維質，藉海水漂流以繁殖。原產臺灣東、南部及蘭嶼海岸，分布馬來西亞、澳洲及太平洋諸島。可栽植為海濱觀賞樹木。

11-08 肯氏南洋杉是最抗風耐鹽的樹種之一。

4. 蓮葉桐 *Hernandia nymphiifolia*（Presl.）Kubitzki（蓮葉桐科）

　　常綠喬木，樹高 15m 以上。葉心形，有光澤，長 20-40cm，葉基近盾形而圓基，具長柄。腋生聚繖花序成密錐花序，具 3 花，花白或乳白色。核果深藏於 1 肉質之總苞。總苞先端有 1 圓孔。原產恆春半島、台東、蘭嶼、綠島和澎湖的近海岸地區。樹形高大，遮蔭廣，常被栽植為庭園觀賞樹；可做為防風定砂植物，為優良防風樹種。

5. 黃槿 *Hibiscus tiliaceus* L.（錦葵科）

　　常綠大喬木，株高可達 15m，多分枝。葉心形，具長柄。幾乎整年都可見零星開花，花頂生或腋生，花瓣黃色（圖 11-09），花心暗紫色，單體雄蕊。蒴果闊卵形。原產熱帶與亞熱帶海濱，分布於中國廣東、菲律賓群島、太平洋諸島、東南亞以至印度和錫蘭等地。本種

11-09 黃槿生於海濱地區，是海岸優良的庭園樹、庇蔭樹及行道樹。

植物耐風防潮,多生於海濱地區,是海岸防砂、定砂、防潮、防風的優良樹種;亦可植為庭園樹,庇蔭樹或行道樹。

6. 水黃皮 *Pongamia pinnata*(L.)Pierre(蝶形花科)

半落葉性喬木,株高 6-12m。葉為奇數羽狀複葉,革質。總狀花序,花淡紫色。莢果木質,長橢圓形,略呈刀狀。原產台灣、蘭嶼海岸。抗風、耐鹽性特強,現被廣泛種為園景樹,行道樹及防風樹(圖 11-10)。樹冠傘形,枝葉濃密,耐乾旱,適合種為停車場植栽或遮蔭樹。樹姿優美,其淡紫色花多成串密生,頗其觀賞價值,為優良公園、庭園景觀樹種。

11-10 水黃皮原產台灣、 蘭嶼海岸,抗風、耐鹽,現廣泛種為園景樹及行道樹。

7. 銀葉樹 *Heritiera littoralis* Dryand(梧桐科)
8. 毛柿 *Diospyros discolor* Wild.(柿樹科)
9. 木麻黃 *Casuarina equisetifolia* Furst.(木麻黃科)
10. 山欖 *Planchonella obovata*(R. Br.)Pierre(山欖科)
11. 福木 *Garcinia subelliptica* Merr.(藤黃科)
12. 瓊崖海棠 *Calophyllum inophyllum* L.(藤黃科)

二、灌木類

分布在海濱或靠海的山麓地區,能生長在海邊強風、鹽霧環境的灌木型植物,具觀賞價值者。

1. 海檬果 *Cerbera manghas* L.(夾竹桃科)

常綠小喬木。葉叢生枝端,倒披針形或倒卵形。聚繖花序頂生,花冠白色,冠喉部呈淡紅色而有毛。橢圓狀球形果,外果皮富含纖維質。分布印度、

緬甸、馬來、菲律賓、琉球及廣東。海檬果花期長，花潔白而芳香，樹型優美，常被栽植作為園景行道樹供觀賞用。耐風力強，可作為海濱地區防風及防潮樹種（圖11-11）。

11-11 海檬果耐風力強，可作為海濱地區園景樹、行道樹。

2.苦藍盤 *Clerodendron inerme*（L.）Gaertn.（馬鞭草科）

攀援狀灌木，高1-2m。葉革質或肉質，橢圓形、狹卵形或卵形。開花期：秋、冬季；聚繖花序，花筒白色，具有芳香。台灣西海岸、澎湖、日本、琉球及華南，生於濱海灘頭、路邊。海邊綠化植物。

3.苦檻藍 *Myoporum bontioides* A. Gray（苦檻藍科）

常綠小灌木，高達2-3m。葉叢生枝頭，倒披針形至長橢圓形，肉質，全緣。花冠淡紫色，具深紫色斑點，冬天開花。臺灣原產，分布於西海岸濕地，數量少。為具觀賞價值的海岸定砂防風之植物（圖11-12）。

11-12 苦檻藍分布於西海岸濕地，為具觀賞價值的海岸定砂植物。

4.草海桐 *Scaevola taccada*（Gaertner）Roxb.（海草科）

常綠多年生小灌木，高1-3m。葉長倒卵形，肉質，叢集於株條頂端。春至夏季開花；花序聚繖形，花冠白色。核果白色。分布日本九州、琉球、太平洋島群、馬達加斯加、澳洲、墨西哥、瓜地馬拉。是海邊防風、定砂、綠化、美化樹種；可作為花壇、盆栽之觀賞植物。

5. 白水木 *Tournefortia argentea* L.f.（紫草科）

常綠小喬木或中喬木，高可達10m。小枝條、葉片、花序，都被有銀白色的絨毛。葉叢生在枝端，倒卵形，肉質性。蠍尾形的聚繖花序，花白色。果實球形，具軟木質，能藉海水傳播。分布熱帶亞洲、馬達加斯加、馬來西亞、

熱帶澳洲及太平洋諸島。可作海岸防風林、行道樹、庭園景觀植物植物。

6. **鵝鑾鼻榕** *Ficus pedunculosa var.mearnsii*（Merr.）Corner.（桑科）

7. **刺裸實** *Maytenus diversifolia*（Maxim.）D. Hou（衛矛科）

8. **檉柳** *Tamarix chinensis* Lour.（檉柳科）

9. **無葉檉柳** *Tamarix aphylla*（L.）H. Karst.（檉柳科）

10. **木槿** *Hibiscus syriacus* L.（錦葵科）

11. **大葉黃楊；日本衛矛** *Euonymus japonicus* Thunb.（衛矛科）

12. **雀梅藤** *Sageretia thea*（Osbeck）Johnst.（鼠李科）

三、木本單子葉類

　　原產、分布在海濱或靠海的山麓地區，耐風耐鹽的木本單子葉植物有台灣海棗、林投等。

1.台灣海棗 *Phoenix hanceana* Naudin（棕櫚科）

　　常綠性中型木本植物，莖高達 7-8m；莖上布滿落葉後留下的疣狀落葉痕跡。羽狀複葉，小葉線形，排成 4 列，先端尖銳，長約 30-50cm。花序肉穗狀，佛燄苞橢圓形。果實長約 1.2cm，剛成熟時為橙黃色，最後變成黑紫色。

2.林投；露兜樹 *Pandanus odoratissimus* L. f .var. *sinensis*（Warb.）Kaneh.（露兜樹科）

　　常綠灌木，高可達 5m，常從莖幹生成大型之支柱根支撐樹幹。葉片呈長披針形，叢生於枝端而作螺旋狀排列，邊緣及中肋有銳刺。雌雄異株，雄花呈圓錐花序，雌花呈頭狀花序。果大，單生，近球形，熟時橙紅色，的倒圓錐形、稍有稜角、肉質的小核果集合成之聚合果（圖 11-13）。

11-13 林投為海岸植物，常從莖幹生出支柱根。

四、藤本類

可選用分布在海濱或靠海的山麓地區原生藤本類植物，種類如下：

1. 琉球野薔薇 *Rosa bracteata* J.C. Wendl.（薔薇科）

常綠攀緣灌木，高 2-5m，有長匍枝；小枝粗壯，有皮刺。小葉 5-9，葉片革質，橢圓形、倒卵形。花單生或 2-3 朵集生；花瓣白色，倒卵形（圖 11-14）。果球形，密被黃褐色柔毛，果梗短，密被柔毛。花期 5-7 月。

11-14 琉球野薔分布在海濱或靠海的山麓地區，具觀賞價值。

2. 濱刀豆 *Canavalia rosea*（Sw.）DC.（蝶形花科）

多年生匍匐或攀援草本，長可達數公尺。三出葉，小葉倒卵形或闊卵形，長 5-8cm。花多數，紫粉紅色，呈腋生的總狀花序排列（圖 11-15）。莢果線形，直或略彎曲，長 6-15cm，寬 1.6-3cm；種子 2-10 枚，成熟時為有光澤帶不規則條紋棕褐色。

11-15 多年生匍匐草本，濱刀豆分布在沙灘上。

3. 馬鞍藤 *Ipomoea pes-caprae*（L.）R. Br. ssp. *brasilensis*（L.）Oostst.（旋花科）

匍匐性多年生草本，莖極長，節上生根。葉先端凹，形如馬鞍，故名馬鞍藤。花粉紅色或藍紫色（圖 11-16）。全世界熱帶地區的海邊都產。蔓莖向四面拓展，每節生根，根入土極深，是典型的砂原植物，經常是砂岸最前線的植物群落，為防風定砂植物。

11-16 馬鞍藤是典型的砂原植物，是砂岸最前線的植物。

4. 濱豇豆 *Vigna marina*（Burm.）Merr.（蝶形花科）

5. 濱旋花 *Calystegia soldanella*（L.）R. Br.（旋花科）

6. 土丁桂 *Evolvulus alsinoides* Linn.（旋花科）

7. 海埔姜；蔓荊 *Vitex rotundifolia* L.f.（馬鞭草科）

8. 蟛蜞菊 *Wedelia chinensis* Merr.（菊科）

9. 天門冬 *Asparagus cochinchinensis*（Lour.）Merr.（百合科）

五、雙子葉草本類

　　分布在海濱或靠海的山麓地區的原生雙子葉草本類，植物體大概都肉質，耐瘠、抗風、耐鹽，植物型體美，有些種類花色艷麗，都是具觀賞潛力的植物。

1. 海馬齒 *Sesuvium portulacastrum*（L.）L.（番杏科）

　　多年生肉質草本，莖平臥或蔓延，節上生根。葉長橢圓狀線形或線形，厚肉質。花小型，腋生，花粉紅色或紫紅色（圖 11-17）。果實為蒴果。全球熱帶和亞熱帶海岸都有分布；福建、廣東、臺灣海岸及近海魚塭、河海口、海埔地、岩岸礁石上常見群生。耐鹽、耐水同時耐旱的植物。

11-17 海馬齒植物體肉質，是耐鹽、耐水同時耐旱的植物。

2. 番杏 *Tetragonia tetragonoides*（Pall.）Ktze.（番杏科）

　　一年生草本；植株肉質狀，密生絨毛，高 30-60cm。葉卵狀菱形或三角狀卵形，被絨毛，嫩葉具銀色細粉物。花腋生，黃色。花期 8-10 月。中國大陸沿海各省及台灣、韓國、日本、琉球；泛亞洲東南部，澳洲及南美州亞熱帶暖帶之海岸。

3. 濱排草 *Lysimachia mauritiana* Lam.（報春花科）

二年生的草本植物，莖直立，高約 10 至 40cm，帶紫紅色，略為肉質。單葉互生，肥厚多汁且有光澤，無柄或近無柄，倒卵形或匙形，長約 2 至 7cm。總狀花序直立，頂生或腋生，常成圓錐狀，花白色至粉紅色（圖 11-18）。蒴果球形，直徑約 0.4 至 0.6cm，頂端有細長的宿存花柱，成熟後會由頂端裂開。

11-18 濱排草葉肥厚多汁且有光澤，花白色至粉紅色，可供觀賞。

4. 防葵 *Peucedanum japonicum* Thunb.（繖形科）
5. 濱防風 *Glehnia littoralis* F. Schmidt *ex* Miquel（繖形科）
6. 濱龍吐珠 *Hedyotis strigulosa* Bartl. *ex* DC. var. *parvifolia*（Hook. & Arn.）Yamazaki（茜草科）
7. 細葉假黃鵪菜 *Crepidiastrum lanceolatum*（Houtt.）Nakai（菊科）

六、單子葉草本類

分布在海濱或靠海的山麓地區的原生單子葉草本類，也都耐瘠、抗風、耐鹽，下述種類有些花色艷麗、植物型體佳，都能生長在多風、鹽霧、土壤鹽化的環境。

1. 允水蕉 *Crinum asiaticum* L.（石蒜科）

大型多年生球根草本植物，株高約 1m。葉呈長線形，葉肉厚而多汁，長 50-80m，寬 6-12 m。花頂生，繖形花序；花冠白色，十分清香，花被片合生，花筒纖細，裂片 6。蒴果近球形，通常頂端具突出喙；有海綿組織，可漂浮於水面，藉以傳播繁殖。耐風、耐潮，在海岸地區常有零星分布。

2. 濱刺麥 *Spinifex littoreus*（Burm. f.）Merr.（禾本科）

又名濱刺草、老鼠芳、貓鼠刺、老鼠刺。多年生草本，稈長 30-100cm。葉片針狀，銳尖，彎曲內捲。雌雄異株；雄性小穗排成繖形狀穗狀花序；雌性小穗排成球形頭狀花序。產中國南部，印度，錫蘭，馬來西亞，緬甸，菲律賓及臺灣。為濱海砂丘之綠化或海邊固沙植物（圖 11-19）。

11-19 濱刺麥也是沙灘植物，為砂丘之綠化或海邊固沙植物。

3. 濱箬草 *Thuarea involuta*（G. Forst.）R. Br.（禾本科）

多年生草本，匍匐性，著花莖稈直立，高約 5-20cm。葉鞘具有緣毛。葉舌有毛，長 0.5-1mm。葉片為披針形，長 2-5cm，寬 2-3mm。花為總狀花序頂生，被葉鞘所包被，為海濱地區極佳之草坪植物（圖 11-20）。

11-20 濱箬草為匍匐性之多年生草本，可栽植作草坪植物。

4. 甜根子草 *Saccharum spontaneum* L.（禾本科）

禾本科多年生草本植物，株高約 50-180m。葉長細線形，灰綠紙質，葉緣銳利。花頂生，圓錐花序，花序長約 20cm；小穗成對，花色銀白。花期 7-11 月。穎果，果熟時帶白毛傳播。

六．蕨類植物

蕨類植物多生長在潮濕蔭涼的環境，只有少數種類例外，能在海邊多風、乾燥、多鹽的環境生長良好。

1. 全緣貫眾蕨 *Cyrtomium falcatum*（L.f.）Presl.（鱗毛蕨科）

地生，根莖肥短，直立，密被紅棕色鱗片。一回羽狀複葉，叢生；葉片長 15-40cm，寬 10-20cm，橢圓形或橢圓狀披針形，革質，小葉 6-14，卵狀鐮形，全緣或微波狀緣；葉脈網狀。孢子囊堆散生，孢膜革質，圓形，盾狀著生。

2. 傅氏鳳尾蕨 *Pteris fauriei* Hieron.（鳳尾蕨科）

多年生草本，地生。一回羽狀複葉，叢生；葉長、寬 40-60cm，寬卵狀三角形，羽片 3-9 對，幾無柄（圖 11-21）。孢子囊堆線形，貼近葉緣，幾達葉尖；孢膜線形，寬約 0.1cm，膜質，全緣。本種蕨與其它蕨不同，適應海濱地區的惡劣環境。

11-21 傅氏鳳尾蕨與其他蕨不同，適應海濱地區的惡劣環境。

3. 腎蕨 *Nephrolepis auriculata*（L.）Trimen（篠蕨科）

多年生草本，根莖短小，根下有塊莖呈球形，肉質。葉叢生，直立，葉片長 25-65 cm，羽狀複葉，光滑無毛，羽片多數，無柄，呈覆瓦狀排列，微具鈍鋸齒。耐蔭、耐旱、耐鹽，可作盆栽、室內擺飾，或作綠籬。

4. 木賊 *Equisetum ramosissimum* Desf.（木賊科）

多年生草本植物。根莖黑色，匍匐狀，蔓延甚長。地上莖直立，綠色，中空有節，並有多數縱行溝，表面粗糙，具接節，側枝輪生。葉退化成鱗片輪生於節上。孢子囊穗頂生，由六角形的孢子囊托構成。

參考文獻

· 呂勝由、洪昆源、蔡達全、何坤益 1998 台灣地區濱海型工業區綠化實用圖鑑 經濟部工業局

· 洪丁興、孟傳樓、李遠慶、陳明義 1976 台灣海邊植物（一） 農復會、林務局、中興大學印行

· 洪丁興、孟傳樓、李遠慶、陳明義 1978 台灣海邊植物（二） 農復會、林務局、中興大學印行

· 洪丁興、孟傳樓、李遠慶、陳明義 1981 台灣海邊植物（三） 農復會、林務局、中興大學印行

· 高瑞卿、伍淑惠、張元聰 2010 台灣海濱植物圖鑑 晨星出版社

· Bezona, N., D. Hensley, J. Yogi, J. Tavares, F. Rauch, R. Iwata, M. Kellison, M. Wong and P. Clifford 2009 Salt and Wind Tolerance of Landscape Plants for Hawai'i. Landscape L-13 (revised).

· Hawthorne, L. and S. Maughan 2011 RHS Plants for Places. Dorling Kindersley Ltd., London, UK.

· Mauseth, J. D. 1995 Botany: An Introduction to Plant Biology. Saunders College Publishing, USA.

· Miyamoto, S., I. Martinez, M. Padilla, A. Portillo, and D. Ornelas 2004 Landscape Plant Lists for Salt Tolerance Assessment. Texas A&M University Agricultural Research and Extension Center at El Paso, Texas Agricultural Experiment Station.

第十二章 水生環境的植物

　　能在水中生長的植物，統稱為水生植物。陸生植物為了從土壤中吸收水分和養分，必須有發達的根部；為了支撐植物體，便於輸送養分和水分，必須有強韌的莖；根與莖都有厚的表皮包着，以防止水分的流失。水生植物四周都是水，不需要厚表皮，以減少水分的散失，所以表皮變得極薄，可以直接從水中吸收水分和養分。如此，根就失去原有的功能，所以水生植物的根不發達。有些水生植物的根，功能不在吸收水分和養分，主要是作為固定之用（劉建康，1999）。本章所言之水生植物是指能夠長期或周期性在水中或水分飽和土壤中正常生長的植物，如水蕨、鹵蕨、滿江紅等蕨類及蓮花、浮萍、香蒲等種子植物。

　　景觀界認識的水生植物種類太少，環顧全台公園水池的造景植栽即能管窺全豹：各地水池不但所選所植植物種類相同，且所種植物種類極為稀少。水池能見到的觀賞植物不外乎：荷花、睡蓮、輪傘草（*Cyperus alternifolius* L.），或原產美國南部沼澤的水竹芋（*Thalia dealbata* Fraser）等，甚至連入侵種水生植物也是台灣人造水域常出現的植物，如原產熱帶美洲的大萍（*Pistia stratiotes* Linn.）、人厭槐葉蘋（*Salvinia molesta* D. S. Mitchell）、銅錢草（*Hydrocotyle verticillata* Thunb.）等。

12-01 白水木原是生長在海邊的乾旱地，卻被栽種在花蓮台開開心農場遊憩區的水池邊。

12-02 原生乾旱地區的雞蛋花在台北的內湖公園也栽種成水塘植物。

　　水生或好濕植物，都有特別的形態構造或生理特性，才能在水生環境成活、生長。一般的非水生植物很難在潮濕環境成活及生長良好，很多景觀師顯現其專業訓練不足，胡亂栽種植物。舉例來說，白水木、雞蛋花分別是原生海濱及乾旱地區的植物。白水木卻被栽種在很多庭院和遊憩區的水池邊（圖 12-01）；雞蛋花在台北的內湖公園也栽種成水塘或河岸植物（圖 12-02），看到如此的植栽設計，只能徒呼負負、執筆嘆息。

第一節　淹水對非水生植物的影響

　　低窪、沼澤地帶、河邊，在發生洪水或暴雨之後，常發生淹水。突然的淹水（flooding），淹沒生育地，使地面積水，使土壤過濕，水分處於飽和狀態，土壤含水量超過了田間最大持水量，植物根系完全生長在沼澤化泥漿中，致使植物生育不良。土壤全部空隙充滿水分，植物根部呼吸困難，導致根系吸收水分及礦物養分都受到抑制。由於土壤缺乏氧氣，使土壤中的好氣性細菌（如氨化細菌、硝化細菌和硫細菌等）的正常活動受阻，影響礦質的供應（劉建康，1999）。與此同時，還產生一些有毒的還原產物，如硫化氫和氨等，能直接毒害根部。

　　水分過多使非水生植物生長在缺氧的環境，產生的不利的影響（Robinson, 1987; Spier, 1993）：

1. 對植物形態與生長的損害
　　淹水缺氧可降低植物的生長量，使植物生長矮小；葉片黃化，葉柄偏上生長；淹水逆境下，根部的呼吸作用受阻，使植物根部能量缺乏，根系變得又淺又細，根毛顯著減少。土壤和積水會使旱地作物根系停止生長，然後逐漸變黑、腐爛發臭、逐漸缺氧死亡，很快整個植株枯死。

2. 對植物的代謝之損害

　　淹水會導致土壤中的氧氣缺乏，影響植物的生理代謝。低氧與缺氧將影響養分的吸收、合成與轉運，影響碳水化合物的分配並減產（Robinson, 1987）。淹水會導致土壤空隙被水分填充，並且因氧氣在水中的移動慢，產生缺氧環境，根部轉換成無氧呼吸，能量轉換效率慢。韌皮部的運輸暫緩，葉面累積澱粉，根部碳水化合物的含量降低。

　　面對淹水逆境，早期的植物反應是關閉氣孔，減少水分蒸散作用，降低淨光合作用與氣孔導度。通常伴隨植株傷害、抑制種子發芽和植株生長、促使植株早期衰老。

3. 產生有害毒物

　　淹水會導致植物體內累積毒性物質，如乙烯、酒精與活性氧化物質（Reactive oxygen species, ROS），破壞具有生理功能的酵素、膜磷脂等物質。氮的缺乏和錳的毒性受到淹水逆境的誘發，這是因為淹水會導致 NO_3^- 的脫硝反應以及植物可吸收的 Mn_2^+ 的增加（劉建康，1999）。

第二節　水生植物的特性

1. 葉片柔軟而透明，有的成為絲狀

　　葉片柔軟而透明和金魚藻的絲狀葉，都可增加與水的接觸面積，使葉片能最大限度地得到水中微弱的光照，和吸收水中溶解的二氧化碳，保證光合作用能正常進行。

2. 具有很發達的通氣組織

　　很多植物利用胞間空隙系統把地上部吸收的 O_2 輸入到根或者缺氧的部位。水生植物抗淹水的機理主要是依靠發達的胞間空隙系統，據推算水生植

物的胞間空隙約占地上部總體積的 70%，而陸生植物細胞間隙體積則僅占 20%。如荷的葉柄和藕中有很多通氣道，彼此貫穿形成為一個輸送氣體的通道網（Tomlinson, 1994）。在不含氧氣或氧氣缺乏的汙泥中，仍可以生存下來。通氣組織還可以增加浮力，對水生植物也非常有利。

3. 機械組織不發達

　　由於長期適應於水環境，生活在靜水或流動很慢的水體中的植物莖內的機械組織幾乎完全消失。根系的發育非常微弱，在有的情況下幾乎沒有根，主要是水中的葉代替了根的吸收功能，如狐尾藻。

4. 水生植物常進行無性繁殖

　　如常見的浮萍、布袋蓮等，以無性繁殖擴展族群，短期間即能占據大面積水域。有些植物即使不能無性繁殖，也依靠水授粉，如苦草（*Vallisneria spiralis* L.）。

第三節　水生植物的類別

　　以在水中分布狀況劃分，水生植物可再細分為沉水性水生植物、浮葉性水生植物、挺水性水生植物及漂浮性水生植物等四類（如朱尚志和錢萍，2003）。廣義的水生植物還包括沼生植物與濕生植物（Chatto, 1996）。

1. 沉水性植物

　　沉水植物（submerged plants）是指植物體根莖生淤泥中，整個植株沉入水中，全部位於水層下面生存的水生植物。沉水植物具發達的通氣組織，有利於在水中缺乏空氣的情況下進行氣體交換。植物體表皮細胞沒有角質或蠟質層，能直接吸收水分和溶於水中的氧和其他營養物質。葉多為狹長或絲狀，

在水下弱光的條件下也能正常行光合作用。植物體長期沉沒在水下，僅在開花時花柄、花朵才露出水面。如金魚藻、車輪藻、狸藻等。大部分的種類一生完全在水中度過，僅授粉在水面進行，無性繁殖占優勢。沉水植物在濕生演替上，屬於先鋒物種。

2. 浮葉性植物

　　浮葉植物（floating leaved plants）也稱浮水植物，生於淺水中，葉浮在水面上。通常花大，色豔。根狀莖發達，固定在水底的泥土裡，葉下有極長的葉柄，葉片平貼在水面，通常呈寬大的圓形或橢圓形，氣孔多生於葉片的上表面。有些浮葉性植物也會長出沉水葉。有的種類根狀莖埋生於水底泥中，而葉片漂浮水面，如王蓮、睡蓮、荇菜、台灣萍蓬草等；有的是根生於水底泥中，莖細長，抽出水面，水面上莖的節間縮短，浮水葉密集於莖的頂端，葉柄具氣囊，如菱等。

3. 飄浮性質植物

　　漂浮植物（floating plants）又稱完全漂浮植物，植株的根短，無法固著於泥中，植物體漂浮於水面之上，隨波逐流、四處漂泊。這類植物體內具有發達的通氣組織，或具有膨大的葉柄（氣囊），如槐葉萍（*Salvinia natans*（L.）All.）、浮萍、布袋蓮（鳳眼蓮）等。漂浮植物一般生長速度很快，能快速地覆蓋水面，抑制水體中其他植物如藻類的生長。但有些漂浮植物生長、繁衍得特別迅速，成為水中的入侵種類，如大萍（又稱水芙蓉、水蓮、水葫蘆 *Pistia stratiotes* Linn.）、人厭槐葉蘋（*Salvinia molesta* D. S. Mitchell）等。

4. 挺水性植物

　　挺水植物（emerged plants）指下部根、根莖生長在水的底泥之中，上部莖、葉挺出水面的植物。植物體通常生長在水邊或水深 0-1.5m 的淺水區，由於根或地下莖生長在泥土中，通常有發達的通氣組織。挺水植物通常植株較上述三種類型植物高大，植物體大部分挺立水面，花色豔麗，絕大多數有莖、葉

之分。花多數在水面上開放，少數則在水中以「閉鎖授粉」的方式，受精結實。常見的挺水植物有：蘆葦、香蒲、荸薺、菰（茭白）等。有一些挺水植物具有兩型葉，能在水面下長沉水葉，形狀、大小與水面上的葉片不太一樣，能適應水面上與水面下兩種環境。

5. 沼澤（水緣）植物

　　沼澤是指土壤經常為水飽和，地表長期或暫時積水，有泥炭累積或潛育層存在的生育地。沼澤的地表要有薄層積水或經常過濕，屬於地表過濕和土壤通氣不良的生境條件，生長有濕生或護水緣的高等植物，多為多年生植物，生活及形態屬於水中植物和陸上植物的中間型，適應水分條件的變化（Chatto, 1996）。沼澤植物（marsh plants）常具有通氣組織和呼吸根，能在缺乏氧氣的沼澤中生長，如落羽杉、水丁香（水龍）、許多莎草科植物等，生長於河海之交的紅樹林植物也可歸類在廣義的沼澤植物中。

6. 濕土（喜濕）植物

　　生長在水池或小溪邊沿濕潤的土壤的植物，但是根部不能浸沒在水中。喜濕性植物（hygrophilous plants）不是真正的水生植物，只是喜歡生長住有水的地方，根部只有在長期保持濕潤的情況下，才能旺盛生長。濕土植物，生長於平地潮濕處、山地邊緣滲水處、農田或沼澤和旱地的過渡帶。常見的植物有玉簪類和柳樹類等。

第四節　常見的水生觀賞植物

一、沉水植物

　　植物體完全沉浸在水中生長，較常見沉水植物如下：

1. 金魚藻 *Ceratophyllum demersum* L.（金魚藻科）

沉水植物，全株都在水面以下生存。莖長可達 1m，上輪生著綠色的線狀葉（圖 12-03）。花單性，很小。分布溫帶和熱帶的池塘、沼澤和平靜的溪流中。金魚藻分泌對藻類植物有毒的物質，可以抑制藻類的生長。

12-03 金魚藻是普遍栽種的沉水植物。

2. 狸藻 *Utricularia* spp.（狸藻科）

狸藻屬水生草本，一般都成片生長在濕地、池塘甚至是熱帶雨林長滿苔蘚的樹幹上。植物體具有可活動囊狀捕蟲結構的小型食蟲植物，能將小生物吸入囊中，並消化吸收。有黃花狸藻（*Utricularia aurea* Lour.）、南方狸藻（*Utricularia australis* R. Br.）、挖耳草（*Utricularia bifida* L.）等。

二、漂浮植物

植物根極短，植物體隨水流四處漂行。

1. 槐葉萍 *Salvinia natans*（L.）All.（槐葉萍科）

槐葉萍根莖細長，其每節上長出 3 片葉子，輪生，2 枚浮水葉，1 枚沈水葉，呈鬚根狀。浮水葉排成二列類似槐葉狀（圖 12-04），卵形或橢圓形，其表面具有無數小突起。孢子囊果群生於沈水葉的基部。分布在池塘、水田等環境。

12-04 槐葉萍是漂浮的蕨類植物。

2. 大萍 *Pistia stratiotes* L.（天南星科）

大萍繁殖能力非常驚人，往往在有限的栽植空間裡，占去大部分的水面，妨礙其他水生植物的生長，是一種入侵植物。原產熱帶美洲，生長於不流動

的溝渠、河流、池塘、稻田、湖沼濕地。盡量不要在野地栽植。

3. 滿江紅 *Azolla pinnata* R.Br.（滿江紅科）

水生漂浮植物。植株呈三角形，不超過1cm寬。葉二列互生，葉片裂成上下瓣，上裂片浮水，可行光合作用，內具空腔，有藍綠藻（*Anabaena azollae*）共生（圖 12-05）；下裂片膜質，沉水。廣泛分布於非洲及亞洲各地。在有滿江紅的水田，因滿江紅能和其共生的藻類（藍綠藻）產生氮肥，會使水稻生長更旺盛。

12-05 滿江紅冬季變紅，能和其共生的藻類（藍綠藻）產生氮肥。

4. 袋蓮 *Eichhornia crassipes*（Mart.）Solms（雨久花科）

又名鳳眼蓮。多年生草本，漂浮水面，可藉由走莖繁殖新的植株。浮於水面之葉柄常膨大如氣囊狀。花期夏至秋季，總狀花序有花約 15 朵，花淡紫色至藍紫色。原產巴西，已傳布全世界。

三、浮水植物

植物根、塊莖、地下莖，定著在水底的泥土中，植物體固定在定點的浮水觀賞植物有以下幾種：

1. 萍蓬草類 *Nuphar* spp.（睡蓮科）

約有 25 種，初夏時開放，是夏季水景園中極為重要的觀賞植物。多年生草本植物，是浮葉性水生植物。葉長橢圓形或闊卵形，浮於水。花單出，花色金黃，適於大型水盆或水池栽培。

2. 蓴 *Brasenia schreberi* Gmel.（蓴菜科）

多年生草本，水生，根莖長約 1m 以上。葉片卵形至橢圓形，上表面綠色，

有光澤，下表面紫色（圖 12-06）。花單出，小型。原產北美洲東部、亞洲及澳洲東部，可做水生綠化植物用。

12-06 葉片卵形至橢圓形的蓴菜，可做水生綠化植物用。

3. 小莕菜 *Nymphoides coreana*（Lev.）Hara（睡菜科）

多年生水生草本植物。葉漂浮於水面上，卵狀心形至圓形，有一缺口。花冠裂片白色，花瓣緣絲狀。原產中國、日本、韓國、琉球，花形特殊，是很受歡迎的水生植物。

4. 莕菜 *Nymphoides peltatum*（Gmel.）O. Kuntze.（睡菜科）

淺水性浮水植物，莖細長柔軟，節上生根。葉卵形，表面綠色，邊緣具紫黑色斑塊，背面紫色，基部深裂成心形。鮮黃色花朵挺出水面，花多且花期長（圖 12-07）。原產中國，分布廣泛，從溫帶的歐洲到亞洲的印度、日本、朝鮮半島等地區都有分布，常生長在池塘邊緣，用來綠化水面。

12-07 淺水性浮水植物莕菜夏季開黃花，是優良的水池觀賞植物。

5. 眼子菜 *Potamogeton octandrus* Poir.（眼子菜科）

多年生水生草本植物，浮生葉略帶革質，披針形或披針狀卵形（圖 12-08）。穗狀花序，花被 4 片，綠色。分布在中國東北、華北、西北、西南、華中、華東各省區，只生長在乾淨的流動水域。

6. 荷 *Nelumbo nucifera* Gaertn.（蓮科）

12-08 眼子菜只生長在流動水域，其浮水葉形態優雅，極具觀賞價值。

7. 睡蓮 *Nymphaea tetragona* Georgi（睡蓮科）

8. 菱 *Trapa bispinosa* Roxb. var. *iinumai* Nakano（菱科）

四、挺水植物和沼澤植物

　　生長在池畔、河岸等水位較淺，根長在水中或泥土上，但植物體大部分挺出水面。挺水植物和沼澤植物以草本植物為主，具景觀價值者，有以下幾種：

1. 鹵蕨 *Acrostichum aureum* L.（鐵線蕨科）

　　莖粗大直立，具肉質狀粗大之根。葉叢生，高可達 2m 以上。葉片長 50-150cm，一回羽狀複葉，厚革質；羽片長橢圓形（圖 12-09）。泛生於世界熱帶地區之河口環境，植株粗大，適合作園林造景用。

12-09 鹵蕨是適合栽植在河水、池塘邊沼澤地的高大蕨類。

2. 南國田字草 *Marsilea crenata* Presl.（蘋科）

　　多年生草本蕨類，根狀莖匍匐泥中，繁茂甚快，速成群落。小葉 4 片，十字形對生，倒三角狀扇形。原產臺灣、中國大陸、日本、沖繩及南洋各地濕地、沼澤、水田多見，可作水生綠化植物用。

3. 三白草 *Saururus chinensis*（Lour.）Bail.（三白草科）

　　多年生草本植物，高 30-100cm。葉片卵形或卵狀橢圓形，基部心形或耳形。總狀花序，花序具 2-3 片乳白色葉狀總苞；花小，無花被。快開花時，上面的葉片有二或三片變白，因此稱為三白草（圖 12-10）。原產中國、韓國、日本、琉球、菲律賓、中南半島、印度。生長在池澤、水田、溝渠等各類濕地。

12-10 三白草可種植在池澤、水田、溝渠等濕地。

4. 紅蓼 *Polygonum orientale* L.（蓼科）

多年生挺水草本植物，高 100-180cm。葉卵形至卵狀披針形，有柄。穗狀花序頂生，花粉紅至紫紅色。原產台灣、中國、日本、印度、馬來西亞、澳洲、歐洲，廢耕水田、溝岸邊、池畔及沿海濕地，是綠化、美化庭園的優良草本植物。

5. 澤瀉 *Alisma canaliculatum* A. Braun & Bouche.（澤瀉科）

多年生沼生草本植物。葉基生，長橢圓形至廣卵形，葉脈 5-7 條；有長柄。花集成輪生狀圓錐花序；花瓣 3，白色。原產中國、蒙古、蘇俄、日本、琉球、印度北部。生於沼澤或溝渠中，園藝栽培，常植於水池中當造景植物。

6. 圓葉澤瀉 *Caldesia grandis* Samuel.（澤瀉科）

挺水型多年生草本植物。葉由基部直立叢生，有長柄，扁圓形（圖 12-11）。圓錐花序，花瓣 3 枚白色。原產熱帶亞洲及東亞，如中國大陸長江以南，海南島，日本，印度等地區均有分布，園藝水生池造景常用植物。

12-11 圓葉澤瀉為挺水型多年生草本，造型美，是水池造景常用植物。

7. 水芋；野慈菇 *Sagittaria trifolia* L.（澤瀉科）

8. 芋 *Colocasia esculenta*（L.）Schott（天南星科）

9. 燈心草 *Juncus effusus* L.var. *decipiens* Buchen.（燈心草科）

10. 大甲藺；藺草；蒲草 *Schoenoplectus triqueter*（L.）Palla（莎草科）

11. 莞 *Schoenoplectus validus*（Vahl.）Koyama（莎草科）

12. 荸薺 *Eleocharis aulcis*（Burm. f.）Trinius（莎草科）

13. 菰；茭白 *Zizania latibolia*（Griseb.）Stapf.（禾本科）

14. 蘆葦 *Phragmites communis*（L.）Trin.（禾本科）

15. 香蒲 *Typha orientalis* Presl.（香蒲科）

16. **薑花** *Zingiber zerumbet*（L.）Sm.（薑科）
17. **田蔥** *Philydrum languginosum* Banks & Sol.（田蔥科）
18. **水蕨** *Ceratopteris thalictroides*（L.）Brongn.（水蕨科）

以下濕土植物，也能種植在淺水中，當作沼澤植物栽植。

1. **落羽杉** *Taxodium distichum*（L.）Rich.（杉科）
2. **穗花棋盤腳** *Barringtonia racemosa*（L.）Blume *ex* DC.（玉蕊科）
3. **風箱樹** *Cephalanthus naucleioides* DC.（茜草科）

五、 濕土植物

喜好潮濕生育地，生長期中至少有乾燥期，或離水面有一定距離（Robinson, 1987）。包括蘆竹、風箱樹、紅樹林樹種，及垂柳、水柳、落羽杉、水杉、水松等。

1. 落羽杉 *Taxodium distichum*（L.）Rich.（杉科）

落葉大喬木，樹幹周圍有瘤狀或膝蓋狀的呼吸根。葉柔細，鮮綠色，線形葉多生長於短枝上，冬季時小枝與葉同時脫落，將落的葉片會轉成橙褐色（圖 12-12）。原產北美濕地沼澤地，樹形優美常被種植為庭園造景樹及行道樹。

12-12 落羽珊屬落葉喬木，樹形優美但宜栽植在淺水中或水邊沼澤地。

2. 水杉 *Metasequoia glyptostroboides* Hu *et* Cheng（杉科）

落葉喬木，中國特產的孑遺珍貴樹種，高可達 35m。幼樹樹冠尖塔形，老樹則為廣圓頭形。葉扁平條形，對生，排成兩列，羽狀；冬季與側生無芽的小枝一起脫落。原產中國四川、湖北、湖南三省邊境的一個小範圍內，是極佳的園景植物。

3. 穗花棋盤腳 *Barringtonia racemose*（L.）Blume *ex* DC.（玉蕊科）

常綠喬木，枝下垂。葉長橢圓狀倒卵形，基部尖至圓，先端短漸尖，長達 22-35cm。穗狀花序下垂，長達 20-80cm；花淡綠或淡玫瑰色。果卵形長橢圓狀，具不明顯四稜。原產亞洲熱帶、非洲、澳大利亞及太平洋島嶼上、台灣。枝葉密，耐鹽分，常栽植於海濱地區，作為防風林用；有時被栽種在庭園水池中，作為綠化植栽（圖 2-13）。

12-13 穗花棋盤腳耐鹽、耐水，常栽植於海濱地區作為綠化植栽，也能長在淺水中。

4. 風箱樹 *Cephalanthus naucleioides* DC.（茜草科）

落葉性小灌木，高 1-3m。葉對生或 3 枚輪生，革質，卵形或橢圓形，柄紅色。頭狀花序，徑約 3cm；花多數，花小，先端 4 裂，白色，具香味（圖 12-14）。果實為聚合果。原產中國南部、印度、緬甸及台灣。是先民重要的護堤植物，用以穩定堤岸防止崩塌和侵蝕。

12-14 風箱樹是重要的護堤植物，也能長在淺水中。

5. 垂柳 *Salix babylonica* L.（楊柳科）
6. 水柳 *Salix warburgii* O. Seem.（楊柳科）

紅樹林（mangrove）樹種也屬於濕土植物（薛美莉，1995；林鵬，1997）：欖李（*Lumnitzera racemosa* Willd.）（使君子科）、水筆仔（*Kandelia candel*（L.）Druce）（紅樹科）、五梨跤（*Rhizophora mucronata* Lam.）（紅樹科）、海茄冬（*Avicennia marina*（Forsk）Vierh）（馬鞭草科）。

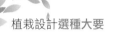

參考文獻

- 李松柏 2007 台灣水生植物圖鑑 台北晨星出版有限公司
- 李尚志、錢 萍 2003 現代水生花卉 廣東科技出版社
- 林鵬 1997 中國紅樹林生態系 北京科學出版社
- 林春吉 2002 台灣水生植物 一、二冊 台北田野影像出版社
- 喻勛林、曹鐵如 2005 水生觀賞植物 北京中國建築工業出版社
- 薛美莉 1995 消失中的濕地森林：記台灣的紅樹林 台灣省特有生物研究保育中心
- 劉建康 1999 高級水生生物學 北京科學出版社

- Chatto, B. 1996 The Damp Garden. Sagapress, Inc., New York, USA.
- Robinson, P. 1987 Pool and Waterside Gardening. The Hamlyn Publishing Group Ltd., London, UK.
- Spier, C. 1993 For Your Garden: Water Gardens. Michael Friedman Publishing Group, Inc., New York, USA.
- Swindells, P. 1984 The Water Gardener's Handbook. Croom Helm Ltd., London & Sydney, UK & Australia.
- Tomlinson, P. B. 1994 The Botany of Mangroves. Cambridge University Press, UK.

第十三章　耐乾旱、貧瘠環境的植物

　　耐旱植物是指在乾旱地區能保持植物體內水分，以特化的形態構造或生理機能去適應環境，維持生存的植物（王勛陵和馬驥，1999）。植物的耐旱能力主要表現在其對細胞滲透勢的調節和細胞膨壓的維持能力上。在乾旱時，細胞會增加可溶性物質或肉質化（如莖）來改變其滲透勢、調節膨壓，增強細胞壁組織彈性，以避免植物細胞和組織脫水（王鎖民等，2007）。耐旱型植物，經一段乾燥期，植物體內水分可能迅速蒸騰散失，全株呈風乾狀態，但原生質並未乾涸，而是處於休眠狀態。有些種類甚至能忍受風乾數年之久，一旦獲得水分，立即恢復積極的生命活動。如卷柏（*Selaginella tamariscina* (Beauv.) Spring）和極少數岩壁上著生的植物。

　　耐貧瘠植物是指對土質要求不嚴，能以特殊生態機能生存在土層較淺薄、結構不良、肥力低、有機質少的土壤上，包括重黏土、重砂土和砂礫土。如海濱沙地、乾旱的黃土、新的河水沖積地等。在此貧瘠、結構不良的土壤中，植物不但能夠成活，而且生長良好，就必須具備特殊的機制及生理機能。

　　高雄月世界以其荒涼為景觀特色，整個區域由青灰岩化育而成。所謂的青灰岩就是泥岩。由於泥岩本身顆粒非常細小，顆粒間的膠結又十分疏鬆，透水性又差，無法涵養水分，屬於乾旱、貧瘠的土壤環境（圖 13-01）。因為氣候乾燥，能生存或生長良好的植物多屬於耐乾旱、耐貧瘠植物。尤其是稜線，受強風直接吹襲，土壤化育不易，保水力差，屬於既乾燥又貧瘠的環境，只有少數種類植物能在此類生育地生長。為適應環境，稜線上的大部分植物植株顯得低矮，葉片小型且厚實。

13-01 高雄月世界以其荒涼為景觀特色，屬於乾旱、貧瘠的土壤環境。

左上：13-02 月世界風景區大量栽植色彩鮮艷的九重葛等花木，不但生長不良，和周圍荒涼的景物極不協調。
中：13-03 鮮豔的馬櫻丹和荒涼月世界景觀的對比。
右上：13-04 大都數植物在月世界及周圍的生育地都生長不良、樹勢衰弱甚或無法成活。
左下：13-05 大都數植物無法在月世界生長，僅少數樹種如圖右方之菲律賓紫檀等，不受乾旱貧瘠土壤條件的影響。

　　月世界風景區的管理單位為美化綠化風景區，大量栽植九重葛、馬櫻丹、仙丹花、朱槿、日日櫻、彩葉山漆莖、變葉木等色彩繽紛的觀賞植物（圖 13-02、13-03）；也栽種黑板樹、木棉、小葉欖仁、火焰木、美人樹等都市常見的行道及庭園樹種，全部植物共 105 種左右。大都數種類在月世界及周圍的生育地都生長不良、樹勢衰弱（圖 13-04），僅少數樹種如羊蹄甲、阿勃勒、水黃皮、菲律賓紫檀等，生機旺盛，毫不受乾旱貧瘠土壤條件的影響（圖 13-05）。此無他，這些少數生長生長較好的樹種都是耐乾旱、貧瘠的固氮樹種。

第一節　乾旱和土壤貧瘠化現象

　　乾旱指某一地區長期無雨或高溫少雨，空氣及土壤均缺乏水分。植物若久旱不雨，體內水分大量缺乏，會導致生長發育不良，甚而乾枯死亡。乾旱

可分為連續性乾旱、季節性乾旱和突發性乾旱三類。連續不斷的乾旱使地面成為沙漠，沙漠極少降水。季節性乾旱指半乾旱或半溼潤氣候區，具有短促的、狀況多變的溼季，其他季節即為乾季。季節性乾旱有降雨集中在夏季炎熱的季節之冬乾型氣候，如非洲蘇丹 - 薩赫勒地區、亞洲泰國北部高原等地；降雨主要在冬季、夏季乾旱的氣候屬地中海型氣候，如美國加州、南非、澳洲西部和南部地區。在一些溼潤地區，有時候雨量的不正常年變化或季節變化也會造成乾旱的發生，屬於突發性乾旱。無論是何種乾旱類型，都只有耐旱植物才能生存。

土壤貧瘠化（Soil Degeneration）又稱土壤退化，指土壤物理、化學和生物特性劣化之意。即土壤機質含量下降，營養元素缺乏，而土壤結構破壞，土壤被侵蝕，土層變薄，土壤發生酸化、沙質化等，都是土壤貧瘠化或土壤退化的原因（Buol *et al.*, 2002）。土壤的貧瘠最主要是土壤礦物養分消失，土壤肥力明顯減退，植物體需要的營養不能充分的攝取，無法供應植物生命足夠的能量，植物生長不良甚或死亡。

第二節　植物的耐旱耐瘠機制

耐旱性植物能够忍受長時期的水分缺乏，如原產乾旱或半乾旱地區的仙人掌類、景天科植物等，常具有在乾旱季節休眠的特性。雨季來臨時，植物體能迅速吸收水分重新生長，並開花結實。枝葉根系形態變化等結構與生理上的特性，使這類植物具有驚人的抗旱能力。有些植物以特殊的生理機制適應乾旱又貧瘠土壤的不利環境（王鎖民等，2007）。

1. 以葉來貯存水分

景天科植物大部分以葉來貯存水分，如落地生根（*Bryophyllum pinnatum*（Lam.）Kurz）、燈籠草（*Kalanchoe* spp.）、風車草（*Graptopetalum paraguayense*（N.

E. Br.）Walth.）等。番杏科的石頭草 （又稱生石花 *Lithops* spp.），更是把此功能發揮到極致，兩片連在一起的葉子，酷似石頭。

2. 葉面減少或退化

分布於草原、沙漠的植物，能由極端乾旱的環境中吸取水分，並減少水分蒸散（周智彬和李培華，2002）。

3. 以休眠度過乾旱時期

在沙漠中有些植物會在短暫的雨季中萌發，在水分足夠時生長、開花並生成種子。休眠種子則可度過乾旱時期，等待下一次雨季萌發。此種短生植物並未經歷逆境，稱為逆境逃脫者（stress escapers）。

4. 耐旱耐瘠機制

植物根部具菌根菌、根瘤菌。土壤中有些微生物能進入高等植物（維管植物）根的組織中與根共生，這種共生現象有兩種類型，即根瘤（root nodule）和菌根（Slonczewski and Foster, 2009）。根瘤菌在根皮層中繁殖，刺激皮層細胞分裂，導致根組織膨大突出形成根瘤。根瘤菌能把空氣中游離的氮轉變為植物能利用的含氮化合物，這就是固氮作用。能固氮的植物可以創造土壤肥力、增加土壤有機質，並改善土壤的物理性狀（Postgate, 1998）。菌根（*mycorrhiza*）指的是高等植物（維管植物）的根與真菌組成的共生關係體。真菌菌絲表面積更大，菌絲更細更長，能夠獲取更遠區域的礦質元素提供給共生的維管束植物，提高植物的礦物及水分的吸收容量 （Harley and Smith,1983）。有菌根菌、根瘤菌共生的高等植物（維管植物）多耐旱、耐瘠（Slonczewski and Foster, 2009）。

第三節　菌根菌與植物的耐旱耐瘠

　　菌根（*mycorrhiza*）指的是維管束植物（宿主）的根與真菌組成的共生關係體。菌根可分為外生菌根（ectomycorrhizas）和內生菌根（endomycorrhizas）兩大類：外生菌根的菌絲不會穿透植物根部細胞，而內生菌根的菌絲會穿透植物細胞的細胞壁，並進入其細胞內部或細胞膜中（Allen, 1991; Slonczewski and Foster, 2009）。內生菌根如杜鵑花類（ericoid）、和蘭科（orchid）菌根。

　　外生菌根（Ectomycorrhizas，或簡稱 EcM）通常形成於約 10% 的植物科中，形成外生菌根的植物一般都是木本植物，如樺木科的樺樹、龍腦香科的龍腦香、桃金孃科的桉樹、殼斗科的麻櫟、松科的松樹等。有些真菌只能與某一特定植物形成共生體，有些真菌則能與許多不同種類的植物形成菌根。一棵樹可能同時會和至少 15 種外生菌根真菌形成菌根（Allen, 1991）。在根外，外生菌根表生菌絲會在土壤和植物碎屑之間形成巨大的網絡，營養物質可以經由真菌網絡在不同的植物間進行傳遞。

　　菌根的互利共生關係是，宿主植物提供菌根真菌水分和碳水化合物，如葡萄糖和蔗糖。同時，宿主植物得益於真菌菌絲體對水和礦物質的更高吸收容量。真菌菌絲表面積更大，菌絲更細更長，能夠獲取更遠區域的礦質元素提供給宿主植物，提高宿主植物的礦物吸收容量。在黏土質或極端 pH 的土壤中，大（常）量營養素磷酸根和微量營養素鐵一般較難轉移，但是菌根真菌的菌絲體能夠貯存大量該類營養素，並提供給宿主植物（Harley and Smith, 1983）。大多數松類植物因有外生菌根，才能夠在貧瘠的土地上生存。

第四節　根瘤與植物的耐旱耐瘠

　　分子態氮約占空氣成分的 80%，但絕大多數的植物只能從土壤中吸收結合態氮，用來合成自身的含氮化合物（如蛋白質等）。根瘤菌進入植物的根

中並形成根瘤以後，才能大量地固定空氣中的游離氮素，轉變為氨及氨化合物。意即分子態氮必須經過根瘤菌體內固氮酶的催化作用才能轉化成氨和氨的化合物，將這些化合物供給豆類植物吸收利用，另一方面根瘤菌又從豆類植物的體內吸取碳水化合物和無機鹽以維持生命活動。根瘤菌所製造的一部分物質還可以從共生植物的根部分解到土壤中，為其它非共生植物的根所利用，具有改善土壤的功能（Sprent, 2009）。

根據根瘤中共生菌的種類，可將根瘤分成 3 大類：根瘤菌根瘤、藍細菌根瘤、放線菌根瘤。根瘤菌（*Rhizobium* spp.）根瘤主要存在於豆類（科）植物；放線菌（*Frankia* spp.）根瘤主要存在非豆科的木本植物，如楊梅科、樺木科赤楊屬、胡頹子科、木麻黃科植物；藍細菌根瘤僅存在蘇鐵科、羅漢松科等極少數植物。其中豆類（科）植物體內根瘤菌的固氮量占生物固氮總量的 55%左右（Sprent, 2009）。

第五節　含根瘤菌的植物

根瘤菌主要指與豆類（科）植物根部共生形成根瘤並能固氮的細菌。根瘤菌侵入宿主根內，刺激根部皮層和中柱鞘的某些細胞，引起這些細胞的強烈生長，使根的局部膨大形成根瘤。根瘤菌生活在根內，植物供給根瘤菌礦物養料和能源；根瘤菌則固定大氣中游離氮氣，為植物提供氮素養料，能改善土壤。有根瘤共生的植物大多耐旱、耐瘠。

A. 豆類（科）植物

豆類（科）植物（legumes）能在缺乏氮素的土壤中生長，完全是依靠著能與根瘤菌（*Rhizobium* spp.）共生（圖 13-06）。這種特性，對植物在惡劣境地生存具有重要的生態學意義。貧瘠乾旱的土壤，豆類（科）植物比其他植物更

能適應。栽植豆類（科）植物可以使土地保持
肥沃，作物生長的更好。豆類（科）植物可分
成 3 科（含羞草科、蘇木科、蝶形花科），或
3 亞科（含羞草亞科、蘇木亞科、蝶形花亞科）。

13-06 豆類植物的根有根瘤以後，才能
固定空氣中的游離氮轉變為氮肥。

一、喬木類

1. 合歡 *Albizia julibrissin* Durazz.（含羞草科）

　　落葉中或小喬木，高可達 10m。偶數 2 回羽狀複葉，羽片 10-14 對，小葉
20-50。頭狀花序，開淡紅色或粉紅色花；花於夜暮前開放。原產中國大陸大
部分地區，日本、朝鮮、印度、非洲各地均有分布，是常見的行道樹及園景
樹種，五、六月開花。

2. 大葉合歡 *Albizia lebbeck*（Willd.）Benth.（含羞草科）

　　落葉大喬木，高可達 20m。偶數羽狀複葉，葉片 4-10 對，小葉 6-10 對。
頭狀花序，春夏季開花，花淡黃綠色，有濃郁的香味。原產熱帶亞洲、非洲
及澳洲北部。樹冠濃密，可為園林樹及行道樹。

3. 雨豆樹 *Samania saman* Merr.（含羞草科）

　　落葉大喬木，株高可達 20m；樹冠傘形，冠幅可達 15m。二回羽狀複葉
互生，羽片 2-5 對，小葉 2-8 對。頭狀花序，淡紅色。原產熱帶美洲、西印度。
樹冠樹形優美，作為庭園綠蔭樹、行道樹用。

4. 阿勃勒 *Cassia fistula* L.（蘇木科）

　　落葉性大喬木，株高 10-20m。花期在夏季，
下垂總狀花序，花金黃色（圖 13-07）。莢果長
圓筒形，不開裂。原產於南亞南部，巴基斯坦
到印度及緬甸，是優良的庭園樹和行道樹種。

13-07 阿勃勒是固氮樹種，夏季開金黃
色花，是優良的庭園樹和行道樹。

5. 洋紫荊 *Bauhinia purpurea* L.（蘇木科）

落葉喬木。葉馬蹄形，有時心形，先端裂片鈍形或有時銳形。繖房花序腋生或頂生，花淡紅色（圖 13-08）。原產印度、斯里蘭卡，為良好之庭園樹、行道樹。

13-08 洋紫荊也是固氮樹種，花淡紅色，為栽植普遍之庭園樹、行道樹。

6. 羊蹄甲 *Bauhinia variegata* L.（蘇木科）

落葉小喬木，株高 4-6m。葉片像羊蹄，葉端鈍而圓。花色粉紅。果實豆莢狀。原產印度，是庭園常見的觀賞花木，常用作行道樹、園景樹、圍牆外籬樹。

7. 艷紫荊 *Bauhinia x blakeana* Dunn.（蘇木科）

常綠喬木，枝條略下垂。葉寬卵形至圓形，先端二裂 1／4 至 1／3，先端圓形。花紫紅色。不結實。庭園、行道樹的優良樹種。

8. 刺桐 *Erythrina variegata* L.var.*orientalis*（L.）Merr.（蝶形花科）

落葉性的大喬木，枝幹有刺，易落。三出複葉，葉柄基部有腺體一對。總狀花序，開花時幾乎無葉片，花常密生，花鮮紅色。原產印度、馬來西亞、波里尼西亞。原生於南台灣及蘭嶼、綠島。花美麗，可栽作觀賞樹木，各地栽植為行道樹、公園綠蔭及校園綠樹。

9. 珊瑚刺桐 *Erythrina corallodendron* L.（蝶形花科）

落葉小喬木或大灌木，高可達 3-6m，樹幹上有顆粒狀的瘤刺。三出葉，小葉菱形。花為頂生總狀花序，花鮮紅色。原產熱帶美洲（西印度），作庭園美化添景樹，亦可供盆栽、行道樹。

10. 雞冠刺桐 *Erythrina crista-galli* L.（蝶形花科）

落葉小喬木，高約 3-10m，枝有刺，老就會脫落。羽狀複葉。總狀花序，

花朱紅色，旗瓣開展。原產南美巴西，作庭園美化添景樹，亦可供盆栽、行道樹。

11. 菲律賓紫檀 *Pterocarpus vidalianus* Rolfe（蝶形花科）

　　落葉大喬木，高約 20m。葉為奇數羽狀複葉，小葉 5-12 枚。總狀花序，花黃色，充滿香氣，春至夏季開花。莢果圓盤狀，外緣有一圈平展的翅。原產菲律賓及琉球，常栽植為景觀樹、行道樹。

12. 槐樹 *Sophora japonica* L.（蝶形花科）

　　落葉喬木，株高可達 25m。羽狀複葉，小葉 7-15。圓錐花序頂生，花黃白色。莢果，念珠狀。原產中國北方，樹冠優美，花芳香，自古以來槐樹就是優良的庭園樹和行道樹。

13. 水黃皮 *Pongamia pinnata*（L）Pierre.（蝶形花科）

二、灌木類

1. 粉撲花 *Calliandra surinamensis* Benth.（含羞草科）

　　又稱蘇利南合歡、粉紅合歡。落葉灌木或小喬木，樹形如反撐的傘。二回羽狀複葉，羽片一對，小葉 8-12 對。圓球狀的花序，花粉紅色，甚鮮豔。原產美洲熱帶、南美巴西、蘇利南島，樹形美麗，花色鮮豔，適合庭園觀賞用。

2. 紅粉撲花 *Calliandra haematocephala* Hassk.（含羞草科）

　　又稱美洲合歡。落葉灌木，株高 2-4m。二回偶數羽狀複葉，小葉 7-10 對。花冠呈圓球形，花呈血紅色，夏至秋季開花。原產巴西、模里西斯，現廣植於熱帶及亞熱帶地區，庭園觀賞、綠籬。

3. 黃蝴蝶 *Caesalpinia pulcherrima*（L.）Swartz（蘇木科）

4. 黃槐 *Cassia surattensis* Burm.f.（蘇木科）

B. 其他具根瘤的非豆類（科）植物

　　自然界上，除豆類（科）植物外，還有非豆類（科）的幾十個屬 100 多種植物，如赤楊根部具有根瘤。能固氮，耐瘠薄，增加土壤肥力。這類非豆科植物，具有放線菌（*Frankia spp.*）（圖 13-09）。另一類是與滿江紅等水生蕨類植物或羅漢松等裸子植物共生的藍藻或藍細菌根瘤等。

13-09 除豆類（科）植物外，還有非豆類的少數植物如赤楊根部有根瘤。

一、喬木類

1. 羅漢松 *Podocarpus macrophyllus*（Thunb.）Sweet（羅漢松科）

　　常綠喬木，小枝多。葉螺旋排列；葉線形或狹披針形，葉基銳形。種子球形，種托膨大，呈紅色。原產中國大陸西南各省、日本及琉球，可作庭園觀賞樹木，機關、學校、庭園及寺廟多栽植為庭園樹。

2. 蘭嶼羅漢松 *Podocarpus costalis* Presl.（羅漢松科）

3. 楊梅 *Myrica rubra* S. *et* Z.（楊梅科）

　　常綠喬木。葉密生枝端，葉片革質，倒卵或長倒卵狀披針形。果實具乳頭狀突起，熟時深紅色或紫紅色（圖 13-10）。原產中國長

13-10 楊梅樹姿美觀，具根瘤所以耐旱耐瘠，適合作行道樹、園景樹、綠籬。

江以南兩廣、福建、湖南、浙江，日本，韓國，樹姿美觀，耐旱耐瘠，適合作行道樹、園景樹、綠籬。

4. 木麻黃 *Casuarina equisetifolia* Forst.（木麻黃科）
5. 赤楊 *Alnus japonica*（Thunb.）Steud.（樺木科）

二、灌木類

1. 蘇鐵 *Cycas revoluta* Thunb.（蘇鐵科）

多年生常綠灌木狀，樹高 1-3m。葉為羽狀複葉，叢生於莖頂。花頂生；雄花長圓錐形，雌花呈球形。種子紅色。原產福建、廣東及臺灣；爪哇、琉球及日本南部亦有生長。蘇鐵植株優美，廣泛栽培於世界各地，為著名園景樹。

2. 鄧氏胡頹子 *Elaeagnus thunbergii* Serv.（胡頹子科）

常綠叢狀半蔓性灌木，幼枝銀褐色。葉紙質，橢圓披針形，背具銀色痂鱗。果橢圓形，熟時橘紅色。性喜陽光，產中低海拔。

3. 椬梧 *Elaeagnus oldhamii* Maxim.（胡頹子科）

常綠小喬木或灌木高可達 3m，小枝被銀白痂鱗（圖 13-11）。葉互生，厚革質，長倒卵形，先端鈍凹，全緣，具鱗片，葉背並有褐色斑點。果實包於肉質花托內，球形，熟時橙紅色帶銀白斑點。原產中國東南及臺灣，樹冠呈銀灰綠色，可單植、列植、叢植。

13-11 椬梧葉銀白色，有根瘤共生，能在貧瘠土壤生長良好。

第六節　菌根菌共生植物

　　菌根菌（mycorrhizal fungi），係指植物根部受菌根真菌感染後，菌絲因在根部皮層細胞內形成細小雙叉分支的叢枝體（arbuscule），是一種能與植物共生的土壤有益微生物。菌根菌感染宿主植物根部共生後形成菌根，其產生的根外菌絲可向土壤延伸 8cm 或更遠的距離，菌絲就如同根毛般在土壤中吸收營養及水分，能增加根部有效吸收表面積約 60 倍，幫助植

13-12 松類植物和杜鵑花有菌根菌共生，耐乾旱瘠薄，耐酸性土壤。圖為合歡山之台灣二葉松和紅毛杜鵑。

株吸收氮、磷、鈣、鎂、鋅與銅等礦物營養與水分，和一些微量元素。進而促進植物生長，增加植物對逆境，特別是乾旱和貧瘠土壤環境之耐受力（圖 13-12），提高移植存活率，降低植物對肥料的需求。

　　以下為常見的具菌根菌之行道樹及觀賞植物種類：

1. 松類 *Pinus* spp. (松科)

　　松屬（*Pinus*）全世界約 115 種，多有菌根菌共生。常見在各地栽植的種類，有馬尾松（*Pinus massoniana* Lambert）、油松（*P. tabuliformis* Carr.）、紅松（*P. koraiensis* S. et Z.）、華山松（*P. armandii* Franchet）、黑松（*P. thunbergii* Parl.）、赤松（*P. densiflora* Sieb. et Zucc.）、濕地松（*P. elliottii* Engelm.）等。各種松樹多為陽性樹種，多數對土壤條件要求不嚴，耐乾旱瘠薄，耐酸性土壤（圖 13-13）。

13-13 松樹為陽性樹種，多數對土壤條件要求不嚴。圖為義大利龐貝故城的地中海松（*Pinus halepensis* Mill.）。

2. 杜鵑 *Rhododendron* spp.（杜鵑科）

大多數杜鵑花為灌木，樹高約 2-3m。通常在春、夏開花。杜鵑花在臺灣主要有平戶杜鵑、皋月杜鵑、西洋杜鵑等品種。原生杜鵑花約有 14 種，有觀賞價值者，如紅毛杜鵑（*Rhododendron rubropilosum* Hayata）。本種杜鵑分布中央山脈中高海拔 2,000-3,500m 的高山草原或裸露地，花色極富變化，淡紅、粉紅、紫紅等（圖 13-14），每年初夏盛開。花開時，滿山遍野火紅絢爛，極為壯觀。

13-14 紅毛杜鵑也是具菌根菌之觀賞花卉。

其他具觀賞價值的原生杜鵑還有：西施杜鵑（*Rhododendron ellipticum* Maxim.）、南澳杜鵑（*Rhododendron lasiostylum* Hayata）、金毛杜鵑（*Rhododendron oldhamii* Maxim.）、烏來杜鵑（*Rhododendron kanehirai* Wilson）等。

3. 山黃麻 *Trema orientalis* Blume（榆科）
4. 五節芒 *Miscanthus floridulus*（Labill.）Warb.（禾本科）

第七節　適生於乾旱地區的植物

有些植物在形態或生理上已適應在乾旱地區生存，如具肉質的葉和莖可以儲存水分，根長可深入土壤獲取水分等。這類植物有木棉科、梧桐科、仙人掌科、夾竹桃科、大戟科、龍舌蘭科、景天科、番杏科、藜科、莧科等全部或部分種類，能適應炎熱和乾燥的氣候條件，在乾燥貧瘠的土壤都能生存的很好。

一、喬木類

1. 猢猻木類 *Adansonia* spp.（木棉科）
2. 馬拉巴栗 *Pachira macrocarpa*（Cham. & Schl.）Schl.（木棉科）
3. 雞蛋花 *Plumeria rubra* L.（夾竹桃科）
4. 鈍頭雞蛋花 *Plumeria obtuse* L.（夾竹桃科）

二、灌木類

1. 仙人掌科植物
2. 迷迭香 *Rosmarinus officinalis* Linn.（唇形科）
3. 沙拐棗類 *Calligonum* spp.（蓼科）
4. 沙漠玫瑰 *Adenium obesum*（Forssk.）Roem.& Schult.（夾竹桃科）
5. 夾竹桃 *Nerium indicum* Mill.（夾竹桃科）
6. 金剛纂 *Euphorbia neriifolia* L.（大戟科）
7. 霸王鞭 *Euphorbia antiquorum* L.（大戟科）
8. 麒麟花 *Euphorbia milii* Desm.（大戟科）
9. 大銀龍；紅雀珊瑚 *Pedilanthus tithymaloides*（L.）Poit.（大戟科）

三、木本單子葉類

大部分龍舌蘭科植物如：
龍舌蘭類（*Agave* spp.）
竹蕉類（*Dracaena* spp.）

四、草本植物

有景天科、唇形科、番杏科、蘿藦科等：

1. 石蓮花 *Graptopetalum* spp.（景天科）
2. 佛甲草類 *Sedum* spp.（景天科）
3. 燈籠草類 *Kalanchoe* spp.（景天科）
4. 薰衣草 *Lavandula officinalis* Chaix.（唇形科）
5. 鼠尾草 *Salvia officinalis* Linn.（唇形科）
6. 肥皂草；石鹼花 *Saponaria officinals* Linn.（石竹科）
5. 魔星花 *Stapelia gigantea* N. E. BR.（蘿藦科）
7. 松葉牡丹 *Portulaca pilosa* L. subsp. *grandiflora*（Hook.）Geesink.（馬齒莧科）
8. 花蔓草 *Mesembryanthemum cordifolium* L. f.（番杏科）
9. 松葉菊 *Lampranthus spectabilis*（Haw.）N. E. Br.（番杏科）
10. 百合科植物　蘆薈類 *Aloe spp.*

參考文獻

· 王勛陵、馬驥 1999 從旱生植物葉結構探討其生態適應的多樣性 生態學報 6：787-792
· 王鎖民、張金林、郭正剛、包愛科、伍國強、宮海軍 2007 荒漠草原鹽生和旱生植物適應
　　逆境的生理研究 中國草學會青年工作委員會學術研討會論文集
· 周智彬、李培軍 2002 我國旱生植物的形態解剖學研究 乾旱區研究 19（2）：35-40
· 段寶利、尹春英、李春陽 2005 松科植物對乾旱脅迫的反應 應用與環境生物學報 11（1）：
　　115-122.

· Allen, M. F. 1991 The Ecology of Mycorrhizae. Cambridge University Press, Cambridge, England.
· Buol, S. W., R. J. Southard, R.C. Graham and P.A. McDaniel 2002 Soil Genesis and Classification.（5th）Edition, Ia. State Press.
· Chatto, B. 1996 The Dry Garden. Sagapress Inc., New York, USA.
· Foster, H. L. 1968 Rock Gardening: A Guide to Growing Alpine Wildflowers in the American Garden. Timber Press, Inc., Oregon, USA.
· Harley, J. L. and S. E. Smith 1983 Mycorrhizal Symbiosis（1st ed.）. Academic Press, London, UK.
· Hawthorne, L. and S. Maughan 2011 RHS Plants for Places. Dorling Kindersley Ltd., London, UK.

- Kolaga, W. A. 1966 All about Rock Gardens and Plants. Doubleday and Co., New York, USA.
- Postgate, J. 1998 Nitrogen Fixation. 3rd ed. Cambridge University Press, Cambridge UK.
- Reid, D. E., B. J. Ferguson, S. Hayashi, Y. H. Lin and P. M. Gresshoff 2011 Molecular mechanisms controlling legume autoregulation of nodulation. Annals of Botany 108（5）: 789–795.
- Slonczewski, J. L. and J. W. Foster 2017 Microbiology: An Evolving Science. 4th ed. W. W. Norton & Company, New York, USA.
- Sprent, J. I. 2009 Legume Nodulation: A Global Perspective. Wiley-Blackwell, USA.

第十四章　陽光不足環境的植物選擇

　　陽光不足對大多數的植物而言，和太鹼、太酸、乾旱、貧瘠土壤或多風、多鹽霧的環境一樣，是一種生存逆境（stress）。只有部分演化到能克服這種不利環境的植物種類，才能生存下去或生長良好。植物忍受低光環境的程度，謂之耐蔭性。耐低光的植物稱耐蔭植物（或稱陰性植物）；不耐低光的植物稱非耐蔭植物（或稱陽性植物）。植栽配置必須考量植物耐蔭性，在不同的光度條件的生育地，選用適合該環境耐蔭性質的植物種類，才是成功的植栽設計。

　　植物耐蔭性的應用有些案例得到很好的結果，但更多的植栽設計案例，結果是失敗的。例如，大多數海棗類不耐蔭，新北市新店捷運站樓底花園光線極端不足，屬「遮陰」和「陰暗」之間的環境。設計師植栽知識不足，在陰暗處遍植羅比親王海棗，所有的羅比親王海棗單株由於光度不足，栽種後即逐漸衰敗死亡（圖 14-01）。

　　另外，都會區的公園也常見在樹陰下種植非耐蔭植物，如台北市辛亥陸橋下陰影處成排栽植的朱蕉（圖 14-02）；福州山公園樹冠陰影下片植的威氏鐵莧、平戶杜鵑等（圖 14-03）。朱蕉、威氏鐵莧葉片紅色，葉綠體不足，平戶杜鵑花色艷麗，都是不耐蔭植物。

上：14-01 海棗類不耐蔭，新北市新店捷運站樓底的陰暗處遍植羅比親王海棗，所有的植株栽種後即衰敗死亡。
中：14-02 台北市辛亥陸橋下陰影處成排栽植的非耐蔭植物朱蕉。
下：14-03 台北市福州山公園樹冠陰影下大片栽植威氏鐵莧、朱蕉。

植物的真正耐蔭性必須做實驗才能確定，但植物的耐蔭性的實驗數據太少，觀賞植物的耐蔭性研究成果更少。植物的耐蔭性質關係到植栽設計的成敗，實際情況而言，國內常用的景觀植物大多數並無耐蔭性資料，以至於許多景觀設計師在選用植栽時往往無所適從。根據多年的研究和野外觀察的結果，本章嘗試以形態、生態特徵或科別去歸納植物的耐蔭性，以為植栽設計選用耐蔭植物的參據。

第一節　植物耐蔭性之概念和定義

不同植物對光的需要量及適應範圍是不同的，植物一般都需要在充足的光照條件下完成其正常的生長發育。但是不同的植物對光照強度的適應範圍，特別是對弱光的適應能力則有顯著差異。某些植物能夠適應比較弱的光照，而另一些植物種則只能在較強的光照條件下才能正常長發育，不能忍耐庇蔭。

一般根據植物的耐蔭程度分為三類（王子定，1974）。

非耐蔭性植物：

即一般所說的陽性植物，這類植物只能在全光照或強光照條件下正常生長發育，而不能忍耐庇蔭，在複層林冠或建築物下一般不能正常完成更新。非耐蔭植物多生長在曠野、路邊，如蒲公英、薊、刺莧等。樹種中的松、杉、麻櫟、栓皮櫟、柳、楊、樺、槐等都是非耐蔭種類。草原和沙漠植物也屬於這一類。

耐蔭植物：

即一般所說的陰性植物，這類植物能夠忍受庇蔭，在複層林冠或建築物下可以正常地更新。有些強耐蔭樹種甚至只有在複層林冠或建築物下才能完成更新的過程。也稱「陰生植物」、「陰性植物」。要求在適度隱蔽下方能

生長良好，不能忍耐強烈的直射光線，生長期間一般要求有 50% -80% 隱蔽度的環境條件。植物多生長在林下及陰坡，常見的有蕨類、蘭科、苦苣苔科、鳳梨科、天南星科、竹芋科及秋海棠科等室內觀葉植物。

中性植物：

　　介於以上二者之間的植物。一般這些植物或樹種隨年齡、環境條件的不同，表現不同程度的偏陽性或偏耐蔭特徵。因此這類植物往往可根據其耐蔭性的差異分為中性偏陽與中性偏陰二亞類。

　　耐陰植物是指在光照條件好的地方能生長好，但也能耐受適當的蔭蔽，或者在生育期間需要較輕度的遮陰的植物。耐陰植物同其他植物一樣有調節環境溫度、濕度、吸附消化有害氣體和灰塵、淨化空氣、平衡空氣中氧氣和二氧化碳含量等多種功能；同時，能在陽光很少的處所、陰濕的環境中良好生長，發揮良好的水土保持作用。耐陰觀賞植物分為耐陰木本植物和耐陰多年生草本植物等，現代園林綠化設計中常將這兩者結合起來共同在林下栽種，使園林綠化更有層次性、更富觀賞性。

第二節　自然界光照的強度

　　在自然界中，植物可能受到生育場所是否有遮蔽物（其他植物或物體）的存在，接受到的陽光強度有很大的差異。自然界光照的強度可分以下數種（More, 1962; McHoy,1989; 翁殊斐和黃曉潔，2010）：

一、全日照

　　植物在生長環境中，處在完全沒有遮蔽的太陽光下。從日出到日落，植株一整天大都能接受到直射的陽光，日照達 8 個小時以上。一般屋外開闊地或室外南向或東南向之無遮蔽庭院屬之。

二、半日照

在植物生長在周圍有一些較高大的物體或樹下，生育處會在一天當中的某些時段被遮住陽光。例如生長在灌木下的草本植物，早上或下午被遮蔽部分的光線；長在山壁上，或攀爬在牆上的植物，在一天當中只有 3-4 小時能晒到太陽。設有遮光網的溫室，或東西向窗台、部分遮光之南向窗台亦屬之。

三、明亮

接近直射光但卻不受日光直接照射，但光度明亮可見。如無日照之窗台或室內靠近窗戶約 15cm，或有遮光網之室外。

四、半遮陰

光線強度中等，但物件仍清楚可見。如戶外稀疏的樹蔭下，或室內靠窗戶裡側、距窗 30cm 以上。

五、遮蔭

光線較微弱，但物件勉可辨識。有些植物整天是處在樹木濃密樹冠的陰影下，或洞穴洞口淺處，幾無太陽直射光，只有充足的散射光。或距離窗戶甚遠（一公尺以上）之室內或無窗戶之室內。

六、陰暗

幾乎無光線存在。如內室、暗房、洞穴等等。

第三節　複層植栽下之光源

1. 直射光

　　太陽直接照射之光，稱曰直射光。樹冠之裂隙若較大，地上陽光之照射部分大於半影者屬之，為強烈之光照。樹冠之裂隙常不規則，故陽光照射於植物體，係隨投射角度不同而有變化。上層樹冠間若有裂隙，則直射光可投射入林內，比諸鬱閉林冠之下層，光度較強。樹冠間之裂隙，如屬一定形狀，若無中層植物或幼樹阻斷，會有助於耐蔭植物之更新。唯弱光仍不利於非耐蔭性植物，此類植物的生長發育上方樹冠宜有較大孔隙。直射光自樹冠裂隙射入林內者，以中午之射入量為最多，其時陽光與樹冠成垂直或近於垂直狀態，路徑較短。陽性成熟林中，最低光度為 2-15％；若其下側接受完全之直射光，光度可達 83％。疏林之南向方位，由太陽直接照射之光度約為 83％。當混入天光及直射光者，光度可達 90％（Daniel *et al.*, 1979）。

2. 散射光

　　複層植栽如森林雖然鬱閉，其下層仍多散射光。鬱閉業已破裂之森林，林內亦有此種光線，乃由太陽照射於葉、枝、幹等，綜合而成反射光。散射光中亦常混有直射光。如果鬱閉狀態之耐蔭樹，其下散射光之光度較弱，僅占全光量之 0.5％ -2％（Baker, 1934）。

3. 天光

　　太陽輻射之一部分，經大氣微塵及雲層散射、漫射之結果，並與業經吸收而輻射之長波相聯合，遂成天光。在晴朗之日，地面所得之天光，約占全光量之 17％。疏林之北向方位，其最大天光量約為 9％。唯與散射光二者混合之量，約 10％ -15％（Daniel *et al.*, 1979）。

4. 斑光

　　由上層植物之樹冠裂隙射入之陽光，呈半影狀，即形成斑光。唯斑光中心部分，仍有強烈之光斑。半影之直徑及輻度，視樹冠裂隙之大小與距地面之遠近而異，大約為距離之 1 ／ 100。若裂隙小於上列數字，則斑光全屬半影。陽性樹冠之下測，多有斑光。陰性樹林由於枝葉叢生，林下極少斑光。斑光之光度，常有變化，由0%至83%，平均為40%（Daniel *et al.*, 1979）（圖 14-04）。

14-04 樹冠層下之太陽直射光及斑光。

第四節　決定植物耐蔭性的方法

　　如上所述，植物耐蔭性主要指植物在弱光條件下，即林冠下或他物的遮蔽下能否正常生長並完成其更新過程的能力。林業上，植物耐蔭等級的劃分主要考慮其在林冠下更新的能力。因此在林冠下能否正常生長，並完成其更新過程是鑒別植物耐蔭性的主要依據之一。耐蔭植物一般能在本樹種、其它樹種組成的林冠，或遮蔽物下，正常生長並完成其更新過程。非耐蔭植物則不能在林冠下（包括本樹種組成的林冠下），或遮蔽物下正常生長並完成其更新。但如果將上部林木伐除，或遮蔽物移除，則下方的幼苗、幼樹由於得到全光照即可正常成長，完成更新。

　　因此從森林天然更新的角度來看，耐蔭植物在幼苗、幼樹階段，往往需要適當的庇蔭，屬林冠下更新的植物。非耐蔭植物幼樹生長需充足的陽光，是跡地、空曠地上更新的植物。耐蔭植物組成的林分一般比較穩定，而非耐蔭植物一般都是先鋒植物（pioneer species），組成的林分一般比較不穩定。林冠下更新能否成功，不僅受光因子的影響，還受其它一些因素影響，例如：

溫度、濕度、土壤理化性質以及林下植物、幼苗幼樹之間的競爭關係等。然而林冠下環境條件的特點主要由光照條件所引起，所以耐蔭性的概念在景觀設計及林業生產中，重要性不言而喻。

A. 植物耐蔭性的直接決定法

1. 野外直接觀察

於天然林下層，觀察各種植物幼苗之發生、生育及散布的數量，可決定植物的耐蔭性（Ashe, 1915）。凡下層生育正常且數量大的植物，大致可判定其耐蔭性強；相反地，無法在下生長或下層生長不健全，只能在陽光充足的曠野或林緣生長的植物，應屬非耐蔭者。

2. 種栽觀測

於鬱閉林冠下層，或遮光網下，栽植各類植物。由下層不同的光度環境下，觀察植物的生育狀況，可決定各種植物之耐蔭能力（Korstian and Coile, 1938）。

3. 儀器測定法

用各種光度計或測光計測定林內之光度，可決定林內各類植物之耐蔭性。如輻射表（Radiometer）、日射強度表（Eppley pyrheliometer）、黑白蒸發球（Livingston black and white bulb atmometers）、測光表。其中以市售供研究植物生理的測光表已經非常普遍，將測光表放置在林內一定距離，可測得準確的林內光度，決定所觀測植物的耐蔭程度。

B. 植物耐蔭性的間接觀察法

1. 樹冠密度

樹冠鬱閉，其下光度減弱，如果樹冠內樹葉之生長茂密、枝葉結構密實

整齊，可知該植物耐蔭性強；相反，樹冠內樹葉稀疏、枝葉結構寬鬆、不整齊，則耐蔭性弱。可以目力估計之，或以透入林冠下層之陰影決定之（Daniel *et al.*, 1979）。

2. 天然修枝

由樹木下枝脫落之緩速，決定植物之耐蔭性。如非耐蔭樹種在鬱閉之林分內，天然修枝甚為迅速，主幹下方枝條全數或大部分脫落；即使在孤立狀態下，樹冠內側和下方之枝，也經常進行天然修枝（Daniel *et al.*, 1979）。而耐蔭樹種則僅於密林中形成小幅度的天然修枝，或不易見到修枝痕跡；在空曠地之孤立木，主幹下方枝條不易脫落，樹冠往往擴及地面，樹幹幾完全著生枝條。

3. 枝序數量

樹幹上，從第一側枝長出分枝，從分枝再長出小枝，從小枝再長出細枝，依此類推，分枝層次的數量，稱為枝序數量。喬木或灌木樹冠枝序數量的多寡可指示植物的耐蔭性，依據各植物之枝序數目，可制定耐蔭性表。按枝序多寡排列，枝序多者為耐蔭植物，枝序少者為非耐蔭植物（Daniel *et al.*, 1979）。

4. 葉部形態及構造

由於上層之遮蔽，植物葉部的構造常和生長於全光環境者不同。一般而言，非耐蔭植物之葉不常含大量之網狀組織，質厚呈革質，有時密被毛茸。而耐蔭植物之葉則海綿組織發達，葉薄質。

5. 天然更新

樹叢下或其他極度蔭蔽物之下側，幼苗相繼發生且呈優勢生長的植物，耐蔭性必強。相反，無法在濃密樹冠下，或遮蔽物下發芽、長幼苗的植物，必不耐蔭。

第五節　非耐蔭植物的特性

1. 大部分裸子植物，多不耐蔭
　　即蘇鐵科、銀杏科、松科、杉科等科之下的各種植物。常見的不耐蔭的觀賞用裸子植物如下：

蘇鐵 *Cycas revoluta* Thunb.（蘇鐵科）

銀杏 *Ginkgo biloba* L.（銀杏科）

落羽杉 *Taxodium distichium*（L.）Rich.（杉科）

水杉 *Metasequoia glystroboides* Hu *et* Cheng（杉科）

松類 *Pinus* spp.（松科）

落葉松類 *Larix* spp.（松科）

金錢松 *Pseudolarix amabilis*（J. Nelson）Rehder（松科）

2. 落葉性植物，皆不耐蔭
　　即秋冬或乾季落葉的樹種不耐蔭（圖 14-05、14-06），常見的落葉性景觀植物如：

14-05、14-06 落葉性之槲樹、樺樹也不耐蔭。

鵝掌楸 *Liriodendron chinense* Semsley（木蘭科）

玉蘭 *Magnolia denudata* Desr.（木蘭科）

梧桐 *Firmiana simplex*（L.）W. F. Wight（梧桐科）

木棉 *Bombax malabaica* DC.（木棉科）

吉貝棉 *Ceiba pentendra*（L.）Gaertn.（木棉科）

槲樹 *Quercus dentata* Thunb.（殼斗科）

樺樹類 *Betula* spp.（樺木科）

　　其他如銀杏（*Ginkgo biloba* L.）（銀杏科）、落羽杉（*Taxodium distichium*（L.）Rich.）（杉科）、水杉（*Metasequoia glystroboides* Hu *et* Cheng）（杉科）等。

237

3. 一年生植物

主要是菊科、禾本科等觀賞植物，大多不耐蔭（圖 14-07）：

14-07 菊科植物如百日菊等觀賞植物大多不耐蔭。

菊科植物如：

百日菊 *Zinnia elegans* Jacq.（菊科））

波斯菊 *Coreopsis tinctoria* Nutt.（菊科）

情人菊 *Argyranthemum frutescens*（L.）Sch.-Bip 'Golden Queen'（菊科）

向日葵 *Helianthus annuus* Linn.（菊科）

禾本科植物如：

狼尾草 *Pennisetum alopecuroides*（L.）Spreng.（禾本科）

狗尾草 *Setaria viridis*（L.）P. Beauv.（禾本科）

4. 花色豔麗植物多不耐蔭

花色豔麗植物指具紅花、紫紅花、磚紅花、黃花、金黃花等顏色花的植物（圖 14-08），如：

14-08 花色豔麗植物如山櫻花等多不耐蔭。

櫻花類 *Prunus* spp.

杜鵑類 *Rhododendron* spp.

風鈴木類 *Tabebuia* spp.

5. 水生植物不耐蔭

觀賞用水生植物有：蓮科、睡蓮科（圖 14-09）、水馬齒科、澤瀉科、水雍科、黑三棱科、香蒲科、燈心草科、雨久花科等。常見的觀賞種類如下：

14-09 水生植物如睡蓮等都不耐蔭。

慈菇 *Sagittaria trifolia* L.（澤瀉科）

澤瀉 *Alisima canaliculatum* Braun & Bouche.（澤瀉科）

香蒲 *Typha angustifolia* L.（香蒲科）

荷 *Nelumbo nucifera* Gaertn.（蓮科）

大王蓮 *Victoria amazonica* Sowerby（睡蓮科）

6. 淺色葉和非綠色葉植物多不耐蔭

指葉呈淡綠、黃綠、淡褐、淡紅植物者（圖 14-10），如：

14-10 淺色葉植物如黃金榕等多不耐蔭。

野薑花 *Hedychium coronarium* Koenig（薑科）

黃金榕 *Ficus microcarpa* Linn. f. 'Golden Leaves'（桑科）

變葉木 *Codiaeum variegatum* Blume（大戟科）

7. 藤本植物也不耐蔭

藤本植物之科有：馬兜鈴科、獼猴桃科、瓜科、旋花科（圖 14-11）等，多不耐蔭。常見的觀賞用藤本植物如下：

14-11 藤本植物如牽牛花等也不耐蔭。

馬兜鈴 *Aristolochia zollingeriana* Miq.（馬兜鈴科）

大花馬兜鈴 *Aristolochia grandiflora* Sw.（馬兜鈴科）

獼猴桃 *Actinidia chinensis* Planch.（獼猴桃科）

西番蓮 *Passiflora edulis* Sims.（西番蓮科）

紅花西番蓮 *Passiflora manicata* Pers.（西番蓮科）

牽牛花 *Ipomoea nil*（L.）Roth.（旋花科）

蔦蘿 *Ipomoea quamoclit* Linn.（旋花科）

第六節　耐蔭植物的特性

1. 樹冠枝葉稠密

　　一般從樹冠的外形，也可以判斷植物的耐蔭性。耐蔭性植物由於補償點低，在較弱的光照條件下仍然能生長葉子。因此樹冠的枝葉比較稠密，自然修枝比較弱，枝下高較低，形成的樹冠透光度較小（圖 14-12）。非耐蔭植物則樹冠比較稀疏，自然修枝強烈，形成的樹冠透光度較大，枝下高較高。

14-12 耐蔭性植物樹冠的枝葉比較稠密，枝下高較低，樹冠透光度較小。

2. 葉片色澤深的常綠植物

　　耐蔭植物都是常綠性植物，均為天然更新良好的演替後期植物。耐蔭植物的葉片大多色澤較濃，呈暗綠色、墨綠色，如福木、厚皮香、沿階草、玉龍草等（圖 14-13）。

14-13 耐蔭植物的葉片大多色澤較濃，呈暗綠色、墨綠色，如玉龍草。

3. 耐蔭植物之科別

　　（1）大部分之蕨類植物

　　蕨類植物大多生育在潮溼蔭涼的環境，性耐蔭，僅少數例外，如：水生蕨類、海金沙等。

　　（2）大部分裸子植物不耐蔭，耐蔭之裸子植物僅羅漢松科和紅豆杉科植物（圖 14-14）。

　　（3）耐蔭的雙子葉植物有木蘭科、樟科、金粟蘭科、胡椒科、桑科、殼斗科、山茶科、灰木科、秋海棠科、紫金牛科、衛矛科、冬青科、芸香科、五加科、爵床科等。其中觀賞植

14-14 裸子植物僅羅漢松科植物耐蔭或稍耐蔭。

物種類較多、科內成員大多數或全數耐蔭的科為：山茶科、秋海棠科、爵床科。

　　（4）耐蔭之單子葉植物，大多數或全數耐蔭的科有天南星科（戴家玲，2013）（圖14-15）、鴨跖草科、薑科、竹芋科等；科之內很多耐蔭植物的科別：棕櫚科、百合科、蘭科等。耐蔭之單子葉植物多原生於林下陽光不足之處，葉色多呈深綠至墨綠。

14-15 天南星科植物大多耐蔭，如本圖之龜背芋。

第七節　耐蔭的觀賞植物

一、喬木類

　　裸子植物多不耐蔭，只有少數植物如羅漢松科，常見的有：

蘭嶼羅漢松 *Podocarpus costalis* Presl.（羅漢松科）

羅漢松 *Podocarpus macrophyllus*（Thunb.）Sweet（羅漢松科）

百日青 *Podocarpus nakaii* Hay.（羅漢松科）

竹柏 *Nageia nagi*（Thunb.）O.Ktze.（羅漢松科）

▲木蘭科植物

　　常綠的種類大多耐蔭，如木蘭屬、含笑花屬植物，如落葉種類都不耐蔭，如木蘭屬植物之玉蘭、鵝掌楸屬植物等。

白玉蘭 *Michelia alba* DC.（木蘭科）

夜合花 *Magnolia coco*（Lour.）DC.（木蘭科）

洋玉蘭 *Magnolia grandiflora* L.（木蘭科）

▲樟科植物

常綠的種類大多耐蔭，如多數楨楠屬植物、常綠的樟屬植物等，如下：

大葉楠 *Machilus kusanoi* Hay.（樟科）

紅楠 *Machilus thunbergii* Sieb. & Zucc.（樟科）

錫蘭肉桂 *Cinnamomum verum* J. S. Presl （樟科）

▲殼斗科植物

常綠的種類大多耐蔭，青剛櫟屬植物，如嶺南青剛櫟（*Cyclobalanopsis championii*（Benth.）Oerst.）青剛櫟（*Cyclobalanopsis glauca*（Thunb.）Oerst.）；栲（苦櫧）屬植物，石櫟屬植物（圖14-16）大多屬常綠性。相反，落葉種類都不耐蔭，麻櫟屬植物，如栓皮櫟（*Quercus variabilis* Blume）、麻櫟（*Quercus acutissima* Carr.）；板

14-16 常綠的殼斗科植物大多耐蔭，如石櫟屬之小西氏石櫟。

栗屬植物，板栗（*Castanea mollissima* Blume）水青岡（*Fagus*）屬等，都不耐蔭。

森氏紅淡比 *Cleyera japonica* Thunb. var. *morii*（Yam.）Masam.（山茶科）

厚皮香 *Ternstroemia gymnanthera*（Wright *et* Arn.）Bedd.（山茶科）

鐵冬青 *Ilex rotunda* Thunb.（冬青茶科）

鴨腳木 *Schefflera octophylla*（Lour.）Harms（五加科）

二、灌木類

山茶科、五加科、紫金牛科、衛矛科、小蘗科等植物葉大多深綠色或墨綠色，大部分種類都耐蔭，常見的觀賞樹種都極耐蔭（圖14-17）。

14-17 葉呈深綠色或墨綠色的灌木，如小蘗科之十大功勞等，大多耐蔭。

山茶花 *Camellia japonica* L.（山茶科）

茶梅 *Camellia sasanqua* Thunb.（山茶科）

茶 *Camellia sinensis*（L.）O. Ktze.（山茶科）

鵝掌藤 *Schefflera arboricola* Hay.（五加科）

八角金盤 *Fatsia japonica*（Thunb.）Decaisne &. Planch.（五加科）

日本黃楊 *Euonymous japonicus* Thunb.（衛矛科）

桃葉珊瑚 *Aucuba chinensis* Benth.（四照花科）

十大功勞 *Mahonia japonica*（Thunb.）DC.（小蘗科）

枸骨 *Ilex cornuta* Lindl.（冬青科）

紅果金粟蘭 *Sarcandra glabra*（Thunb.）Nakai（金粟蘭科）

金粟蘭 *Chloranthus spicatus*（Thunb.）Makino（金粟蘭科）

硃砂根 *Ardisia crenata* Sims（紫金牛科）

其他之紫金牛屬植物（*Ardisia spp.*）大都有相同的耐蔭性質。

三、木本單子葉植物

有些葉色澤較深，呈深綠或墨綠的棕櫚科、龍舌蘭科植物，特別耐蔭，如：

山棕 *Arenga engleri* Becc.（棕櫚科）

袖珍椰子 *Chamaedorea elegans* Mart.（棕櫚科）

觀音棕竹 *Rhapis excelsa*（Thunb.）Henry（棕櫚科）

竹蕉類（Dracaena spp.）（龍舌蘭科）如：

番仔林投 *Dracaena angastifolia* Roxb.

巴西鐵樹；香龍血樹；花虎斑木 *Dracaena fragrans*（L.）Ker-Gawl.

銀絲竹蕉；銀線竹蕉 *Dracaena deremensis* Engler 'Warneckii'

黃綠紋竹蕉 *Dracaena deremensis* Engler 'Warneckii Striata'

密葉竹蕉 *Dracaena deremensis* Engler 'Compacta'

白紋竹蕉 *Dracaena deremensis* Engler 'Longii'

紅邊竹蕉 *Dracaena marginata* Lam.

彩紋竹蕉 *Dracaena marginata* Lam.　'Tricolor'

彩虹竹蕉 *Dracaena marginata* Lam.　'Tricolor Rainbow'

四、耐蔭的雙子葉草本植物

　　爵床科植物雖花色艷麗，但大部分種類都耐蔭（圖 14-18），如：

14-18 爵床科植物雖花色艷麗，大部分種類都耐蔭，圖為馬藍。

紅樓花 *Odontonema strictum*（Nees）Kuntze（爵床科）

立鶴花 *Thunbergia erecta*（Benth.）T. Anders.（爵床科）

長花九頭獅子草 *Peristrophe roxburghiana*（Schult.）Bremek.（爵床科）

馬藍 *Strobilanthes cusia*（Nees）Kundze（爵床科）

四葉蓮 *Chloranthus oldhamii* Solms.（金粟蘭科）

八角蓮 *Podophyllum pleianthum* Hance（小蘗科）

　　台灣常春藤（*Hedera rhombea*（Miq.）Bean var. *formosana*（Nakai）L.）也是五加科耐蔭的種類。

五、耐蔭的單子葉草本植物

　　大部分的天南星科、鴨跖草科、薑科、竹芋科（圖 14-19）、蘭科植物，部分的百合科植物都耐蔭或極耐蔭。

14-19 竹芋科植物多耐蔭或極耐蔭。

姑婆芋 *Alocasia macrorrhiza*（L.）Schott & Endl.（天南星科）

白鶴芋 *Spathiphyllum kochii* Engler *et* Krause（天南星科）

蔓綠絨類 *Philodendron* spp.（天南星科）

羽裂蔓綠絨 *Philodendron selloum* Koch（天南星科）

龜背芋 *Monstera deliciosa* Liebm.（天南星科）

火鶴花 *Anthurium scherzerianum* Schott（天南星科）

鴨跖草 *Commelina communis* L.（鴨跖草科）

鬱金 *Curcuma aromatica* Salisb.（薑科）

薑黃 *Curcuma longa* L.（薑科）

月桃 *Alpinia zerumbet*（Person）B. L. Burtt & R. M. Smith.（薑科）

箭羽竹芋 *Calathea insignis* Bull（竹芋科）

孔雀竹芋 *Calathea maoyana*（Morr.）Nichols.（竹芋科）

銀邊竹芋 *Calathea undulata*（Linden & André）Linden & André（竹芋科）

美麗竹芋 *Calathea veitchiana* J. H. Veitch *ex* Hook. f.（竹芋科）

黑天鵝竹芋 *Calathea warscewiczii* Körn.（竹芋科）

闊葉麥門冬 *Liriope platyphylla* Wang & Tang（百合科）

沿階草 *Ophiopogon japonicus*（L. f.）Ker-Gawl.（百合科）

蜘蛛抱蛋 *Aspidistra elatior* Blume（百合科）

薄葉蜘蛛抱蛋 *Aspidistra attenuata* Hayata（百合科）

玉龍草 *Ophiopogon japonicus*（L. f.）Ker-Gawl. 'Nanus'（百合科）

蜘蛛蘭 *Brassia verrucosa* Batem（百合科）

玉簪 *Hosta plantaginea*（Lam.）Aschers.（百合科）

　　蝴蝶蘭約 50 種，都耐蔭。

蝴蝶蘭 *Phalaenopsis aphrodite* Rchb. f.（蘭科）

　　蕙蘭屬也都耐蔭：

報歲蘭、墨蘭 *Cymbidium sinense*（Andr.）Willd.（蘭科）

春蘭 *Cymbidium goeringii*（Rchb. f.）Rchb. f.（蘭科）

蕙蘭 *Cymbidium faberi* Rolfe（蘭科）

四季蘭、建蘭 *Cymbidium ensifolium*（L.）Sw.（蘭科）

石斛蘭 *Dendrobium moniliforme*（L.）Sw.（蘭科）

六、蕨類植物

常見的具觀賞價值之耐蔭性蕨類如下：

桫欏 *Cyathea spinulosa* Wall. *ex* Hook.（桫欏科）

筆筒樹 *Cyathea lepifera*（Hook.）Copel.（桫欏科）

觀音座蓮 *Angiopteris lygodiifolia* Rosenst.（觀音座蓮科）

鐵線蕨 *Adiantum* spp.（鐵線蕨科）

山蘇花 *Asplenium antiquuum* Makino（鐵角蕨科）

台灣山蘇花 *Asplenium nidus* L.（鐵角蕨科）

南洋山蘇花 *Asplenium australasicum*（J. Sm.）Hook.（鐵角蕨科）

參考文獻

· 王子定 1974 理論育林學（上、下）國立編譯館
· 李沛瓊、張壽洲、王勇進、傅曉平 2003 耐蔭半耐蔭植物 北京中國林業出版社
· 翁殊斐、黃曉潔 2010 青年風景園林植物應用圖鑑：耐蔭植物類 武漢華中科技大學出版社
· 戴家玲 2013 植物形態與耐蔭性相關性分析：以天南星科為例 中國文化大學景觀學系碩士論文
· 簡均珊 2011 光度對非洲鳳仙花生長之影響及其防治方法研究 中國文化大學景觀學系（所）碩士論文

· Ashe, W. W. 1915 A possible measure of light requirement of trees. Soc. Am. Foresters Proc. 16:199-200.
· Anderson JM, Osmond B. Kyle DJ, Osmond B, Arntzen CJ, editors. 2001 Sun-shade responses: Compromises between acclimation and photoinhibition. Photoinhibition. 2001:1–38.
· Baker, F. S. 1934 Principles of Silviculture. McGraw-Hill Book. Co., New York.
· Canham, CD. Different 1989 Responses to Gaps Among Shade-Tolerant Tree Species. Ecology 70（3）:548–550.
· Daniel, T. W., J. A. Helms and F. S. Baker 1979 Principles of Silviculture. McGraw-Hill Book. Co., New York.
· Korstian, C. F. and T. S. Coil 1938 Plant competition in forest stands. Duke Univ. School Forestry Bull. No.3.
· Morse, H. K. 1962 Gardening in the Shade. Timber Express, Inc., Oregon, USA.
· McHoy, P. 1989 The Garden Floor. Headline Book Publishing Plc. London, UK.

第四篇
具文學與文化意涵的植栽

　　中華文化，亦叫華夏文化、華夏文明。最早發展於黃河流域中原地區的中原文化，後來經過長時間歷史演變，以及期間不斷與外族的接觸與文化融合，形成了今日以漢族文化為主體的文化。中華文化流傳年代久遠，流傳地域甚廣，影響韓國、日本的文化、生活甚鉅，也影響東南亞、南亞一些國家如菲律賓、新加坡、越南等國家和地區的文物、習俗。由此形成以中國文化為核心的東亞文化圈。

　　中國文化悠久，文學遺產豐富。中國古典文學作品，包括《詩經》、《楚辭》、《全唐詩》、《全宋詩》、《全宋詞》、《全元散曲》，以及元詩、明詩、清詩等。章回小說《水滸傳》、《西遊記》、《儒林外史》、《三國演義》、《金瓶梅》、《紅樓夢》、《老殘遊記》、《鏡花緣》、《醒世姻緣傳》、《封神演義》等，均有豐富的植物引述。古人以當時所熟悉的生態環境、植物形態、氣味、用途等來表達心中的意念；藉植物描述情感、寓意言志。詩人用以表達自己特殊的感懷或際遇，所以文學作品之中，引述植物的章句特別多。古人常用植物的象徵隱喻表達意念，如《詩經》有用於避邪、比喻依附和象徵善惡的植物；《楚辭》以香草、香木比喻善良忠貞，以惡草、惡木數落奸佞小人，影響後世文人雅士的文風和眼界。古典文學作品中，包括詩詞、辭賦、章回小說，均充滿植物借喻生活事物的例子，形成成語、諺語、隱喻，充實了中國的文化和文學的內容。

　　中國歷史長遠，從史前時代，經夏、商、周，秦、漢，唐、宋、元、明、清，各朝代都有當時引種植物的歷史背景、環境條件和經濟需求。歷史事件與植物有很大的相關性，一部植物引進史就是一部人類活動史。根據歷代文獻，能歸納出代表各朝代歷史的代表性植物。另外，中文植物名稱中，含有春、夏、

秋、冬季節名稱，植栽設計時，可靈活應用含有季節名稱的植物，表達季節和季節相關意涵或季節展示。植物中，有數字和各種顏色的名稱；也有以鳥、獸、昆蟲、魚等動物為名的植物名稱；有可用於塑造吉祥、歡樂效果的吉祥含意的植物名稱。這些都是中文漢字植物名稱的特殊性，為其他文字所無。植栽設計者宜充分的利用中文特有的植物名稱，發揮其創意，創造美好的生活意境。

欣賞古代詩詞之餘，更可以應用植物的文學意涵塑造具古典雅意的景緻。現代植栽設計講求表現植物的色彩美、形態美，更要求表達植物的內容美、含蘊美。植栽設計中，宜充分利用植物的形態、生態特徵，和植物的文學典故、約定俗成的植物意涵、植物的歷史和文化內容在植栽配置中，以表現景觀設計的「雅緻」層次要求。在景觀設計上，中華文化的內涵是西方世界完全無法倫比的強項，這是無庸置疑的。

本篇各章論述植物的文化意涵、文學價值、歷史意義及典故等，慎選此類植物，可以達到景觀設計層次中，植栽需典雅細緻的目標。

第十五章　植物與文學

　　文人藉植物以寓意言志，自古而然，所以文學作品之中，引述植物的章句特別多。中國古典文學作品，包括《詩經》、《楚辭》、《全唐詩》、《全宋詩》、《全宋詞》、《全元散曲》，以及元詩、明詩、清詩等。章回小說《水滸傳》、《西遊記》、《儒林外史》、《三國演義》、《金瓶梅》、《紅樓夢》、《老殘遊記》、《鏡花緣》、《醒世姻緣傳》、《封神演義》等，均有豐富的植物引述。如《詩經》引用植物 140 類，《楚辭》100 類，《全唐詩》398 種，《西遊記》253 種，《紅樓夢》242 種等。

　　古典文學作品所引述的各類植物之中，又以花卉色彩悅目，或具有淒美傳說的種類最能觸動古人文思，歷代詩詞吟詠花卉的篇章隨處可見。而各種花卉有不同的開花季節，開花的色彩各異，詩人用以表達自己特殊的感懷或際遇，也用以描述情志或寄託曲隱之意（余樹勛，1987；柏原，2004）。欣賞古代詩詞之餘，更可以應用植物的文學意涵創造具古典雅意的景緻。植栽設計中的「雅緻」層次，就是應用植物的文學典故及約定成俗的植物意涵在植栽配置中。

15-01 唐詩人王維的〈相思〉：「紅豆生南國，春來發幾枝」之紅豆樹。

　　近代的植栽設計，卻少有應用植物的文學典故及植物意涵的表現。廣東深圳市是個例外，深圳市有以紅豆樹作行道樹之街道。「紅豆樹」（圖 15-01、15-02）源自唐詩人王維的〈相思〉：「紅豆生南國，春來發幾枝」詩意及詩句，作為行道樹既美觀又富詩意。

15-02 紅豆樹莢果內之紅豆。

這條紅豆樹大道可名之為「相思大道」，表現又現代又典雅的深圳文化（圖 15-03）。

　　另外，也有設計不良，和中國古典文學背景不協調的植栽案例。其一，李白是家喻戶曉的詩人，引導通往李白故居（紀念館）的大道兩旁，種的行道樹全是原產美國的洋玉蘭（又稱廣玉蘭，*Magnolia grandiflora* L.），彷彿在暗示李白和美國有深厚淵源（圖 15-04）。其二，四川眉山是著名文豪蘇東坡的故鄉，建有紀念蘇家父子的三蘇祠，祠閣美侖美奐固然佳，遺憾的是祠內的植栽大多與蘇大文豪及其作品無關（圖 15-05）。

15-03 深圳市有以紅豆樹作行道樹之街道，表現又現代又典雅的深圳文化。

15-04 四川江油市區通往李白故居（紀念館）的大道兩旁，種的行道樹全是原產美國的洋玉蘭。

第一節　詩經與植物

　　《詩經》是中國最古老的詩歌集，也是世界上碩果僅存的古老詩集之一。《詩經》傳播很廣，對後世的影響很大。自古以來，上自宮廷官邸之宴會、典禮，下至百姓的日常生活，以及國與國之間的外交往來，都需要「賦詩言志」。從春秋時代開始，經《左傳》、《國語》以至漢代之後所有的文學和歷史作品無不引用《詩經》，也無不受到《詩經》的鉅大影響。《詩經》記述動植物種類繁多，因此，古人說讀詩經可以「多識草木蟲魚之名」。以植物而

15-05 四川眉山建有三蘇祠，遺憾的是祠內的植栽大多與蘇東坡無關。

言,《詩經》記載有許多與古人生活相關的作物,
也描繪不少當時分布華北地區的天然植被。因此,
除了常用詞彙,由《詩經》內容,特別是由詩經植
物所衍生出來的成語也有很多,可印證《詩經》對
中國文學和民眾生活的影響力,以下成語可以為證:

　　敬恭桑梓,語出〈小雅・小弁〉:「維桑與梓,
必恭必敬」。

　　甘棠遺愛,典出〈召南・甘棠〉:「蔽芾甘棠(圖
15-06),勿翦勿拜,召伯所說」。

　　甘心如薺,典出〈邶風・谷風〉:「誰謂荼苦?
其甘如薺」。

　　夭桃穠李,出自〈周南・桃夭〉:「桃之夭夭,
灼灼其華」及〈召南・何彼穠矣〉:「何彼穠矣,
華如桃李」。

　　摽梅之候,典出〈召南・摽有梅〉:「摽有梅,
其實七兮」。

　　萱草忘憂,典出〈衛風・伯兮〉:「焉得諼草(圖
15-07)?言樹之背」。

　　認識詩經中的植物,辨別植物的名稱、形態性
狀、生態特性等,體驗當時民眾生活周遭的環境和
文化背景,能正確理解《詩經》詩文內容的意涵,
並作為景觀設計植物內容涵意的依據(潘富俊,
2014a)。

上:15-06 詩經:「蔽芾甘棠,勿翦勿拜,
召伯所說」之甘棠,今之棠梨。
下:15-07 詩經:「焉得諼草?言樹之背」
之諼草,今之萱草。

第二節　楚辭與植物

以香草、香木比喻善良忠貞，以惡草、惡木數落奸佞小人，是《楚辭》最大的特色。這就是王逸在《楚辭章句》〈離騷序〉所說的：「離騷之文，依詩取興，引類譬喻，故善鳥香草，以配忠貞；惡禽臭物，以比讒佞……」。

《楚辭》的香木、香草類共有 35 種，占全數植物的三分之一強；惡草、惡木共 20 種。《楚辭》中用以附情的草木合計 55 種，已占全書總植物數的一半以上。這些用以比喻忠貞、廉潔，或針貶奸人、佞臣的植物，在歷代文詞中大量湧現，顯見《楚辭》中以植物擬喻心情的手法，影響後世極鉅。

15-08 《楚辭》「葛藟虆於桂樹兮，鴟鴞集於木蘭」之木蘭。

《楚辭》中，有惡木、惡鳥侵擾香木比喻奸佞得道，忠臣反而受到壓抑的篇章，如〈九歎・憂苦〉之「葛藟虆於桂樹兮，鴟鴞集於木蘭」句，以惡木葛藟蔓爬香木桂樹，以惡鳥鴟鴞欺凌香木木蘭（圖 15-08），象徵小人得（潘富俊，2014b）。也有香草、香木被遺棄，象徵君子忠臣不受重用的章節，如〈九懷・尊嘉〉的「江離兮遺捐，辛夷兮擠臧」句中，江離是香草（圖 15-09），辛夷是香木。

15-09 楚辭：「江離兮遺捐，辛夷兮擠臧」之江離，今之芎藭。

第三節　詩詞歌賦與植物

從歷代詩詞的內容可知，植物的名稱內涵與寓意，組成中國文學不可或

缺的重要部分。可以說,無植物就無詩詞。歷代詩人大多對處於周遭的植物具有感情,常常形之於詩、詠之以情。著名詩人對植物的認識,常較同時代的其他文人深入,對植物隱喻的掌握度較成熟,所引述的植物種類也比較多(潘富俊,2011)。

　　從唐代詩人傳世的別集中可以發現似乎有傳世的詩首數越多,所提到的植物種類也有較多的趨勢。例如白居易的《白氏長慶集》共收錄詩 2,873 首,為唐人中為數最多者,共引述植物 208 種,植物的種數也是唐詩人中最多者。杜甫則兩方面都次之,其總集《杜少陵集》詩 1,448 首,植物有 166 種,都僅次於白居易。除上述的白居易與杜甫外,全詩引述植物 100 種以上者,均為唐代詩文成就很高的名家,如王維、李白、柳宗元、韓愈、元稹、李賀、溫庭筠、李商隱、劉禹錫、貫休、李龜蒙等。但值得注意的是,韓愈傳詩不到 500 首(為 415 首),植物種類卻有 129 種,為唐人中第四高者;柳宗元的《柳河東全集》詩僅 158 首,植物卻也上百種,有 105 種,是唐詩中引述植物頻度最高者。

　　宋代文風更盛,詩人更多,詩人認識的植物種類也比唐代多。陸游的《劍南詩稿》收錄詩 9,213 首,引述的植物種類近 300 種,有 281 種之多。不但傳下來的詩最多,植物種類也是宋代詩中人最多者。蘇軾流傳下來的詩有 2,823 首,但植物種類僅次於陸游,有 256 種之多。宋代詩人所知道的植物種類,普遍比唐代詩人多。其餘著名的宋代文人,如司馬光、王安石、蘇轍、張耒、劉克莊等,別集中的詩,出現的植物都超過 150 種。

　　元代出色的詩人也有不少,方回和王惲傳世的詩分別有 3,799 首和 3,369 首,是元代最多產的詩人。方回的《桐江續集》引述的植物種類有 231 種;其他引述植物在 200 種以上的詩人尚有謝應芳、王逢等。元代文人多寄情於山水,寫景的詩很多。如楊維楨的〈漫興〉:「楊花白日縣初迸,梅子青青核未生。大婦當壚冠似瓠,小姑吃酒口如櫻。」一首七言絕句,卻引述了四種植物,每句一種,分別為楊花(柳)、梅、瓠、櫻(櫻桃),都是古人生活周遭常見的植物。倪瓚的〈田舍二首〉:「映水五株楊柳,當窗一樹櫻桃。灑埽石間蘿月,吟哦琴裡松濤。」聽松濤為隱逸者的象徵。全詩表面看起來

是寫景，字裡行間卻充滿著有志難伸的無奈。

　　明代作詩最多的詩人是王世貞，別集共錄詩 7,062 首，所引述的植物種類也是元、明兩代詩人中最多者，有 286 種。其他在詩作中提到植物種類超過 200 種的詩人有：何白、徐渭、湯顯祖、袁宏道、劉基等，分別為 222、216、207、204、203 種。著名的明代詩人高啟、李東陽、李夢陽、唐寅、謝榛等，詩中提到的植物種類都超過 150 種。明人受到前期古人的影響甚深，也多能充分掌握植物的特性以入詩。如汪道昆的〈冬日雜詩為仲氏作〉：「寧為蘭與芷，溘死有餘芳。毋為桃李華，灼灼徒春陽。」蘭和芷都是《楚辭》的香草，夭桃穠李是《詩經》顯示華貴豔麗的花木，但開花後花瓣迅速凋落，故本詩可視為警世詩。

　　清代距今更近，因印刷技術及書籍保存方法比以前代更精進，詩文的佚失較少，詩人及詩作都遠比前數代為多。且由於世界貿易逐漸發達，中國和外界接觸的機會增多，引進的植物種類也比前朝更為龐雜，詩人所認識的植物也多有增加。樊增祥的《樊樊山詩集》共有 5,496 首詩，植物種類共有 351 種，大概是歷代詩文中，引述植物種類最多者。另外詩集出現 300 種植物以上者為查慎行，250 種以上者有王士禎、蔣士銓、趙翼、洪亮吉。引述植物種類超過 200 種者，都是清代大文豪或以詩文著稱於世者，除上述作者外，還有錢謙益、施閏章、袁枚、李調元、王文治等。其中蔣士銓的《忠雅堂集》有詩 4,869 首，植物種類有 271 種，趙翼的《甌北集》有詩 4,831 首，植物種類有 285 種，均僅次於樊增祥、查慎行。詩人的作品成就幾乎與引述的植物種類多寡，有極大的相關性。

第四節　章回小說與植物

　　章回小說是中國古代長篇小說的重要表現方式，以分章標回方式鋪陳小

說內容。每一回或一章都有一個中心內容，並以標題勾勒主題內容。但早期章回小說的回目標題都比較簡單，每回都只有單題目；後來發展到雙句，每回目字數不等到字數統一、對仗工整、平仄協調的偶句。回目之間，有些小說故事雖看似獨立，但情節結構卻保持連續性，如《三國演義》等；有些則回回之間故事緊密相接。讀之欲罷不能，如《紅樓夢》。另外，也有回回獨立成篇，自成故事的小說，如《今古奇觀》、《聊齋誌異》等。清代的章回小說內容龐雜，呈現各種內容題材，除《紅樓夢》之外，較著名的小說尚有《儒林外史》、《鏡花緣》、《醒世姻緣》、《兒女英雄傳》等，清末則有《官場現形記》、《孽海花》、《老殘遊記》等（潘富俊，2011）。

　　章回小說中有關明清各代的庭園植物種類非常豐富，是研究中國傳統庭園景觀植物及庭園設計的最佳材料。以成書於明末的《金瓶梅》而言，專門描述西門慶住宅庭院的植物就有40種以上。《紅樓夢》大觀園中栽種或自生的活植物共78種，其中庭園樹，如松、楓等共25種；果樹類有梨、枇杷等6種；藤蔓類觀賞植物，如薔薇、金銀花等共15種；草本植物包括鳳仙花等花卉，黃蓮、白芷等藥用植物共23種；水生植物6種，自生（非栽培）之苔、蘚類植物3種。

第五節　具觀賞價值的文學植物

　　文學植物可依植物形態、生活習性、高低大小區分為各種類別：主幹明顯、植株高大的喬木型植物；樹冠低矮、無明顯主幹的灌木型植物；主莖纖細、必須依附他物生長的藤蔓型植物；形體嬌小之多年生或一年生的草本植物等。

　　以下為古代詩詞文獻之中經常出現，且具有季節代表性的植物（潘富俊，2011；2015；2017），依植物生活型分別介紹。

一、喬木類

1.梧桐 *Firmiana simplex*（L.）W.F. Wight.（梧桐科）

古名：桐；梧

梧桐和鳳凰、琴、令儀、相思、秋月等有關（圖 15-10），自古文人喜愛吟詠，如杜甫之「石欄斜點筆，桐葉坐題詩」。白居易〈長恨歌〉的梧桐句，和「梧桐葉上秋先到」、「梧桐一落葉，天下盡知秋」一樣，說的都是秋天景色。

15-10 梧桐和鳳凰、琴、令儀、相思、秋月等有關，自古詩文皆有詠頌。

2. 垂柳 *Salix babylonica* L.（楊柳科）

古名：柳

根據統計，中國文學作品之中，出現的植物，以「柳」的次數最多。垂柳枝條長軟下垂，裊娜多姿，向為文人描繪傾慕的對象（圖 15-11）。柳與留同音，古人送別時，常折柳以表達留客及留戀難捨之情。

15-11 中國文學作品之中，出現植物的次數，以「柳」最多。

3. 槐樹 *Sophora japonica* L.（蝶形花科）

古名：槐

從漢代起，槐樹就成為皇宮中重要的觀賞樹木。漢代宮中，槐樹必多，稱「玉樹」。「芝蘭玉樹」、「玉樹臨風」，和曹植詩所云：「綠蘿綠玉樹」中的「玉樹」，指的都是槐樹。

4. 馬尾松 *Pinus massoniana* Lamb.（松科）
油松（*P. tabulaeformis* Garr.）
白皮松（*P. burgeana Zucc. ex* Endl.）

古名：松

松的樹幹及樹姿盤曲蒼勁，是詩詞及山水畫中經常詠頌的對象，連風吹松樹的「松濤聲」也深受文人墨客的喜愛，歷朝吟詠不絕。如唐朝裴迪的「落日松風起，還家草露稀」；王維的「更聞松韻切，疑是下風哀」；李白的「江寒早啼猿，松暝以吐月」；金雷的「千畾玉粒畫長松，半夜珠璣落雪風」等。

5.華山松 *Pinus armandi* Franch.（松科）

　　古名：松；松子

　　多數的松樹種類種子一端生有長翅，以利其散播。但少數松樹樹種，種子無翅，但種仁較大，可提供動物充分的食物。所以種子不靠風力而靠動物來傳播，如華山松種子由松鴉（一種鳥類）傳布。唐詩中，「空山松子落，幽人應未眠」，應是描述在靜謐的山林中，松子掉落地面或其他硬物上發出的聲響，對照著未眠的「幽人」，此松是分布最廣，大江南北皆可見到的華山松（圖 15-12）。

15-12 「空山松子落，幽人應未眠」之松，應為華山松。

6.楓香 *Liquidambar formosana* Hance（金縷梅科）

　　古名：楓

　　楓葉入秋變為紅色，古人常以「楓林」形容秋色，即杜甫〈寄柏學士林居〉所說的「赤葉楓林百舌鳴，黃花野岸天雞舞」。天氣越冷，楓葉越紅，和荻花的白相對應，所以才有「楓葉荻花秋瑟瑟」的秋誦。

7.紅豆樹 *Ormosia hosiei* Hemsl. *et* Wils.（蝶形花科）

　　古名：紅豆

　　紅豆象徵赤紅的心，用以致贈心儀的異性以表示相思之意。後唐牛希濟的詞〈生查子〉：「紅豆不堪看，滿眼相思淚」，和〈紅豆詞〉中「滴不盡相思血淚拋紅豆」的淒涼美豔，表現文人對紅豆的寄託和寓情。紅豆樹樹姿優雅，是良好的庭園樹。

植栽設計選種大要　　第一篇　植物形態與色彩的選擇　　第二篇　特殊表現與特別場所的植栽

8. 白梨 *Pyrus bretschneideri* Rehd.（薔薇科）
沙梨 *Pyrus pyrifolia*（Burm. f.）Nakai.（薔薇科）

古名：梨

《唐書》〈漢禮志〉記唐明皇選子弟三百，教音律於梨園，號稱皇帝「梨園弟子」。「梨園」說明梨已成為果園，演變為後世稱演員為「梨園弟子」。栽植梨樹主要是收成果實，但梨花潔白淡雅，也成為詩人墨客吟誦的對象。

9. 栗 *Castanea mollissima* Bl.（殼斗科）

古名：栗

根據《詩經》的記載，可知板栗的栽培歷史至少有二千多年。栗子富含澱粉及其他重要營養成分，自古即為重要的糧食來源。板栗至今仍為世界主要乾果樹種之一，是許多國家的經濟植物。

10. 玉蘭；木蓮 *Magnolia denudata* Desr.（木蘭科）

古名：木蘭

木蘭花香如蘭，因此稱為木蘭。詩詞中常以木蘭舟來美稱舟船。木蘭不但是香花植物，也是樹姿美觀的庭院樹，極適合在庭院、公園大量栽植。

11. 側柏 *Thuja orientalis* L.

柏木（*Cupressus funebris* Endl.）

古名：柏

柏和松一樣，凌冬不凋，積雪不能毀其枝，寒風無法改其性，因此才有「歲寒之後知松柏」的說法。松柏這種特性，被譽為「君子之志行」。古代在宮殿、廟宇等地栽種。杜甫〈古柏行〉：「孔明廟前有老柏，柯如青銅根如石」和〈蜀相〉：「丞相祠堂何處尋，錦官城外柏森森」，歌頌的對象是諸葛亮墓前的古柏。

12. 泡桐 *Paulownia fortune* Hemsl.（玄參科）

古名：桐；紫桐

泡桐由於其木質疏鬆，聲學性好，共鳴性強，特別適合製作樂器。可做琵琶、古箏、月琴、大小提琴板面等（圖 15-13）。自《詩經》以下，詩文中經常記述之。泡桐有 5 個主要樹種：蘭考泡桐（*Paulownia elongata* S. Y. Hu）、楸葉泡桐（*P. catalpifolia* Gong Tong）、毛泡桐（*P. tomentosa*（Thunb.）Steud.）和四川泡桐（*P. fargesii* Franch.）。

15-13 泡桐春天開紫藍色花，自詩經以下，詩文經常引述之。

13. 槲樹 *Quercus dentata* Thunb.（殼斗科）

古名：橡

槲樹葉秋天變黃或呈橙黃色，且經久不落，季相色彩極其豐富，是秋天景色的代表樹種。唐詩很多詩詠頌之，司空曙的〈雪二首〉詩句：「半山槲葉當窗下，一夜曾聞雪打聲」，描寫的就是秋季佛寺附近山崖上生長的槲樹。槲樹常會栽種在庭園中供觀賞用，如柳宗元的〈種木槲花〉：「上苑年年占物華，飄零今日在天涯。只因長作龍城守，剩種庭前木槲花」。

14. 銀杏 *Ginkgo biloba* L.（銀杏科）

古名：銀杏；鴨掌

中國人種植銀杏歷史悠久，銀杏的葉片呈扇形，形狀酷似鴨掌，古詩常稱為「鴨腳」。如皮日休〈題支山南峰僧〉：「雞頭竹上開危徑，鴨腳花中摘廢泉。無限吳都堪賞事，何如來此看師眠」，句中之鴨腳，就是銀杏。一般詩文還是稱銀杏，如元稹的「借騎銀杏葉，橫賜錦垂萄」詩句。

二、灌木類

1. 桂花 *Osmanthus fragrans* Lour.（木犀科）

古名：桂；木犀；巖花

桂是一種香木，香味來自花朵。桂花花雖小，但「清芳瀰鬱，餘花所不及也」。直至現在，一般庭院及寺廟多喜植之，取其「天芬仙馥」也。桂和中國人的關係極為密切，「吳剛伐桂」及「月桂落子」的傳說，指的就是桂花。

2. 橘 *Citrus reticulata* Blanco（芸香科）

古名：橘；木奴

橘是貞節的象徵，屈原的〈九章〉中有〈橘頌〉，說橘「深固難徙，壹其志兮」，稱頌其貞節之性、品德之高均可與伯夷相比（圖 15-14）。唐詩「豈伊地氣暖，自有歲寒心」，末句的「歲寒心」也在說明橘的節操。橘於春末夏初開小白花，香味濃郁。

15-14 橘於春末夏初開小白花，香味濃郁，是楚辭的香木之一。

3. 紫薇 *Lagerstroemia indica* L.（千屈菜科）

古名：紫薇

紫薇的花色有白色、紅色者、紫色、紫帶藍。初夏開始開花，花期可延續到九月，由於花期甚長，俗稱「百日紅」（圖 15-15）。除植物名稱外，「紫薇」另有三種意義：一為星座名，在北斗之北，為天帝的住所；二為皇帝所在的都城；三為官名，稱紫薇省，即中書省。

15-15 紫薇從初夏開花到九月，自唐代以來就是中國名花。

4. 安石榴 *Punica granatum* L.（安石榴科）

古名：石榴

漢代張騫出使西域所引者。石榴在農曆五月開花，有紅、黃、白等花色，

其花姿花色可愛，自古人多喜種之，李商隱的詩〈茂稜〉篇中，已有「菖蒲榴花遍近郊」的句子。宋朝以後，詠石榴的詩詞很多，最有名的有王安石的「萬綠叢中紅一點，動人春色不須多」。

5. 扶桑；朱槿 *Hibiscus rosa-sinensis* L.（錦葵科）

　　古名：扶桑；佛桑

　　扶桑古人視為神木，長在日出之處。扶桑又名「朱槿」、「赤槿」、「日及」，在中國已有 1000 多年的栽培歷史。花色有深紅、橘紅、粉紅、淡紅、黃白等多種，自古至今，均為著名的觀賞花木，除群植外，亦常栽成綠籬。

6. 杜鵑；映山紅 *Rhododendron simsii* Planch.（杜鵑花科）

　　古名：杜鵑；山榴；躑躅

　　自唐代起，詠杜鵑詩即大量出現。詩仙李白的〈宣城見杜鵑花〉詩句：「蜀國曾聞子規鳥，宣城還見杜鵑花」，說的是杜鵑鳥啼血成杜鵑花的傳說。宋代亦多杜鵑詩，如楊萬里的「日日錦江呈錦樣，清溪倒照映山紅」，描述山野處處可見的杜鵑花。

7. 含笑花 *Michelia figo*（Lour.）Spreng.（木蘭科）

　　古名：含笑

　　春夏之間開花，花期兩個月以上。開花時香氣清雅宜人，宋代詩人楊萬里的詩句說的好：「只有此花偷不得，無人知處忽然香」。宋代以後，明詩、清詩中多有詠誦含笑花詩篇。

8. 梔子 *Gardenia jasminoides* Ellis.（茜草科）

　　古名：梔；支子

　　春末夏初開始開花，花白色，香氣濃郁，至古即栽植在庭院、寺廟中供觀賞。唐韓愈的〈山石〉詩句：「升堂坐階新雨足，芭蕉葉大支子肥」，稱「支子」；而稍後之李賀〈感諷〉句：「淒涼梔子落，山壟泣清漏」，則稱「梔子」了。可單植作庭木，也可列植作綠籬，是兼具實用價值及文學品味的植物。

9. 木槿 *Hibiscus syriacus* L.（錦葵科）

古名：木槿；舜；朝開暮落花

木槿栽培歷史悠久，已培育出白、粉紅、玫瑰紅、藍紫、藍等花色品種，花瓣又有單瓣和重瓣之分。《詩經》以木槿之花色來形容女子之容顏：「顏如舜華，顏如舜英」，「舜華」、「舜英」都指木槿的花。木槿自古以來就是庭園重要的綠籬植物（圖 15-16）。

10. 木芙蓉 *Hibiscus mutabilis* L.（錦葵科）

古名：木芙蓉；芙蓉；拒霜

秋天開花，花初開時花冠白色或淡紅色，日中氣溫升高之後則漸變成深紅色，如飲酒臉色泛紅的姑娘，又稱作「三醉芙蓉」（圖 15-17）。由於性抗寒耐霜，詩詞中多稱「拒霜」。古人詠誦的篇章不勝枚舉。如韓愈就有〈木芙蓉〉詩，說木芙蓉「新開寒露叢，遠比水間紅」。

11. 桃 *Prunus persica*（L.）Batsch（薔薇科）

古名：桃

桃花花容穠豔，其色甚媚，從《詩經》〈桃之夭夭〉以下，歷朝詠桃花的詩句不絕。桃木據說還有驅鬼辟邪的神奇法力，因此從春秋時代開始，就以桃木製成掃帚、桃弓、桃人及桃印等物，甚至在桃木上刻字，懸掛在門上鎮宅，稱為「桃符」，後來慢慢演變成現在所見的春聯。

15-16 《詩經》：「顏如舜華，顏如舜英」之「舜華」、「舜英」都指木槿的花。

15-17 木芙蓉秋天開花，花色從白、淡紅色，漸變成深紅色，又稱作「三醉芙蓉」。

12. 杏 *Prunus armeniaca* L.（薔薇科）

　　古名：杏

　　美麗的杏花是詩人筆下用以寫情寫景的對象，「紅杏枝頭春意鬧」寫出了滿樹杏花的熱鬧氣氛；而雨下在清明前後，則成了催人血淚的「杏花雨」，如元朝陳元觀的名句：「沾衣欲濕杏花雨，吹面不寒楊柳風」。

13. 梅 *Prunus mume* S. & Z.（薔薇科）

　　古名：梅

　　梅實在古代主要作為調味用，賞梅的風氣大概在南北朝之後才開始，賞梅的風氣及大量的詠梅詩從宋代開始，首由梁簡文帝的〈梅花賦〉開其端，此後文人雅士才陸續跟進，有些人甚至愛梅成癡。梅花的樹姿優雅，枝幹蒼古，植為盆景、庭木尤富觀賞價值。

14. 黃楊 *Buxus sinica*（Rehd. *et* Wils.）Cheng（黃楊科）

　　古名：黃楊

　　古人有黃楊「歲長一寸，遇閏年則倒長一寸」的說法，成語「黃楊厄閏」說的就是黃楊木難長，遇到閏年，非但不長，反而會縮短。用來比喻境遇困難或學養沒有進境。歷代詩文引述甚多。

15. 紫荊 *Cercis chinensis* Bunge（蝶形花科）

　　古名：紫荊

　　唐·韋應物描寫紫荊花：「雜英粉已積，含芳獨暮春。還如固園樹，忽憶故園人」，說明紫荊是「故園樹」。紫荊通常在三、四月開花，杜甫的詩：「風吹紫荊樹，色與春庭暮」，描寫紫荊是春日的色彩之一。

16. 牡丹 *Paeonia suffruticosa* Andr.（牡丹科）

　　古名：牡丹；木芍藥

　　牡丹為中國特產名花，花大色豔、富貴華麗，自古即有「國色天香」、「花中之王」的稱呼。詩文中的「姚黃」、「魏紫」為牡丹名品。

15-18 《詩經》用唐棣花來形容女兒婚禮的車服盛況，以及排場儀式之豪華。

17. 唐棣 *Ameranchier sinica*（Schneid.）Chun（薔薇科）

古名：唐棣；扶蘇；扶栘

唐棣的花序下垂，朵緊密排列，花瓣白色絲狀，香氣濃郁且外觀豔麗，不論花容或花色都是優美的觀賞樹種（圖15-18）。《詩經》〈召南‧何彼襛矣〉描述周公之女下嫁諸侯，用唐棣花和桃李花來形容車服的華麗盛況，以及排場儀式之壯大。

18. 木瓜；楑楂 *Chaenomeles sinensis*（Thouin）Koehne（薔薇科）

古名：木瓜

《詩經》及其他中國古典文學作品所言之「木瓜」，《爾雅》謂之「楙」。果實為長橢圓形，成熟後呈黃色，狀如小甜瓜但質堅硬，因此謂之木瓜。木瓜樹姿優美，花粉紅色徑約3cm且具香味。春天開花，花期四至五月，花盛開時美麗動人。

19. 毛葉木瓜；木瓜海棠 *Chaemomeles cathayensis*（Hemsl.）Schneid.（薔薇科）

古名：木桃

木桃自古亦為有名的觀賞植物，也有栽培用於觀花者。早春時先開花後長葉，其花色有紫色、粉紅色、乳白色者，更有重瓣花的品種。枝密多刺，又可充為綠籬，栽培歷史相當久遠。

20. 榅桲；榠樝；木梨 *Cydonia oblonga* Mill.（薔薇科）

古名：木李

木李即今之榅桲。榅桲枝葉扶疏，花白色亮麗，盛開時宛如李花滿樹。結黃色果，味芳香。葉在秋冬時會轉變為黃色，因此觀花、觀果、觀葉皆宜。

21. 丁香花 *Syringa oblate* Lindl.（木犀科）

古名：丁香

丁香是雅俗共賞的觀賞植物，開時芳菲滿目，清香遠溢。可栽植在庭院、園圃，或用盆栽擺設在書室、廳堂，或作切花插瓶，都清豔宜人。唐詩中以丁香表達思念之情，如李商隱的〈代贈二首〉：「樓上黃昏欲望休，玉梯橫絕月如鉤。芭蕉不展丁香結，同向春風各自愁」。

22. 辛夷 *Magnolia liliflora* Desr.（木蘭科）

古名：辛夷；木蘭；木筆；紫玉蘭

辛夷是著名的觀賞花木，早春開花時，滿樹紫紅色花朵，幽姿淑態，別具風情。在中國有著悠久的歷史，早在戰國時期屈原的〈九歌〉和〈九章〉中就有描述。唐詩及後來歷代詩詞也有多首提及辛夷。

三、藤本植物

1. 凌霄花 *Campsis grandiflora*（Thunb.）K.Schum.（紫葳科）

古名：苕

凌霄花夏秋開花，花色初為黃橙色，至深秋轉赤。花冠漏斗狀，紅豔可愛，栽培歷史悠久（圖 15-19）。有詩云：「庭中青松四無鄰，凌霄百尺依松身。高花風墮赤玉盞，老蔓煙濕蒼龍鱗」。《詩經》的「苕之華，其葉青青」，意為凌霄花的綠葉繁茂。

15-19 《詩經》：「苕之華，其葉青青」之苕，即今之凌霄花。

2. 玫瑰 *Rosa rugosa* Thunb.（薔薇科）

古名：玫瑰

原種的玫瑰枝條較為柔弱軟垂且多密刺，小葉表面有明顯的網紋。近代園藝品種數萬種，花色、花型，單瓣或重瓣，變化豐富。現代一般所謂的玫瑰，其實是雜交玫瑰（Rosa hybrida Krause），亦稱現代薔薇，或月季，是數百年來由許多種薔薇屬物種及育種雜交所產生的栽培變種。

3. 紫藤 *Wisteria sinensis*（Sims）Sweet.（蝶形花科）

古名：紫藤；朱藤；藤花

春天開花，為著名之棚架觀賞植物，花紫色或深紫色，十分美麗，中國自古即栽培成庭園觀賞植物（圖 15-20）。是盆景、庭園、花棚、花架、花廊以及圍籬之優良材料，自古以來中國文人皆愛以紫藤為題材詠詩作畫。詩文中紫藤常稱作藤花，如劉禹錫〈同樂天和微之探春二十首〉（其十八）：「何處深春好，春深老宿家。小欄圍蕙草，高架引藤花」。

15-20 紫藤中國自古即栽培成庭園觀賞植物，詩文中常稱作藤花。

4. 薔薇 *Rosa multiflora* Thunb.（薔薇科）

古名：薔薇；刺蘼；刺紅；買笑

玫瑰、月季和薔薇都是薔薇屬植物，種與種之間多可互相雜交產生具生殖力的子代。一般人習慣稱花朵直徑大、單生的品種稱為玫瑰或月季，小朵叢生的稱為薔薇。通常所說的薔薇，只是許多品種薔薇花的通稱。

四、竹及棕櫚類

1.剛竹；桂竹 *Phyllostachys bambusoides* Sieb. *et* Zucc.（禾本科）
　麻竹 *Dendrocalamus latiflorus* Munro.（禾本科）

15-21 文人愛竹，因竹具有「虛心」、「有節」等君子的品性。

毛竹；孟宗竹 *Phyllostachys pubescens* Mazel *ex* de Lehaie.（禾本科）
唐竹 *Sinobambusa tootsik*（Makino）Makino.（禾本科）

古名：竹

中國境內原產的竹類超過150種，主要分布於長江流域、華南、西南等地。本篇所列四種竹，為華中、華南最常見的竹類，均可能是古代詩文所提到的種類。文人愛竹，則因竹具有「固」、「直」、「心空」、「節貞」等君子的品格（圖 15-21）。居家附近種竹，有「綠竹入幽徑」、「苔色連深竹」的景觀，也會有「日暮倚修竹」、「竹露滴清響」的意境。

15-22 斑竹稈部散佈黑色斑點，為著名觀賞竹，稱「瀟湘竹」、「淚痕竹」。

2.斑竹 *Phyllostachys bambusoides* S. *et* Z. f. *larcrima-deae* Keng f. *et* Wen（禾本科）

古名：瀟湘竹；湘妃竹

斑竹稈部生黑色斑點，為著名觀賞竹，稱「瀟湘竹」、「淚痕竹」（圖 15-22）。《陣物志》：「堯之二女，舜之二妃，曰湘夫人，舜崩，二妃啼，以涕泣揮，竹盡斑。」所以稱：「湘妃竹」或「瀟湘竹」。

3. 箬竹 *Indocalamus tessellatus*（Munro）Keng f.（禾本科）

古名：箬；篛

箬竹生長快，葉大、產量高，資源豐富，用途廣泛，其稈可用作竹筷、毛筆稈、掃帚柄等，其葉可用作食品包裝物（如粽子）、茶葉、斗笠、船篷襯墊等。南人取葉作笠，即唐張志和的《漁父》：「青箬笠，綠蓑衣，斜風細雨不須歸」句之箬笠。

4. 蒲葵 *Livistona chinensis*（Jack.）R. Br.（棕櫚科）

古名：蒲葵

自古以來，民間利用蒲葵葉加工製成葵扇、葵籃、葵帽、葵篷等各種葵製品，遠銷外國。文人有使用葵扇的習慣，故蒲葵的文句很多。

5. 棕櫚 *Trachycarpus fortune*（Hook.）Wendl.（棕櫚科）

古名：棕櫚；唐棕；拼棕

又名唐棕、拼棕、中國扇棕，是最耐寒的棕櫚科植物，天然分布北可到秦嶺。由於樹勢挺拔，樹姿優美，葉色蔥蘢，適於四季觀賞，是理想觀賞庭園樹，也常栽於路邊及花壇之中。白居易〈西湖晚歸回望孤山寺贈諸客〉：「盧橘子低山雨重，栟櫚葉戰水風涼」句，「栟櫚」即棕櫚，寺廟庭院、私人宅第都栽植棕櫚。

五、雙子葉草本植物

1. 蜀葵 *Althaea rosea*（L.）Cavan.（錦葵科）

古名：葵花；戎葵

蜀葵，植株可達 3m，故有又有一丈紅之稱。花朵大，花期長。花有單瓣重瓣之分，顏色有紫、紅、白、黃等色。是院落、路側、場地布置花境的常用花卉。唐詩開始屢有出現，有時稱葵花，即戴叔倫〈嘆葵花〉：「今日見花落，昨日見花開。花開能向日，花落委蒼苔。自不同凡卉，看時幾日回」。《爾雅》謂之戎葵。

2. 紅蓼 *Polygonum orientale* L.（蓼科）

古名：葒葦；水葒；游龍

紅蓼常生長在河湖水淺處及沼澤中，秋季開花時呈一片紅色花海，極為壯觀（圖 15-23）。近年來在水邊人工栽培的紅蓼，成為最引人的湖岸景觀。張耒的詞：「楚天晚，白蘋煙盡處，紅蓼水邊頭」，說明紅蓼和白蘋一樣生長在水邊；而感性的陸放翁說：「數枝紅蓼醉清秋」，描寫的則是紅蓼襯出的水邊秋景。

15-23 宋人張耒的詞：「楚天晚，白蘋煙盡處，紅蓼水邊頭」，所說的紅蓼。

3. 錦葵 *Malva sinensis* Cavan（錦葵科）

古名：荊葵；蕍

錦葵花紫紅色或白色，花多而持久。紫紅色花者尤其豔麗，可供栽植在庭園觀賞，自古多見有栽培。宋代詩人陸游的〈旌節葵〉詩：「旌節庭下葵，鼓吹池中蛙。坐令灌園公，忽作富貴家」，所言之「旌節葵」即錦葵。

4. 菊 *Chrysanthemum morifolium* Ramat.（菊科）

古名：菊；黃花

菊花是九月秋天的花朵，自古以來菊花就是九九重陽佳節最重要的應時花卉，如唐朝孟浩然〈過故人莊〉云「待到重陽日，還來就菊花」。菊花開放於深秋霜凍之時，文人以其不畏寒霜的特性來象徵晚節清高，宋朝周敦頤則譽稱菊花為「花之隱逸者」。

5. 芍藥 *Paeonia lactiflora* Pall.（牡丹科）

古名：藥；紅藥；將離

芍藥初夏開花，花大而豔，自古即栽植於庭園中觀賞。牡丹稱「花王」，芍藥稱「花相」，均為花中貴裔，不論花形花色都以豔麗著稱。芍藥一名將

離或可離,因此古人在離別時,常以芍藥相贈,即《詩經》〈鄭風‧溱洧〉所述。

六、單子葉草本植物

1.美人蕉 *Canna indica* L.(美人蕉科)

古名:紅蕉

美人蕉自《全唐詩》開始出現,當時稱「紅蕉」(圖15-24),如白居易〈東亭閑望〉:「東亭盡日坐,誰伴寂寥身。綠桂為佳客,紅蕉當美人」;和朱慶餘〈杭州盧錄事山亭〉:「山色滿公署,到來詩景饒。解衣臨曲榭,隔竹見紅蕉」。

15-24 美人蕉自《全唐詩》開始出現,當時稱「紅蕉」。

2.芭蕉 *Musa basjoo* S. *et* Z.(芭蕉科)
香蕉 *Musa nana* Lour.(芭蕉科)

古名:芭蕉

一般詩文都是香蕉和芭蕉名稱混合使用,庭園、苗圃所栽植的「芭蕉」,應為香蕉。韓愈「芭蕉葉大支子肥」中的「芭蕉」,依常理判斷,亦為栽種在庭園內的「香蕉」,而香蕉應係所有食用蕉的總稱。如純作觀賞,非食用者則為「芭蕉」。

3.紅豆蔻 *Alpinia galanga* Willd.(薑科)

古名:豆蔻

從《楚辭》開始,詩詞中多有引頌豆蔻可。豆蔻花自根基上發生,著生於群葉之中,花未全開的花序,謂之「含胎花」,文人因以未開的豆蔻花形容女人的嬌柔美麗。杜牧的〈贈別二首〉亦用二月初的豆蔻花讚美十三歲女子的嬌麗。

4. 荻 *Triarrhena sacchariflora*（Maxim）Nakai（禾本科）

古名：荻；萑；菼

荻又名菼或萑，莖稈供編製窗簾、門簾，謂之「荻簾」。宋朝大文豪歐陽修年幼家貧時，以荻稈在泥地上寫字，此所謂「畫荻學書」。白居易〈琵琶行〉「潯陽江頭夜送客，楓葉荻花秋瑟瑟」，所描述的是荻花所點綴的秋天景色。

5. 萱草 *Hemerocallis flava* L.（百合科）

古名：萱；諼草；忘憂草；丹棘；療愁；宜男草

由於萱草有忘憂含意，古人時興在庭院中栽植萱草。例如唐朝韋應物詩云「何人樹萱草，對此郎齋幽。本是忘憂物，今夕重生憂。」

6. 鬱金、薑黃 *Curcuma aromatica* Salisb.（薑科）

古名：鬯

古時用其根狀莖，滲和於黑麥（秬）所釀成的酒中，使酒色變黃且氣味芬芳。這種酒稱為「黃流」，用以祭祀祖先。〈大雅・江漢〉篇「秬鬯一卣」中的「秬鬯」指的就是用黑黍和鬱金釀製的酒，用有柄的酒壺（卣）盛裝。古人除製作「鬱金酒」外，也常用鬱金作為食物染料，現今則成為重要的藥材。

七、水生植物及其他

1. 田字草 *Marsilia quardrifolia* L.（蘋科）

古名：白蘋；蘋

田字草四片小葉中間接合成十字縫，外觀像「田」字，為常見的水中雜草（圖 15-25）。古人分為「白蘋」、「青蘋」，其實都是「蘋」。春季可採集幼芽嫩葉，以米和之「蒸為茹」，《左傳》說：「蘋、蘩、薀藻之菜」可用來祭鬼，招待王公，可見蘋也是古時候高貴的蔬菜。

15-25 古人用田字草（蘋）來祭鬼、招待王公，古時候高貴的蔬菜。

2. 蓴菜 *Brasenia schreberi* J. F. Gmel. （蓴菜科）

古名：蓴；蓴菜；茆

吳人特別嗜食蓴菜，以「蓴羹鱸膾」最膾炙人口，傳說晉朝張翰在洛陽當官，見秋風起，想起家鄉的蓴菜鱸魚，不惜辭官返鄉嘗鮮。辛棄疾的〈木蘭花慢〉「秋晚蓴鱸江上，夜深兒女燈前」描寫的正是同樣的景況。

3. 荷；蓮 *Nelumbo nucifera* Gaertn. （蓮科）

古名：荷；芙蓉；芙蕖；菡萏

荷即蓮，蓮即荷，古稱「芙蓉」，形容美女出浴，謂之「出水芙蓉」。《群芳譜》說：「蓮，花中之君子也」，故蓮又名君子花，在蓮（荷）花池中矗立的涼亭，謂之「君子亭」。歷代詠荷詠蓮的詩詞文章很多，其中最有名的應為周敦頤的《愛蓮說》，蓮花的可貴處，在於「出淤泥而不染」，象徵君子的品德及節操

4. 香蒲 *Typha orientalis* Presl. （香蒲科）

古名：蒲

香蒲葉柔韌，可用來製蓆。祭祀用之蓆多用香蒲製之。古人也常以香蒲象徵男女感情牢固，如〈孔雀東南飛〉焦仲卿夫婦分別時誓言：「君當作磐石，妾當作蒲葦；蒲葦韌如絲，磐石無轉移」，「蒲」即香蒲，「葦」為蘆葦，用香蒲及蘆葦來表示自己感情的堅貞。

5. 菱 *Trapa bispinosa* Roxb. （菱科）

古名：菱

菱有多種，果有二角的稱之為「菱」，三角、四角者稱之為「芰」，均經常出現在歷代詩詞之中，白居易的〈武丘寺路〉，有「芰荷生欲遍，桃李種乃新」句，說的是三、四角的「芰」。「菱」之果「曝乾剉米為飯、為糕、為粥、為果，皆可代糧」，是名聞遐邇的果品之一。

6. 芋 *Colocasia esculenta*（L.）Schott.（天南星科）

古名：芋

「芋」的名稱根據《說文》：「大葉，實根，駭人，故謂之芋」，說明中原人士第一次見到芋的大葉子，驚呼「吁」，所以才名之為「芋」。芋是熱帶地方許多民族的主食，詩人經常詠頌之，如居山人特云：「深夜一爐火，渾家團欒坐；芋頭時正熟，天子不如我」。

7. 莕菜 *Nymphoides peltatum*（Gmel.）O. Kuntze.（睡菜科）

古名：荇；水荷葉

浮水植物，春夏時開黃色花，湖中生長面積極大時，在陽光照射下，宛如片片黃金，所以又名「金蓮子」。嫩莖葉取作蔬，作羹，也是江南名菜之一。儲光義〈江南曲四首〉（其二）：「逐流牽荇葉，緣岸摘蘆苗。為惜鴛鴦鳥，輕輕動畫橈」，在江南地區，莕菜（荇葉）和蘆芽（蘆苗）都是名蔬。

8. 菖蒲 *Acorus calamus* L.（菖蒲科）

古名：蒲；菖；蓀；荃

菖蒲的分布遍及大江南北，全株具有特殊香味，自古即列為香草。歷代詩文引述特別多，如唐代貫休的〈春晚書山家屋壁〉：「水香塘黑蒲森森」中的「蒲」所指為菖蒲；王維的〈寒食城東即事〉：「演漾綠蒲涵白芷」之「綠蒲」也是菖蒲。

參考文獻

- 余彥文 1999 花木盆栽休閒系列：花草情趣 湖北科學技術出版社
- 余樹勳 1987 園林美與園林藝術 北京科學出版社
- 林軒霈 2011 中國傳統園林植栽在現代公園之選用：以至善園為例 中國文化大學景觀學系（所）碩士論文
- 柏　原 2004 談花説木 天津百花文藝出版社
- 高　興 1988 古人咏百花 台北木鐸出版社

- 張萬佛 1995 花木綴談 台北地景企業股分有限公司
- 張萬佛 2004 花木續談 台北地景企業股分有限公司
- 過常寶、黃偲奇 2013 花文化 北京中國經濟出版社
- 楊啟德、潘傳瑞、劉鑰晉 1983 花海拾貝 四川科學技術出版社
- 楊啟德、劉鑰晉、潘傳瑞 1987 花海拾貝（續集）四川科學技術出版社
- 潘富俊 2005 紅樓夢大觀園中的植物 歷史月刊（台灣）209: 81-86
- 潘富俊 2011 中國文學植物學 台北貓頭鷹出版社
- 潘富俊 2014a 詩經植物圖鑑 二版 台北貓頭鷹出版社
- 潘富俊 2014b 楚辭植物圖鑑 二版 台北貓頭鷹出版社
- 潘富俊 2014c 紅樓夢植物圖鑑 二版 台北貓頭鷹出版社
- 潘富俊 2017 成語典故植物學 台北貓頭鷹出版社
- 潘富俊 2018 全唐詩植物學 台北貓頭鷹出版社

- Quealy, G. 2017 Botanical Shakespeare: An Illustrated Compendium of All the Flowers, Fruits, Herbs, Trees, Seeds, and Grasses Cited by World's Greatest Playwright. Harper Design, New York, USA.
- Ward, B. J. 1999 A Contemplation Upon Flowers: Garden Plants in Myth and Literature. Timber Press, Inc., Oregan, USA.
- Willes, M. 2015 A Shakespearean Botanical. Bodleian Library, University of Oxford, Oxford, UK.

第十六章　植物與象徵

　　古人常用植物的象徵隱喻表達意念，形之於詩句、見之於文辭。《詩經》有用於避邪、比喻依附和象徵善惡的植物，《詩經》的植物典故、寓意，至今仍在使用。《楚辭》以香草、香木比喻善良忠貞，以惡草、惡木數落奸佞小人，影響後世文人雅士甚鉅。中國其他古典文學作品，詩詞、辭賦、章回小說中均不乏以植物借喻生活事物的例子，所形成的成語、諺語、隱喻，充實了中國的文化、文學和生活內容（如舒迎瀾，1993；童勉之，1997）。現代植栽設計講求表現植物的色彩美、形態美，更要求表達植物的內容美、含蘊美，充分利用植物的形態、生態特徵，和植物的象徵隱喻，以表現景觀設計的「雅緻」層次要求。

　　植物的象徵隱喻可充分體現在植栽設計上，例如名勝古蹟宜多用正面的象徵的植物種類，可引用《詩經》中象徵善的植物，展現中國文化深邃的內涵；聖賢故居及遺跡，則引種《楚辭》中的香草、香木類植物，表彰歷代聖賢忠義形象；而公園及教育園區，多應用中國古典文學作品，如詩詞、辭賦、章回小說中，植物象徵借喻含意所形成的成語、諺語、典故，充實植物展示內容。歷代聖賢遺蹟的植栽配置，最典型的正面實例莫過於山東曲阜孔子墳前的黃連木（*Pistachia chnensis* Bunge）（圖16-01）。黃連木又名楷木，有「天下楷模」之意涵。

上：16-01 山東曲阜至聖先師孔子的陵墓。
下：16-02 黃連木枯亡後部分樹幹在孔墓前展示。

　　孔子去世，眾弟子認為孔子地位有如帝王將相，墳上封樹宜選用代表貴族地位的松、柏類植物；唯子貢獨排眾議，主張孔子地位遠高於歷代帝王將相，墳上宜種植象徵崇高地位的「楷木」，

楷木顯現孔子至高無尚的至聖先師形象（圖 16-02）。但近代名勝古蹟植栽配置也有許多負面的案例，譬如，台灣霧社的「抗日英雄莫那魯道紀念碑」下原栽植成片的唯一植被平戶杜鵑。「平戶杜鵑」是日本人培育出來的知名杜鵑品種，既然塑造莫那魯道的抗日英雄形象，又在紀念碑下種植日本的著名杜鵑，其氛圍的衝突不言而喻。另外，陝西通往黃帝陵步道上連綿不絕的洋槐（*Robinia pseudoacasia* L.）（圖 16-03），也是極不妥當的植栽配置。洋槐又名刺槐（圖 16-04），原產北美洲，清末引進中國。「黃帝」被界定為中國人的共同祖先，也是中國家喻戶曉的先聖先賢。在充塞古建物、古樹群的中國古物氛圍中大量種植象徵西方文明的洋槐，不如栽種有國槐之稱的槐樹（*Sophora japonica* L.），更有中國人共同祖先的象徵意義。

上：16-03 陝西通往黃帝陵步道上種滿了洋槐，是極不妥當的植栽配置。
下：16-04 洋槐又名刺槐，原產北美洲，清末引進中國，目前已成為中國北方的入侵種。

第一節 詩經的象徵性植物

一、避邪用的植物

1. 菹草 *Potamogeton crispus* L.（眼子菜科）

古名：藻

〈召南·采蘋〉：「于以采藻？于彼行潦」。
藻為水草，因此也具有壓辟火災的象徵意義，數千年來，上自皇宮、廟殿下至民宅，都會在屋樑上雕繪藻紋，用以壓制火災（圖 16-05）。

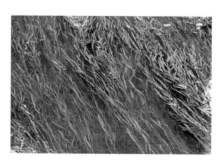

16-05 藻為水草，具有壓辟火災的象徵意義。

2. 澤蘭 *Eupatorium japonicum* Thunb.（菊科）

古名：蕑

〈鄭風・溱洧〉：「溱與洧，方渙渙兮。士與女，方秉蕑兮」。「蘭」之香在莖葉，佩在身上可避邪氣，即〈離騷〉所謂的「紉秋蘭以為佩」。另有「佩蘭」（*Eupatorium fortunei* Turcz.），葉揉之有香氣，亦常作為佩飾的香料。

二、比喻依附的植物

著生或附生在其它樹木的寄生植物，在《詩經》的詩句中被用來比喻依附（潘富俊，2014a）。

1. 松蘿 *Usnea diffracta* Vain.（松蘿科）

古名：女蘿

松蘿是地衣及藻類共生的植物，植物體基部固著在樹木枝幹上，屬於著生植物。攀附在高大的物體或樹幹上，和所著生的樹木並未發生營養關係。《詩經》之「女蘿之施於松柏」句，比喻同姓親戚只須依附周王。（圖16-06）

16-06 松蘿基部固著在樹木枝幹上，古人用來比喻人之間的依附關係。

2. 桑寄生 *Taxillus sutchuenensis*（Lecomte）Danser（桑寄生科）

古名：蔦

桑寄生類植物以吸收根伸入寄主維管束內吸取養分與水分，屬寄生植物。《詩經》之「蔦之施於松柏」，是比喻異姓的親戚必須依賴周天子的俸祿之意，如同「蔦」之寄生（圖16-07）。

16-07 桑寄生寄生植物。詩文用來比喻君臣之間更深的依賴關係。

3. 菟絲子 *Cuscuta chinensis* Lam.（菟絲子科）

古名：唐

菟絲為藤蔓狀的寄生植物，本身無葉綠素，必須以吸收根伸入其他植物的維管束中吸收水分及養分，無法脫離寄主自立。《古詩》之「與君為新婚，菟絲附女蘿」句，菟絲和女蘿（松蘿）都是依附在其他植物體上而生長的，用以比喻新婚夫婦相互依附。

三、象徵善惡的植物

《詩經》用具刺植物或生長勢極強的雜草，象徵不好的事物等（潘富俊，2011a）。

1. 狗尾草 *Setaria viridis*（L.）Beauv.（禾本科）

古名：莠

《爾雅翼》云：「莠者，害稼之草」。「莠」即狗尾草，在幼年時形似禾稼，苗葉及成熟花穗都類似小米，因此孔子曰：「惡莠，恐其亂苗也」，詩人向來特惡之。

2. 狼尾草 *Pennisetum alopecuroides*（L.）Spreng.（禾本科）

古名：稂

狼尾草的根系深入土中，不易防除，屬於惡草，不但農民痛恨，連詩人亦憎惡之。

3. 蒺藜 *Tribulus terrestris* L.（蒺藜科）

古名：茨

在乾燥的荒廢地，常見蒺藜蔓生，繁生的具刺果實，使人不快。〈鄘風〉「牆有茨」句，說明蒺藜是不祥或不佳之物，人皆欲除之而後快（圖 16-08）。

16-08 蒺藜生長在乾燥的荒廢地，果實具刺，被古人視為不祥或不佳之物。

4.酸棗 *Ziziphus jujuba* Mill.var.*spinosa*（Bunge）Hu *ex* H. F. Chow.（**鼠李科**）

　　古名：棘

　　酸棗（棘）生長在乾旱的荒地，植株枝條長滿棘刺，同《楚辭》,《詩經》的棘也表達負面的意涵。

第二節　《楚辭》的香草香木植物

一、香草類

　　以香草、香木比喻善良忠貞，以惡草、惡木數落奸佞小人，是《楚辭》最大的特色。這就是王逸在《楚辭章句》〈離騷序〉所說的：「離騷之文，依詩取興，引類譬喻，故善鳥香草，以配忠貞；惡禽臭物，以比讒佞……」。植物學的香草係指一至多年生草本植物，植物體內全部或部分器官具香精物質者，包括雙子葉植物和單子葉植物。《楚辭》的香草有21種，包括白芷、芎藭、澤蘭、蕙、柴胡、芍藥、珍珠菜（揭車）、杜蘅、菊、大蒜、蛇床、菖蒲、杜蘅、杜若、石斛、靈芝、芭蕉、蘘荷、藁本、紅花（撚支）、射干等，均為一年生至多年生草本，大部分種類植物體全部或花、果等部分具特殊香氣（潘富俊，2014b）。

1.白芷 *Angelica dahurica*（Fisch. *ex* Hoffm.）Benth. *et* Hook. f.（繖形科）

　　古名：茝；芷；藥；蘺

　　多年生高大草本，高 1-2.5m。基生葉一回羽狀分裂，小葉邊緣有不規則的白色軟骨質粗鋸齒（圖 16-09）。複傘形花序。果長圓形至卵圓形。

16-09 楚辭以香草、香木比喻善良忠貞，白芷是香草。

2 芎藭；川芎 *Ligusticum chuanxiong* Hort（繖形科）
　　古名：江離；蘼蕪；芎

3. 澤蘭 *Eupatorium japonicum* Thunb.（菊科）
　　古名：蘭

4. 芍藥 *Paeonia lactiflora* Pall.（牡丹科）
　　古名：藥；紅藥；留夷

5. 杜蘅 *Asarum forbesii* Maxim.（馬兜鈴科）
　　古名：杜衡；蘅；衡

6. 菊 *Chrysanthemum morifolium* Ramat.（菊科）
　　古名：菊；黃花

7. 高良薑 *Alpinia officinarum* Hance.（薑科）
　　古名：杜若；若

8. 石斛；金釵石斛 *Dendrobium nobile* Lindl.（蘭科）
　　古名：石蘭

9. 射干 *Belamcanda chinensis*（L.）DC.（鳶尾科）
　　古名：射干

10. 菖蒲 *Acorus calamus* L.（天南星科）
　　古名：蓀；荃；蒲

二、香木類

　　和香草一樣，《楚辭》用香木以配忠臣、喻君子、贊美人。《楚辭》的香木有木蘭、花椒、肉桂、薜荔、食茱萸、橘、柚、桂花、女貞、甘棠、竹、柏等 12 種：其中有 8 種為喬木，3 種為灌木，1 種為木質藤本，植物體至少某些部位有香氣（潘富俊，2014b）。全株植物包括花、葉、木材等具有香氣的植物有木蘭、肉桂等；香氣在花的植物有桂花、女貞、橘、柚等；果實用為香料者有花椒、食茱萸等。意涵上的「香」比實質的植物香氣還重要的植物有薜荔、橘、柚、女貞、竹、柏等。也有源自《詩經》〈召南・甘棠〉的「甘棠遺愛」及「甘棠之惠」典故的甘棠。

1. 辛夷；木筆 *Magnolia liliflora* Desr.（木蘭科）

　　古名：辛夷；新夷

　　落葉性小喬木，高達 3-5m。葉互生，葉片倒卵形至倒卵狀披圓形，長 10-18cm，全緣。花先葉開放，單生枝端；花冠白色或外紫內紅白色，芳香，鐘形，大型（圖 16-10）。蓇葖果聚合成圓筒形。

16-10 楚辭用香木以配忠臣、喻君子、贊美人，辛夷是香木。

2. 女貞 *Ligustrum lucidum* Ait.（木犀科）

　　古名：楨

　　常綠小喬木或灌木，株高可達 8-10m。葉對生，卵形至卵狀披針形，革質，長 7-18cm。花小，芳香，密集成頂生的圓錐花序（圖 16-11）。核果長橢圓形，熟時紫藍色。

16-11 女貞有貞潔女子之意，花又馨香濃郁，也是楚辭的香木。

3. 杜梨 *Pyrus betulaefolia* Bunge（薔薇科）
　　古名：甘棠

4. 柚 *Citrus grandis*（L.）Osbeck（芸香科）
　　古名：柚

5. 玉蘭；木蘭 *Magnolia denudata* Desr.（木蘭科）
　　古名：木蘭

6. 肉桂 *Cinnamomum cassia* Presl（樟科）
　　古名：桂；菌桂

7. 桂花 *Osmanthus fragrans* Lour.（木犀科）
　　古名：桂樹；桂；木犀；巖花

8. 薜荔 *Ficus pumila* L.（桑科）
　　古名：薜荔

9. 食茱萸 *Zanthoxylum ailanthoides* S. et Z.（芸香科）
　　古名：樧；茱萸

10. 馬尾松 *Pinus massoniana* Lamb.（松科）
　　古名：松

11. 柏木 *Cupressus funebris* Endl.（柏科）
　　側柏 *Thuja orientalis* L.（柏科）
　　古名：柏

12. 橘 *Citrus reticulata* **Blanco（芸香科）**
　　古名：橘

13. 剛竹；桂竹 *Phyllostachys bambusoides* **Sieb.** *et* **Zucc.（禾本科）**
　　古名：竹

第三節　《楚辭》的惡草、惡木

一、惡草類

　　對應香草、香木，臭草、惡木被《楚辭》用以比喻讒佞小人。這些植物大多是枝幹或者植物體某部分具刺的種類，或屬於到處衍生的雜草、野蔓，滋味苦辣的植物。惡草部分有蒺藜、蒼耳、竊衣、藎草、野艾、蕭、馬蘭、葛、蓬、澤瀉、野豆（菽）、茅等 12 種，其中的蒺藜、蒼耳、竊衣都是果實具刺的種類；藎草、野艾、蕭、馬蘭、蓬、茅則屬到處漫生、妨礙作物生長的常見雜草；葛和野豆為蔓藤類（潘富俊，2014b）。

1. 蒼耳 *Xanthium strumarium* L.（菊科）

　　古名：枲耳；葹

　　一年生草本植物，高 30-120cm。葉互生，淺裂或齒緣，具葉柄。頭花單性；雌性花排列在雄性頭花下方。果實為瘦果，倒卵形，總苞表面生多數鉤刺，藉附著動物身上散播繁殖（圖 16-12）。

16-12 蒼耳果實具刺，會黏附人畜，自古就視為惡草。

2. 葛藤 *Pueraria lobata*（Willd.）Ohwi （蝶形花科）
　　　古名：葛

3. 蒺藜 *Tribulus terrestris* L.（蒺藜科）
　　　古名：蒺；藜

4. 藎草 *Arthraxon hispidus*（Thunb.）Makino（禾本科）
　　　古名：菉

5. 飛蓬 *Erigeron acer* L.（菊科）
　　　古名：蓬

6. 竊衣；香根芹 *Osmorhiza aristata*（Thumb.）Makino *et* Yabe（繖形科）
　　　古名：蘮蒘

7. 藜 *Chenopodium album* L.（藜科）
　　　古名：藜

二、惡木類

　　惡木部分有灌木類的酸棗（棘）、苦桃、黃荊、枳殼和木質藤本的葛藟，共 5 種，其中酸棗和枳殼全株具刺，會刺傷人畜，且外型醜陋，是農人最痛恨的植物；苦桃果實苦澀，引人憎惡；黃荊生長在乾旱荒蕪的田地，令人產生旱災、戰爭等導致田園荒廢的天災與人禍，也常侵入農地，被視為惡木；葛藟則是屬於會四處蔓延、為害農作物的蔓藤。另外，也有數種植物非惡草惡木，但也用來反襯優良事物，隱喻負面意義的植物有箭竹、款冬、藜、藋等 4 種。

《楚辭》用惡草形容不好的事物、象徵奸臣與小人。惡草種類較多，惡木種類較少，常被提及的有 5 種，詩文中植物的象徵意涵遠比實際植物種類重要。如〈九歎・愍命〉的「折芳枝與瓊華兮，樹枳棘與薪柴」句，說折斷芳草樹的枝葉和如玉般的花，而去栽種枳殼酸棗這一類全株都是刺的惡木，指明小人佞臣充斥朝廷，忠貞烈士卻遭到排斥放逐。〈九歎・思古〉的「甘棠枯於豐草兮，藜棘樹於中庭」句，香木甘棠枯死，具刺的惡木卻栽植在中庭；和〈七諫・初放〉：「斬伐橘柚兮，列樹苦桃」句，砍掉橘、柚這類香木，去種惡木苦桃，和以上例句的香木、惡木不同種，但說的都是朝廷重用小人、遠賢臣的政治現實（潘富俊，2014b）。

1. 酸棗 *Zizyphus jujuba* Mill. var. *spinosa*（Bunge）Hu（鼠李科）

　　古名：棘

　　落葉灌木，高 1-3m；全株具刺。刺有 2 種，一種直伸，長達 3cm；另一種短，常彎曲（圖16-13）。葉片橢圓形至卵狀披針形，邊緣有細鋸齒，基部 3 出脉。花黃綠色，2-3 朵族生於葉腋。核果小，熟時紅褐色，近球形或長圓形，長 0.7-1.5cm，味酸。

16-13 酸棗古名棘，全株枝幹具長刺和短刺，被視為惡木。

2. 山桃；毛桃 *Prunus davidiana*（Carr.）Franch.（薔薇科）

　　古名：苦桃

3. 黃荊 *Vitex negundo* L.（馬鞭草科）

　　古名：荊

4. 葛藟；光葉葡萄 *Vitis flexuosa* Thunb.（葡萄科）

　　古名：葛藟；藟

5. 枳殼 *Poncirus trifoliata*（L.）Raf.（芸香科）
　　古名：枳

第四節　植物與借喻

　　利用植物與事物之有關聯的含意，常用在文學的表現上，直接代替所要敘述的本體事物，修辭學上謂之「借喻」。是一種形象含蓄、簡明洗練的比喻方式。中國古典文學作品，詩詞、辭賦、章回小說中均不乏以植物借喻生活事物的例子，所比喻的內容意涵，至今仍然沒有改變（潘富俊，2011；2017）。常見的借喻植物如下：

一、代表離別、悲愴及困厄的植物

白楊 *Populus alba* L.（楊柳科）
毛白楊 *Populus tomentosa* Carr.（楊柳科）

　　古名：楊
　　中國自古即有在先人墓地種植「封樹」的傳統。王公貴族種的是松樹或柏樹，一般平名百姓則栽植白楊。鄉間墳場多散布櫛次鱗比的白楊，遠望蕭蕭森森。秋風一起，白楊葉變黃掉落，入冬後全株彷彿枯死，狀至悽涼，稱「枯楊」（圖16-14）。文人常以形容悲淒景物，或暗示死亡、指示墳地等意。

16-14 文人用白楊形容悲淒景物，或暗示死亡。

垂柳 *Salix babylonica* L.（楊柳科）

古名：柳

柳與留因同，古人常於送別時折柳相贈，表示心中離愁別緒。詩文中亦常以「柳」樹暗示離別。其中最著名的有唐・王維的〈陽關三疊〉：「渭城朝雨浥清塵，客舍青青柳色新。勸君更盡一杯酒，西出陽關無故人。」前句的「柳」即暗示本詩為一首「送別詩」。用「柳」，表達離別情境，從《詩經》〈小雅・采薇〉之「昔我往矣，楊柳依依」，至宋・楊萬里〈舟過望亭〉：「柳線絆船知不住，却教飛絮送儂行」，莫不如此。

黃楊 *Buxus microphylla* S. & Z. subsp. *sinica*（Rehd. & Wils.）Hatusima.（黃楊科）

古名：黃楊

古人多以閏年為不祥之年，認為閏年時常發生旱災、蟲害或其他禍事，相信黃楊「歲長一寸，遇閏年則倒長一寸」，有「黃楊厄閏」的說法。因此，黃楊常用以表示際遇困阨、時運不好（圖 16-15），如：宋・楊萬里〈九日菊未花〉：「舊說黃楊厄閏年，今年併厄菊花天」，是閏年帶來的惡兆。

16-15 黃楊常用以表示際遇困阨、時運不好。

旱柳 *Salix matsudana* Koidz.（楊柳科）

古名：蒲柳

蒲柳即旱柳，和其他落葉樹一樣，秋季開始落葉，冬季成乾枯狀。而蒲柳又是落葉樹中最早落葉的樹種之一，詩文中均用此樹和早落葉的特性比喻身體早衰，或形容衰弱之體質。唐・白居易〈自題寫真〉：「蒲柳質易朽，麋鹿心難馴」，用蒲柳自況。明・錢履的詞〈行香子〉：「蒲柳衰殘，薑桂疏頑。幸身安、且鬪尊前」，亦復如此。

二、比喻隱居、退隱的植物

採薇之「**薇**」
今名：**野豌豆** *Vicia cracca* L.（蝶形花科）
古名：薇

《史記》〈伯夷列傳〉：「伯夷叔齊義不食周粟，隱於首陽山，采薇而食之」，最後死於首陽山。「薇」即今之野豌豆和其他同屬植物，嫩莖葉氣為似豌豆苗，可做蔬菜或入羹。自古即作為野疏採食，逐漸被視為貧窮人家的蔬菜。由於上述《史記》的典故，「采薇」原用以頌揚忠貞不渝的節操，詩文多用來比喻隱居。如唐‧白居易〈送王處士〉：「扣門與我別，酤酒留君宿。好去采薇人，終南山正綠」。

三、代稱老人、長者的植物

藜杖之「**藜**」
今名：**杖藜** *Chenopodium giganteum* D.Don（藜科）
古名：藜；杖藜

杖藜植株高可達 3m，分布範圍極廣，在荒廢地上成片生長。古人將其木質化的老莖做手杖，謂之「藜杖」，是鄉間貧苦老人家常使用的手杖材料。藜杖或杖藜常出現在詩詞及章回小說中。由於持杖者多為老人，詩人有時倚老賣老，以「杖藜」自稱，如：唐‧杜甫〈夜歸〉：「白頭老罷舞復歌，杖藜不睡誰能那？」

四、象徵貧苦的粗食植物

藜藿之「**藜**」
今名：**藜** *Chenopodium album* L.（藜科）
古名：藜

藜藿之「藿」

今名：**赤小豆** *Vigna umbellata*（Thunb.）Ohwi *et* Ohashi（**蝶形花科**）

古名：藿

　　「藜」俗名灰藋菜，「生不擇地」，隨處可見，自古即採食供菜蔬。於春季時採食嫩葉，煮食蒸食均可，經常煮成羹。「藿」是豆葉，泛指一切豆類的葉子，如赤小豆等，非專指菜一種植物。古代貧苦大眾，衣食不足，常採集野菜充饑。藜和豆葉是到處都有野生或栽植的植物，後人遂以藜或代表粗茶淡飯。

苜蓿 *Medicago sativa* L.（**蝶形花科**）

古名：苜蓿

　　苜蓿除供餵食牛馬之外，嫩芽幼葉也能煮食，供作菜蔬。因此栽植普遍，到處均可採集之，常作為菜蔬不足時的應急食物，詩文中多用於表示粗食淡菜。如：宋・汪藻〈次韻向君受感秋〉：「且欲相隨苜蓿盤，不須多問沐猴冠」，和宋・劉克莊〈次韻實之〉：「向來歲月半投閑，莫歎朝朝苜蓿盤」。

五、表示美好事物、前景美好的植物

芝蘭之「芝」

今名：**靈芝** *Ganoderma* spp.（**靈芝科**）

古名：芝

芝蘭之「蘭」

今名：**澤蘭** *Eupatorium japonicum* Thunb.（**菊科**）

古名：蘭

　　「芝」指靈芝；「蘭」指澤蘭。靈芝自古被視為仙草或瑞草，是珍罕之物，自漢代以來即受到重視。每有靈芝出現，必有「設宴慶賀，或寫詩賦，或上表歌功頌德」之舉。澤蘭也是香草類，古代用以比喻君子或有才能者。芝、蘭均用以比喻美好的事物。唐・陳彥博〈恩賜魏文貞公諸孫舊第〉：「雨露新恩日，芝蘭故里春」。

六、代稱醫藥的植物

蔘苓、蔘术之「**蔘**」

今名：**人蔘；人參** *Panax ginseng* C. A. Mey.（五加科）

古名：蔘

蔘苓、蔘术之「**苓**」

今名：**茯苓** *Poria cocos*（Schw.）Wolf（多孔菌科）

古名：苓

蔘苓、蔘术之「**术**」

今名：**白术** *Atractylodes macrocephala* Koidz.（菊科）

　　　蒼术 *A. lamcea*（Thunb.）DC.（菊科）

古名：术

　「蔘」是人蔘，「苓」指茯苓，「术」則是指白术或蒼术，都是常用的中藥材。人蔘在《神農本草經》列為上品，是中藥之中最重要的補藥。茯苓是寄生在松樹根上的菌類，和人蔘一樣，被《神農本草經》列為上品，能「養心安神、健脾除濕、利尿消腫」等，也是珍貴的滋補佳品。白术、蒼术可「除濕解鬱，發汗驅邪，補中焦，強脾胃」等，都是古代常用的高級中藥材，向為世人所識。詩文中常用「蔘苓」、「蔘术」代表醫葯。

七、表現孝悌親情的植物

椿萱之「**椿**」

今名：**香椿** *Toona sinensis*（Juss.）M. Roem.（楝科）

古名：椿

椿萱之「**萱**」

今名：**萱草** *Hemerocallis fulva* L.（百合科）

古名：萱；諼草；宜男草；忘憂草；黃花菜

「椿」是香椿，「萱」即萱草。香椿枝葉芬芳，屬於落葉大喬木。枝幹挺直，可長成「棟樑之材」，自古以來就享有與松柏同等的地位與盛名。《莊子》〈逍遙遊〉云：「上古有大椿者，以八千歲為春，八千歲為秋」，說明香椿為長壽之木。因此，古人以「椿」喻父（圖16-16）。萱草為多年生草本，自古即栽植在庭園中觀賞。古代北堂為母親居住之處，常種有萱草，故以「萱」喻母。所謂「椿庭萱堂」即表示父母，「椿萱並茂」喻雙親健在。詩文中亦經常出現之。

16-16 古人認為香椿可活八千歲，故用來代表父親。

蓼莪之「莪」

今名：**播娘蒿** *Descurainia sophia*（L.）Webb. *ex* Prantl.（十字花科）

古名：莪

「蓼莪」典出《詩經》〈小雅 · 蓼莪〉：「蓼蓼者莪，匪莪伊蒿。哀哀父母，生我劬勞」等二篇，意為「父母生我望我成材，但我卻不成器，辜負父母的期望」，表現對父母的悲悼與懷恩。據《晉書》〈王裒傳〉所載，王裒之父死於非命，悲痛之下避官隱居，開班授徒。每講授〈小雅 · 蓼莪〉篇，悲從中來，痛哭失聲，即「蓼莪之思」之意。後世就以「蓼莪」表示思念父母。

紫荊 *Cercis chinensis Bunge*（蝶形花科）

古名：紫荊

南朝梁 · 吳均的《續齊諧記》記載：有田氏兄弟三人，共議分家，並決定將庭院之紫荊（圖16-17）一分為三，不料紫荊立即枯死。三兄弟見狀有感「樹本同株，聞將分析，所以憔悴，是人不如木也」，遂決定不分家，紫荊

16-17 用「田家紫荊」的典故，比喻兄弟和睦相處，以「紫荊」代表兄弟情。

隨即又恢復生機。這是「田家紫荊」的典故，後世用以比喻兄弟和睦相處，以「紫荊」表兄弟情。

　　棣萼、棣華之「**棣**」

　　今名：**唐棣** *Amelanchier sinica*（Schneid.）Chun.（薔薇科）

　　古名：棣；枎栘

　　《詩經》〈小雅·常棣〉：「常棣之華，鄂不韡韡。凡今之人，莫如兄弟」，詩中的「常棣」即今薔薇科之唐棣）。《詩經》以唐棣的花瓣、花萼相依比喻兄弟間的親密關係。後世因以棣萼、棣華作為描寫兄弟和睦的典故。

參考文獻

· 杜華平 2010 花木趣談 北京中華書局、上海古籍出版社
· 長　風、黃健民 2000 植物大觀 江蘇少年兒童出版社
· 殷登國 1985 草木蟲魚新詠 台北世界文物出版社
· 梁中民、廖國楣 1989 花埭百花詩箋注（清·梁修原著）廣東高等教育出版社
· 童勉之 1997 中華草木蟲魚文化 台北文津出版社有限公司
· 舒迎瀾 1993 古代花卉 北京農業出版社
· 潘富俊 2011 中國文學植物學 台北貓頭鷹出版社
· 潘富俊 2014a 詩經植物圖鑑 二版 台北貓頭鷹出版社
· 潘富俊 2014b 楚辭植物圖鑑 二版 台北貓頭鷹出版社
· 潘富俊 2017 成語典故植物學 台北貓頭鷹出版社
· 簡錦玲 2003 詩情花意：中國花卉事典 台北大樹文化事業股份有限公司
· 盧正言 2003 花趣 上海世紀出版集團

第十七章　植物與歷史

　　中國歷史悠久長遠，信史超過 3,000 年，從史前時代，經夏、商、周，秦、漢，唐、宋、元、明、清，各朝代都有當時引種植物的歷史背景、環境條件和經濟需求（李學勇譯，2017）。譬如，張騫通西域是中國乃至世界重要的大事，張騫及其他人從西域引進中國的胡桃、石榴、葡萄、黃瓜、芝麻等，是值得大書特書的植物引進史事，能代表引進時期的漢代。類似的植物引進史，發生在中國的各朝代。因此，歷史事件與植物有很大的相關性，其實，一部植物引進史就是一部人類活動史，吾人可以用植物來撰寫歷史。根據歷代史書、札記，或詩、詞、歌、賦，章回小說等文獻，能歸納出代表各朝代歷史的代表性植物。

　　重要歷史遺跡或具歷史意義的場域或公園，如西安的漢代長安城，及洛陽的隋唐城遺址植物園等，植栽設計選用的植物必須充分反映所代表朝代的歷史時期。義大利龐貝故城（圖 17-01）的整建規劃單位，挖掘區所栽種的地中海松（*Pinus halepensis* Mill.）（圖 17-02）、義大利柏（*Cupressus sempervirens* L.）、迷迭香（*Rosmarinus officinalis* L.）（圖 17-03）、夾竹桃等植栽，葡萄園，及恢復家庭花園並嘗試回種當時的庭園植物，重新展示火山

上：17-01 義大利龐貝故城挖掘區，依據西元 74 年該城毀滅前的植物概況栽種植物。
中：17-02 義大利龐貝故城挖掘區所栽種的地中海松。
下：17-03 義大利龐貝故城挖掘區所栽種的迷迭香。

左上：17-04 近年來西安重建長安唐大明宮。
左下：17-05 大明宮廣場所種植的大樹共 199 棵，其中有 92 株是外來種洋槐（占 46%）。
右：17-06 大明宮廣場種 46 株的外來種法國梧桐（占 23%）。

爆發火山灰及岩漿淹沒龐貝城之西元 74 年以前該城的植物概況，產生很好的展示效果。

　　相反，近年來西安重建唐大明宮（圖 17-04）及宮前廣場所設計栽種的樹種，卻是極壞的案例。大明宮廣場所種植的大樹共 199 棵，其中有 92 株是洋槐（占 46%）（圖 17-05），46 株是法國梧桐（占 23%）（圖 17-06），兩種樹種都是外來種，大明宮廣場 80% 以上種植與唐朝歷史與文化無關的大樹，大明宮的重建，完全辜負了十三朝古都長安城（西安）的盛名！

第一節　史前時代引進的植物（-BC207）

　　遠古時代，交通不發達，不同地區的人類交流極為困難，各類物資傳播的進度極為緩慢。經濟植物的交換流動，僅限於特定的區域內。有高山海洋相互阻隔的地區，物質的交流、植物的遠距離移動，即使偶有發生，也應是極其困難的。《詩經》時代之前很長一段時間裡，人類很艱辛的進行物質交

流，有些植物經由貿易或其他無意的活動，陸續從遠離中國的印度、波斯，甚或北非被引進中國。但由於文獻缺乏，很難得知這些史前時代，外來植物引進中國的確切年代。《詩經》是目前最早的文學作品，也是據以推定史前時代已經引進中國的植物種類的最可靠文獻之一。另外的文獻則是稍後於《詩

經》的《楚辭》。《詩經》已有載錄的外來之物有：榲桲（古稱木李）（圖 17-07）、蒼耳等。國人耳熟能詳的蘿蔔，原產地在歐洲，和蕪菁一樣是《詩經》時代至今仍在大量栽培的著名經濟植物。〈邶風・谷風〉：「采葑采菲，無以下體」之「菲」指的就是蘿蔔，「葑」是蕪菁。另外一種普遍栽種的匏瓜，原產地在北非，後來傳布到印度，《詩經》、《楚辭》均有多篇記載，也可得知匏瓜引進中國年代的久遠。

17-07 《詩經》已有載錄外來種榲桲（古稱木李），表示史前時代已進入中國。

　　甘蔗（*Saccharum officinarum* L.）原產亞洲熱帶地區，《楚辭》〈招魂〉：「腼鱉炮羔，有柘漿些」句，是甘蔗最早出現的文獻，句中的「柘」即甘蔗。紅花（*Carthamus tintorius* L.）原產西亞或埃及，《楚辭》〈九嘆・惜賢〉：「搴薜荔於山野兮，採撚支於中洲」之「燃

17-08 出現在《詩經》、《楚辭》的外來植物鬱金，也是史前時代植物的代表種。

支」，指的就是紅花，說明兩者早被引進中國。其他史前時代即已引進中國，出現在《詩經》、《楚辭》的外來植物，尚有錦葵、鬱金（*Cuzcuma domestica* Valet.）（圖 17-08）、柚、大蒜等。這時期引進的植物大部分是人類賴以存活的穀類、蔬菜、水果植物，少部分染料或藥用植物，如紅花、鬱金。但均與食品有關，唯一的例外是蒼耳。蒼耳的果實布滿倒鉤刺，常黏附在動物毛皮上藉以傳布。咸信是果實隨著羊毛貿易無意中進入中國，故有「羊帶來」之別稱。小麥、大麥是全世界人類主要的糧食作物，原產地尚有爭論，也因為《詩經》、《楚辭》的引述，確知遠古時即已大量引種在中國各地（潘富俊，2011；李學勇譯，2017）。

史前時代的代表植物：

1. **柚** *Citris grandis*（L.）Osbeck（芸香科）
2. **榲桲** *Cydonia oblonga* Mill.（薔薇科）
3. **蒼耳** *Xanthium strumarium* L.（菊科）
4. **蘿蔔** *Raphanus sativus* L.（十字花科）
5. **蕪菁** *Brassica rapa* L.（十字花科）
6. **紅花** *Carthamus tintorius* L.（菊科）
7. **匏瓜** *Lagenaria siceraria*（Molina）Standly（瓜科）
8. **錦葵** *Malva sinensis* Gavan.（錦葵科）
9. **甘蔗** *Saccharum officinarum* L.（禾本科）
10. **鬱金** *Cuzcuma aromatica* Salisb.（薑科）
11. **大蒜** *Allium sativum* L.（百合科）
12. **小麥** *Triticum aestivum* L.（禾本科）
13. **大麥** *Hordeum vulgare* L.（禾本科）

第二節　漢代引進的植物（427 年，BC207-220）

　　漢代開始，可以徵信的植物引種文獻逐漸
增多。《史記》記載有張騫通西域，帶回石榴
（圖 17-09）、葡萄、胡桃（圖 17-10）、苜蓿
等植物種子的事蹟。這是植物引種最直接、最
詳實的文獻記錄。如東漢蔡邕的〈翠鳥詩〉、
張衡的〈南都賦〉等，均已出現石榴記載；
葡萄、苜蓿亦在多首漢賦、漢詩出現。很多

17-09 西漢時期張騫引進的石榴。

植物雖未出現在正式的歷史或產業文獻，但出現在漢賦、漢詩之中，顯示這
類植物已在漢代或漢代之前即已引入中國，並已普遍的栽植。這類植物如椰

子（*Nucifera coco* L.），出現在司馬相如的〈上林賦〉：「於是乎……留落胥邪」，和楊雄的〈蜀都賦〉：「蜀都之地……枒信揖叢」，句中之「胥邪」、「枒」指的都是椰子。檳榔（*Areca catechu* L.）在司馬相如的〈上林賦〉：「留落胥邪，仁頻并閭」出現，「仁頻」就是

17-10 西漢時期張騫引入中國的胡桃。

檳榔。蔞藤是與檳榔果實共食的植物，理應和檳榔同時引入中國，楊雄的〈蜀都賦〉：「木艾椒蘺，蒟醬酪清」和桓麟的〈七說〉：「調脡和粉，揉以橙蒟」，句中的「蒟醬」和「蒟」都是蔞藤。說明蔞藤和檳榔在漢代一樣普遍（潘富俊，2011）。

　　芋（*Colocasia esculenta*（L.）Schott）原產熱帶亞洲，有農業之前就被作為糧食使用。引進中國華南的時期應比實際文獻載錄的時間更早。漢賦多次提到「芋」，如張衡的〈南都賦〉：「若其園圃，則有蓼蕺蘘荷，諸蔗薑𧄍，菥蓂芋瓜」。漢詩亦有多首詩提及「芋」。可見至少在漢代，「芋」已經大量栽培。茄（*Solanum melongena* L.）近代的文獻都說，西晉嵇含所撰的《南方草木狀》出現最早，但楊雄〈蜀都賦〉中有「盛冬育筍，舊菜增伽（茄）」句，說明在漢代茄已經是菜蔬。茄子引進中國的時間，可據此自晉向前推至漢代以前。

　　漢代的代表植物：
1. **胡桃** *Juglans regia* L.（胡桃科）
2. **椰子** *Nucifera coco* L.（棕櫚科）
3. **石榴** *Punica granatum* L.（安石榴科）
4. **檳榔** *Areca catechu* L.（棕櫚科）
5. **葡萄** *Vitis vinifera* L.（葡萄科）
6. **蔞藤** *Piper betle* L.（胡椒科）
7. **茄** *Solanum melongena* L.（茄科）
8. **蜀葵** *Althaea rosea*（L.）Cavan.（錦葵科）
9. **苜蓿** *Medicago sativa* L.（蝶形花科）
10. **芋** *Colocasia esculenta*（L.）Schott（天南星科）

第三節　三國、魏晉南北朝引進的植物（399 年，220-618）

　　東漢末年一直到唐朝統一天下，內亂頻繁、軍務倥傯，政治處於極不穩定之狀態中，前後幾達 400 年，此時新引進的物種文獻記載並無太多。此時期詩賦記述之新引進植物名稱，有雞舌丁香、沉香、蘇合香、菩提樹、蔥、薑、西瓜、莙蓬菜、豆蔻等。其中沉香、蘇合香等係原產南洋之香木及香油，應以木製成品或香油方式引進中國，供特殊人士使用，應未在中國內地栽培。豆蔻原產南洋，可能雲南亦產，雖非嚴格的引進植物，因為當時的雲南非屬中土，因此仍應歸屬於當時的引進植物種類（潘富俊，2011）。

　　菩提樹（*Ficus religiosa* L.）原產印度，應是隨佛教之引入而引種進入中土（圖 17-11）。南北朝梁・蕭衍之〈遊鍾山大愛敬寺詩〉：「菩提聖種子，十力良福田」，已具體提到菩提樹。至於西瓜（*Citrullus lanatus*（Thunb.）Matsum. & Nakai），大多數學者都認為五代時引進中國，如《中國農業百科全書》就說：「中國種植西瓜最早載於《新五代史・四夷附錄》。」明代以前，文獻大多以「寒瓜」稱西瓜。由於西瓜是夏季之果，有去暑之效，故云「寒瓜」。詩詞典籍之中，最早出現西瓜的，應是南北朝梁・沈約的〈行園詩〉：「寒瓜方臥壠，秋菰亦滿陂」。其後，唐詩亦有多首詩述及「寒瓜」。可見至遲在南北朝之前，西瓜即引入中國。甜（菾）菜（*Beta vulgaris* L. var. *cicle* L.）又名莙蓬菜（圖 17-12），《中國農業百科全書》云：「公元 5世紀從阿拉伯引入中國」。而南北朝齊・謝朓之〈秋夜講解詩〉：「風振莙蓬裂，霜下梧楸傷」之「莙蓬」即莙蓬菜。

17-11 菩提樹原產印度，應在魏晉南北朝時隨佛教而引種進入中土。

17-12 南北朝齊・謝朓之詩：「風振莙蓬裂，霜下梧楸傷」之「莙蓬」即莙蓬菜。

魏晉南北朝代的代表植物：

1. **菩提樹** *Ficus religiosa* L.（桑科）

2. **蘇合香** *Liquidambar orientalis* Mill.（金縷梅科）

3. **雞舌丁香** *Syzygium aromaticum*（L.）Merr. *et* Perry.（桃金孃科）

4. **沉香** *Aquillaria agallocha* Roxb.（瑞香科）

5. **莙薘菜** *Beta vulgaris* L. var. *cicle* L.（藜科）

6. **西瓜** *Citrullus lanatus*（Thunb.）Mansfeld（瓜科）

7. **蔥** *Allium fistulosum* L.（百合科）

8. **豆蔻** *Amomum cardamomum* L.（薑科）

第四節　唐、五代引進的植物（343 年，618-960）

唐帝國的版圖大增，真正有效統治的區域也比漢代廣大。加上國勢強盛、文化發達，與西方文化交流也較前代頻繁。引進的植物種類很多，文獻記載也逐漸增多，外來植物普遍為人所用、所知（吳玉貴譯，2005）。唐時皮日休的〈吳中言懷寄南海二同年〉已有「退公只傍蘇勞竹，移宴多隨末利花」的字句。其中「末利」即今之茉莉（圖 17-13）。與佛教經典相關之植物優曇花、黃玉蘭（圖 17-14）、木棉等，均原產印度，或印度鄰近國家，係陸續隨佛教的東傳而進入。其中木棉屬熱帶植物，僅在華南栽植。原產印度或在印度栽培很久的黃瓜、綠豆、曼陀羅、雞冠花、美人蕉等，大致在此時隨東西之貿易及佛教之興盛而引進。唐

17-13 茉莉在唐代進入中國。

17-14 與佛教經典相關之植物黃玉蘭，在唐代隨佛教的東傳而進入。

代之前，中國的衣料用纖維植物，不外大麻和苧麻，棉花在唐代已在西南及西部邊緣地區栽種，並用以織衣。王維的〈送梓州李使君〉句：「漢女輸橦布，巴人訟芋田」句，充分說明這一點。詩句中的「橦」就是棉花，當時的棉花種類應該是樹棉（*Gossypium arboreum* L.）。

　　芡、黃葵等原產於熱帶亞洲之東南亞，以蔬菜用途引入中國。原產歐洲、地中海之罌粟（*Papaver somniferum* L.），詩文謂之「米囊花」，在唐詩中大量出現。應是先傳入波斯、印度等地區，再漸次東傳入中國。引進的目的是藥用，由於花色艷麗，也兼作觀賞。麗春花（*Papaver rhoeas* L.）有時稱虞美人，引入供觀賞；萵苣則供為蔬菜，皆在唐時引入（潘富俊，2011）。水仙（*Narucissus tazetta* L.）有學者認為原產中國，但一直到唐詩才出現在古典文學作品上，應係唐或唐代之前引進中國。

　　唐代的代表植物：
1. **優曇花** *Ficus racemosa* L.（桑科）
2. **黃玉蘭** *Michilia champaca* L.（木蘭科）
3. **木棉** *Bombax malabarica* DC.（木棉）
4. **茉莉** *Jasminum sambac*（L.）Ait.（木犀科）
5. **黃瓜** *Cuvumis satirus* L.（瓜科）
6. **綠豆** *Vigna radiata*（L.）Wilczek（蝶型花科）
7. **曼陀羅** *Datura stamonium* L.（茄科）
8. **雞冠花** *Celosia cristata* L.（莧科）
9. **樹棉** *Gossypium arboreum* L.（錦葵科）
10. **芡** *Eurale ferox* Salisb.（睡蓮科）
11. **黃葵** *Abelmoschus moschatus* L.（錦葵科）
12. **罌粟** *Papaver somniferum* L.（罌粟科）
13. **麗春花** *Papaver rhoeas* L.（罌粟科）
14. **萵苣** *Lactuca sativa* L.（菊科）

15. 美人蕉 *Canna indica* L.（美人蕉科）

16. 水仙花 *Narucissus tazetta* L. var. *chinensis* Roem.（石蒜科）

第五節　宋代引進的植物（310 年，960-1270）

　　宋代經濟活動極為旺盛，雖然外患很多，偏安的南宋亦能以其蓬勃的經濟實力，立足於南方，且以其經濟實力控制北方的武力強權。經濟能力反映在農業、商業的發達及國際貿易的興盛上。此時，引進的植物種類亦多，食用及觀賞植物兼具。引進地區除沿襲唐代之印度、東南亞地區之外，亦有遠自伊朗（波斯）、地中海地區引進之植物。餘甘（*Phyllanthus emblica* L.）（圖17-15）是產自東南亞地區的熱帶果樹，詩文中之「庵摩勒」所指即今之餘甘。

餘甘果實稍酸澀，但入口之後漸漸變甘，故有餘甘之稱。目前仍是東南亞地區及兩廣、雲南地區主要的果樹之一。另外一種果樹，詩詞稱曰「巴欖」，為原產中亞、西亞地區之乾果類，今名「巴旦杏」，在中國西北地區及新疆地區多有栽培。

17-15 餘甘是產自東南亞地區的熱帶果樹，宋代引進中國。

　　出現在詩詞的觀賞植物有灌木之夾竹桃（*Nerium indicum* L.）（圖 17-16）；草本花卉之雁來紅、金盞花、日日紅等。此等花卉今日仍是中國庭園及公園的主要觀賞植物。菠菜（*Spinacia oleracea* L.）原產伊朗，根據文獻記載 7 世紀已傳入中國，但文學作品在宋詩才出現。大概是引進之初未能普遍，宋代以後才成為嘉蔬。其他至今仍是主要蔬菜的茼蒿

17-16 夾竹桃首先出現在宋代詩詞。

（*Chrysanthemum coronarium* L.）、豌豆、蠶豆、扁豆、空心菜、懷香、冬瓜等，皆大量在宋詩、宋詞出現，顯示已是當時常見的蔬菜。空心菜原產東南亞或華南，但唐詩未曾述及，估計應在宋代隨貿易進入中國（潘富俊，2011）。由於其生長迅速、繁殖容易，熱帶、亞熱帶水澤、溼地均可生長，且迅速蔓延。華南地區野生的植群應是栽培，或食遺枝條逸出而形成。

宋代的代表植物：
1. **餘甘** *Phyllanthus emblica* L.（大戟科）
2. **巴旦杏** *Prunus amydalus* Stokes（薔薇科）
3. **夾竹桃** *Nerium indicum* Mill.（夾竹桃科）
4. **雁來紅** *Amaranthus tricolor* L.（莧科）
5. **金盞花** *Calendula officinalis* L.（菊科）
6. **日日紅** *Gomphrena globosa* L.（莧科）
7. **菠菜** *Spinacia oleracea* L.（藜科）
8. **茼蒿** *Chrysanthemum coronarium* L.（菊科）
9. **豌豆** *Pisum sativum* L.（蝶形花科）
10. **蠶豆** *Vicia faba* L.（蝶形花科）
11. **扁豆** *Lablab purpureus*（L.）Sweet（蝶形花科）
12. **空心菜** *Ipomoea aquatica* Forsk.（旋花科）
13. **懷香** *Foeniculum vulgare* Mill.（繖形科）
14. **冬瓜** *Benincasa hispida*（Thunb.）Cogn.（瓜科）

第六節 元代引進的植物（98 年，1271-1368）

　　元朝僅延續 90 餘年，很難在植物引進史上獨立成章。但由於元軍西征南討，到處打仗，版圖曾經橫跨歐亞兩大洲。雖文獻未易確定元代曾有計劃

引進植物，但有少數原產歐洲、非洲的植物出現在元詩、元詞中（潘富俊，2011）。其中的一種為原產歐洲的醋栗，其二為原產非洲的篦麻。引進篦麻的原因不明，但後來被使用在醫藥上，《本草綱目》已記載有篦麻。醋栗（*Ribes* spp.）即今之茶藨子（圖 17-17），產於華北以北之溫帶，及中國境內之高山地帶，屬於溫帶至寒帶之灌木。大部分種類的成熟果實均可食，唯多為小型果實，不具經濟生產價值。元詩所云之「醋栗」應為原產歐洲或中亞細亞之大果種，至今仍為歐洲重要果用植物之一。

苦瓜（*Momordica charantia*（L.）Roem.）原產熱帶亞洲，何時引入中國，記載語焉不詳。專業農業專著《中國農業百科全書》只說：「明代《救荒本草》1406 年已有記載。」由元代馬臻之〈新州道中〉詩句：「車道綠綠酸棗樹，野田青蔓苦瓜苗」可知：最遲在元代，苦瓜已經成為中國餐桌上的菜餚（圖 17-18），在中國是一般人所熟悉且常食的蔬菜。明代的詩詞及繪畫，苦瓜出現的次數逐漸增多。絲瓜（*Luffa cylindrical* L.）是近代華南地區極其普遍的蔬菜，與苦瓜同時在元詩開始出現，兩者引進中國的時期應相距不遠。芫荽又稱胡荽，即今之香菜，原產地中海沿岸。元代范梈之詩〈百丈春日記懷〉：「東風久不到新堂，生意雖微未卒荒。草上葫荽偏挺特，花間蘆菔故高長」，詩句中的「葫荽」今稱「芫荽」，足見當時已為常蔬。是否元代所引進，不敢定論，也可能與前述宋代之懷香等植物同期間引入中國。

17-17 醋栗即今之茶藨子原產歐洲，元詩、元詞已有引述。

17-18 苦瓜原產熱帶亞洲，最遲在元代就已成為中國的菜餚。

元代的代表植物：

1. **醋栗 *Ribes* spp.（茶藨子科）**
2. **苦瓜 *Momordica charantia*（L.）Roem.（瓜科）**

3. 絲瓜 *Luffa cylindrical* L.（瓜科）
4. 芫荽 *Coriandrum sativum* L.（繖形科）
5. 蓖麻 *Ricinus communis* L.（大戟科）

第七節　明代引進的植物（277 年，1368-1644）

　　明代的國際貿易亦極興盛。明成祖曾派鄭和下西洋，鄭和的艦隊也曾駐紮在今印尼的爪哇島及印度等地。明詩所言之蘋婆、芒果、香櫞、佛手柑、望江南等，可能係由鄭和自這些地區引進。西洋蘋果（*Malus pumila* Mill.）依《中國農業百科全書》所說，是「1871 年由美國傳教士引入山東煙台」。但在此之前的明詩已有載錄，表示當時已引種蘋果。美國傳教士後來引進中國之蘋果，當屬果實大型之品種。

17-19 馬鈴薯原產南美洲秘魯等地，明代文獻已有載錄。

　　哥倫布發現新大陸在 1492 年，適值明代中葉後期。中南美洲原產植物陸續被引至歐洲。明代末葉已有新大陸植物被引入中國，明詩、詞、曲已出現的原產美洲植物有：紫茉莉、馬鈴薯、落花生等（潘富俊，2011）。紫茉莉（*Mirabilis jalapa* L.）原產熱帶美洲；馬鈴薯（*Solanum tuberosum* L.）（圖 17-19）原產南美洲祕魯等地；落花生（*Arachis hypogaea* L.）（圖 17-20）原產玻利維亞的安地斯山麓。均首先被引至歐洲，稍後再引種到中國。

17-20 落花生原產玻利維亞的安地斯山麓，於明代引種到中國。

明代的代表植物：

1. **西洋蘋果** *Malus pumila* Mill.（薔薇科）

2. **芒果** *Mangifera indica* L.（漆樹科）

3. **蘋婆** *Sterculia nobilis* Smith（梧桐科）

4. **香櫞** *Citrus medica* L.（芸香科）

5. **佛手柑** *Citrus medica* L. var. *sarcodactylis*（Noot.）Swingle（芸香科）

6. **紫茉莉** *Mirabilis jalapa* L.（紫茉莉科）

7. **馬鈴薯** *Solanum tuberosum* L.（茄科）

8. **落花生** *Arachis hypogaea* L.（蝶形花科）

第八節　清代引進的植物（268 年，1644-1911）

　　清代原實施閉關自守的鎖國政策，但最終擋不住西洋的船堅炮利，被迫開放口岸，與世界各國進行貿易。許多前人未見得外來植物得於此時期引進。本期植物引進記錄已開始完備，許多清代寫成的農書、本草書或植物專書，如《廣群芳譜》、《植物名實圖考》等，已多有載錄。但詩文作品亦有敘述，可作為專業文獻的補充或註腳。

　　本期新出現的植物包括歐亞大陸之舊世界及南北美洲之新世界植物（潘富俊，2011）。從舊世界引進之植物有：原產中南半島至印度的蘇木（*Caesalpinia sappan* L.）、原產北非的咖啡（*Coffea arabica* L.）（圖 17-21）、來自馬來西亞的檸檬（*Citrus limon*（L.）Burm.f.）、原分布中亞、土耳其、地中海沿岸的無花果（*Ficus carica* L.）、產歐洲之法國、西班牙、德國等地的番紅花（*Crocus sativas* L.）及地中海沿岸的紫羅蘭（*Matthiola incana*（L.）R.

17-21 原產舊世界北非的咖啡，清代詩文開始引述。

Br.）等。蘇木是一種製造染料的喬木，在眾多引種植物之中，是一種較為特殊的植物。咖啡則是世界三大飲料之一（其他二大飲料為茶及可可），原產北非，由歐洲人引入熱帶殖民地推廣栽種。直到清代中葉以後，才偶見有「咖啡」詩，如樊增祥的〈邠州刺史饋梨五十顆賦謝〉詩句：「桑園待種咖啡子，上林時見檸檬株」，不但種咖啡，也喝咖啡，「柄燭治文書，瓶笙響清夜。毋將咖啡來，減我龍團價」。檸檬和無花果是「特殊食用水果」。檸檬果實具高含量的檸檬酸（citric acid），原作為食物調料，後來製成飲料。無花果需要傳粉小蜂傳播花粉，才得以結實。番紅花兼具藥用及觀賞價值，咸信清代引進時是以用作藥材為主。

　　從新世界引進之植物有：辣椒（*Capsicum annuum* L.，原產南美洲祕魯）、甘藷（*Ipomoea batatas*（L.）Lam.，產墨西哥至委內瑞拉）、菸草（*Nicotiana tabacum* L.，原產北美洲）、仙人掌（*Cactus* spp.，原產美洲乾旱地區）、大理花（*Dahlia* spp.，產墨西哥）、含羞草（*Mimosa pudica* L.，原分布熱帶美洲）、向日葵（*Helianthus annus* L.，原產北美洲）、玉米（*Zea mays* L.，產墨西哥及中美洲）等。辣椒（*Capsicum annuum* L.）明詩未見，清詩才得以見之。剛開始，詩句中均稱「番椒」，如鄭珍之〈黃焦石〉詩句：「秋分摘番椒，夏至區紫茄」；後期才稱「辣椒」。甘藷據稱是明萬曆年間引進，稱「蕃薯」、「紅薯」，《中國農業百科全書》亦稱甘藷：「16 世紀中傳入中國。」

　　煙草英文為 tabaco，引入中國時尚未有適當的名稱，詩人遂以英文名譯之，稱「淡巴孤」或「淡巴菰」（圖 17-22）。根據記載，煙草在明萬曆年間（1573-1620 年）即已引進中國，但明代詩文出現極少，可見當時煙草尚未普及，吸菸的習慣未深植民間。清代提到「淡巴孤」的詩人和詩句開始增多，如蔣士銓的〈題王湘洲畫塞外人物〉詩句：「爺方鼻飲淡巴菰，匿笑忍嚏堪盧胡」，和黃遵憲的〈番客篇〉詩

17-22 煙草引入中國開始稱「淡巴孤」或「淡巴菰」，清代才普及。

句：「舊藏淡巴菰，其味如詹唐」。清代末葉已見栽培，如周馥的〈閔農〉詩句：

「山居宜種淡巴菰，葉鮮味後價自殊」。

　　玉米初引進中國，被稱為「番麥」（圖 17-23），如李調元的〈番麥〉詩：「山田番麥熟，六月挂紅絨。皮裏層層筍，苞纏面面棱」，敘述玉米開花和結實的形態。馬國翰的〈宿馬蹄掌偶吟〉：「一徑入深篰，方知風景殊。坡稜露魚脊，樹瘦偃牛胡。番麥高撐杵，香蒿細綴珠。晚投村店宿，時有怪禽呼」，則說明鄉間山坡種玉米的情景。到清末的王彰，有〈題畫豆玉蜀黍〉詩，稱「玉蜀黍」；而著名詩人陳三立的〈雨夜遣興用樊山布政午彝翰林唱酬韻〉詩句：「所冀餘力田甫田，務除驕莠穮玉黍」，稱「玉黍」，已是近代的稱法了。

17-23 玉米初引進中國被稱為番麥，後來才名為玉蜀黍。

　　清代的代表植物：

1. 蘇木 *Caesalpinia sappan* L.（蘇木科）
2. 咖啡 *Coffea arabice* L.（茜草科）
3. 檸檬 *Citrus limon*（L.）Burm.f.（芸香科）
4. 無花果 *Ficus carica* L.（桑科）
5. 番紅花 *Crocus sativas* L.（鳶尾科）
6. 紫羅蘭 *Matthiola incana*（L.）R. Br.（十字花科）
7. 辣椒 *Capsicum annuum* L.（茄科）
8. 甘藷 *Ipomoea batatas*（L.）Lam.（旋花科）
9. 菸草 *Nicotiana tabacum* L.（茄科）
10. 仙人掌 *Cactus spp.*（仙人掌科）
11. 大理花 *Dahlia pinnata* Cav.（菊科）
12. 含羞草 *Mimosa pudica* L.（含羞草科）
14. 向日葵 *Helianthus annus* L.（菊科）
15. 玉米 *Zea mays* L.（禾本科）
16. 高粱 *Sorghum bicolor*（L.）Moench.（禾本科）

第九節　台灣的植物與歷史

在人類到達之前就已在台灣生長的植物，稱為自生種或原生植物（native species）。被人類從台灣境外攜入種子或其他繁殖體，並成功地在台灣繁衍其後代的生物種類，稱之為引進種。台灣所有的人都是來自外地，移民時或移民之後，常自先前的居住地引入生活所需的植物種類。而且不同的移民類型，不同的政治架構，不同的統治階層，形成不同的引種類型（潘富俊，2007）。

一、史前時代

西元 1624 年以前的移民，主要是南島民族，移入的植物以原生或長久栽培的中南半島植物為主。這個時期缺乏文字記載，所有引種植物的年代都無法考證。只能根據明清以後的紀錄及原住民生活習慣的獨特性去推測植物引進的大概時期。這時期的植物係以食用作物為大宗，無純觀賞植物的引進記錄。

台灣史前時代的代表植物：

1. **薤（路蕎）** *Alium chinense* G. Don（百合科）
2. **大豆** *Glycine max*（L.）Merr.（蝶形花科）
3. **玉米** *Zea mays* L.（禾本科）
4. **芋** *Colocasia esculenta*（L.）Schott（天南星科）
5. **薑** *Zingiber officinale* Roscoe（薑科）
6. **稻** *Oryza sativa* L.（禾本科）
7. **小米** *Setaria italic*（L.）P.Beauv.（禾本科）
8. **花生** *Arachis hypogaea* L.（蝶形花科）
9. **苧麻** *Boehmeria nivea*（L.）Gaud.（蕁麻科）

10. **椰子** *Cocos nucifera* L.（棕櫚科）

11. **檳榔** *Areca catechu* L.（棕櫚科）

二、荷蘭時代

　　荷蘭時期（1624-1661年）雖然只有短短的37年，但卻是台灣植物文獻最早開始的時期。荷蘭據台有其經濟目的，是一種有規劃的活動。因此，來台之初，即從其殖民地爪哇大量引進與民生相關的植物種類。與據台時期同時，荷蘭人的經濟活動涵蓋從台灣以南的菲律賓群島，印尼各主要島嶼，引進台灣的植物自然與菲律賓有關。菲律賓當時還是西班牙的殖民地，中南美洲植物陸續進入該地，也很快的傳入爪哇。進而使荷蘭人引入台灣的植物之中，有許多原產中南美洲的種類，如番荔枝、銀合歡、含羞草、仙人掌等。綜合言之，荷蘭時期的引種植物多是原在印尼爪哇大量栽植的經濟作物，其中約有一半是食用植物，一半是觀賞植物。

　　荷蘭時代的景觀代表植物：

1. **阿勃勒** *Cassia fistula* L.（蘇木科）

2. **木棉** *Bombax malabarica* DC.（木棉科）

3. **金龜樹** *Pithecellobium dulce*（Roxb.）Benth（含羞草科）

4. **緬梔** *Plumeria acuminata* Ait.（夾竹桃科）

5. **仙人掌** *Opuntia dillenii*（Ker-Gawl.）Haw.（仙人掌科）

6. **三角柱** *Hylocereus undatus*（Haw.）Br. *et* R.（仙人掌科）

7. **曇花** *Epiphyllum oxypetalum*（DC.）Haworth（仙人掌科）

8. **綠珊瑚** *Euphorbia tirucalli* L.（大戟科）

9. **馬纓丹** *Lantana camara* L.（馬鞭草科）

10. **黃蝴蝶** *Caesalpinia pulcherrima*（L.）Swartz（蘇木科）

11. **山茶花** *Camellia japonica* L.（山茶科）

12. **金露華** *Duranta repens* Linn.（茜草科）

13. **虎尾蘭** *Sansevieria trifasciata* Prain（龍舌蘭科）

三、明鄭時代

　　明鄭時期（1661-1683 年），一共 23 年，植物由鄭軍部隊自福建引進。此期海禁甚嚴，對外交通僅餘廈門與府城之間的海運，與外國的交流極端困難。所引進植物多屬原產中國，而在華南地區（特別是福建省）廣為栽植的經濟植物，包括食用植物，如水果類之桃、李、梅，蔬菜類之蔥、蒜、韭，及觀花植物之月季、朱槿、荷等。如屬原產外國的植物，則全部都是引進中國之後，在華南地區普遍分布者，如番木瓜、白玉蘭、茉莉、美人蕉等。在這個時期並無直接由國外引進的植物。經統計本期重要的引進植物中，仍舊以原產中國的植物占大多數。這些引進植物，都是與民生攸關的食用及觀賞植物為主。

　　明鄭時代的景觀代表植物：

1. **白玉蘭** *Michelia alba* DC.（木蘭科）
2. **檉柳** *Tamarix juniperina* Lour.（檉柳科）
3. **夜合花** *Magnolia coco*（Lour.）DC.（木蘭科）
4. **含笑花** *Michelia figo*（Lour.）Spreng.（木蘭科）
5. **朱槿** *Hibiscus rosa-sinensis* L.（錦葵科）
6. **樹蘭** *Aglaia odorata* Lour.（楝科）
7. **鳳尾竹** *Bambusa multiplex* Raeusch. 'Fernleaf'（禾本科）
8. **茉莉** *Jasminum sambac*（L.）Ait.（木犀科）
9. **鷹爪花** *Artabotrys hexapetalus*（L. f.）Bhandari（番荔枝科）
10. **月季** *Rosa chinensis* Jacq.（薔薇科）
11. **長春花** *Catharanthus roseus*（L.）G. Don（夾竹桃科）
12. **荷** *Nelumbo nucifera* Geartn.（荷科）
13. **雞冠花** *Celosia argentea* L.（莧科）
14. **雁來紅** *Amaranthus tricolor* L.（莧科）
15. **千日紅** *Gomphrena globose* L.（莧科）

16. **菊** *Chryeanthemum morifolium* Ramat.（菊科）

17. **鳳仙花** *Impatiens balsamina* L.（鳳仙花科）

18. **虞美人** *Papaver rhoeas* L.（罌粟科）

19. **紫茉莉** *Mirabilis jalapa* L.（紫茉莉科）

20. **美人蕉** *Canna indica* L.（美人蕉科）

21. **晚香玉** *Polinathes tuberose* L.（石蒜科）

四、清領時代

本期（1683-1895 年）期間最長，共 285 年引進植物的種類亦多。本期海禁亦嚴，但對外交通路線及據點比明鄭時期複雜，多樣性高。除少數外國傳教士進入台灣，引進少數植物外，與外國的交流亦極稀少。此時期引進台灣的植物種類，亦以原產中國的經濟植物為主，其中又以食用作物為大宗，占三分之二以上，觀賞的花木次之。造林樹種杉木及孟宗竹等於此期引進。目前在台灣仍廣為栽培，多數原產中國的經濟植物幾乎都在此期引入。少數原產外國的植物，如胡瓜、南瓜、匏仔、茄、楊桃等，在引進台灣之前，已在華南地區栽培很長的歷史。直接由外國引進台灣的植物僅九重葛、變葉木等，係傳教士馬偕自英國引進。麵包樹原產中南半島及太平洋群島，推測係由蘭嶼達悟族於此期自菲律賓引入。

清領時代的景觀代表植物：

1. **側柏** *Thuja orientalis* L.（柏科）

2. **麵包樹** *Artocarpus incisa*（Thunb.）L. f.（桑科）

3. **垂柳** *Salix babylonica* L.（楊柳科）

4. **安石榴** *Punica granatum* L.（安石榴科）

5. **夾竹桃** *Nerium indicum* Mill.（夾竹桃科）

6. **變葉木** *Cediaeum variegatum* Blume（大戟科）

7. **麒麟花** *Euphorbia milii* Desn.（大戟科）

8. 茶梅 *Camellia sasauqua* Thunb.（山茶科）

9. 紫薇 *Lagerstroemia indica* L.（千屈菜科）

10. 桂花 *Osmanthus fragrans*（Thunb.）Lour.（木犀科）

11. 仙丹花 *Ixora chinenesis* L.（茜草科）

12. 朱蕉 *Cordyline fruticose*（L.）Kunth.（龍舌蘭科）

13. 蘇鐵 *Cycas revolute* Thunb.（蘇鐵科）

14. 六月雪 *Serissa japonica*（Thunb.）Thunb.（茜草科）

15. 棕竹 *Rhapis humilis*（Thunb.）Blume（棕櫚科）

16. 紫竹 *Phyllosachys nigra*（Lodd.）Munro（禾本科）

17. 九重葛 *Bougainvillea spectabilis* Willd.（紫茉莉科）

18. 飛燕草 *Delphinium hybridum* Steph. *ex* Willd.（毛茛科）

19. 蓮 *Nelumbo nucifera* Gaertn.（蓮科）

20. 石竹 *Dianthus chinensis* L.（石竹科）

21. 水仙花 *Narucissus tazetta* L. var. *chinensis* Roem.（石蒜科）

22. 射干 *Belamcanda chinensis*（L.）DC.（鳶尾科）

五、日本時期

　　本期雖只有短短的 50 年（1896-1945 年），卻是台灣歷史之中引進植物種類最多的時代。日本原是溫帶國家，明治維新之後勵精圖治，政治、經濟及科學技術均有傲世的精進，並於第二次世界大戰期間進入世界先進國家之林。擁有台灣這個位處熱帶和亞熱帶的領土，不但潛心於台灣植物的研究，且大量引進世界各地的熱帶及亞熱帶經濟植物。所引進的植物類別複雜，包括蔬菜、糧食、水果、飲料等特用作物；觀花、觀葉、庭園樹等觀賞用植物；行道樹或造林用之經濟樹種；也有綠肥、油料、纖維植物，其中又以觀賞植物為大宗。引進地區包含世界各大洲之熱帶及亞熱帶地區，植物原產地有歐洲之北歐、南歐（地中海）、蘇俄；亞洲之日本、印度、馬來西亞、小亞細亞；北美之美國、墨西哥，中美洲及南美之智利、巴西、哥倫比亞；非洲之依索

匹亞、南非、馬達加斯加；澳洲大陸等，幾乎囊括全世界各地的熱帶、亞熱帶區域。台灣現有的外來植物大部分是日治時期引進的。

　　本期引進之植物中，最值得注意的是棕櫚科植物。本科主產熱帶，日人據有台灣之後，即大量引進棕櫚類植物，如今遍布全台的黃椰子、蒲葵、酒瓶椰子、棍棒椰子、大王椰子、羅比親王海棗等，都是本期引進且大量推廣種植者，使台灣各地均種有椰子類，形成日人喜愛的熱帶景觀。此外，多數都會區的行道樹，如南洋杉類、紫檀類、木麻黃、第倫桃、掌葉蘋婆等，都是本期所引進者。另外，許多常見的觀賞花卉，如艷紫杜鵑、軟枝黃蟬、小花黃蟬、松葉牡丹、波斯菊、天人菊、萬壽菊、非洲菊、金魚草、孤挺花等，也都在此期引入。

日本時代的景觀代表植物：

1. **南洋杉** *Araucaria excelsa*（Lamb）R. Br.（南洋杉科）
2. **肯氏南洋杉** *Araucaria cunninghamii* Sweet.（南洋杉科）
3. **印度紫檀** *Pterocarpus indicus* Willd.（蝶形花科）
4. **木麻黃** *Casuarina equisetifolia* L.（木麻黃科）
5. **第倫桃** *Dillenia indica* Linn.（第倫桃科）
6. **掌葉蘋婆** *Sterculia foetida* Linn.（梧桐科）
7. **錫蘭橄欖** *Elaeocarpus serratus* Linn.（杜英科）
8. **鳳凰木** *Delonix regia*（Boj.）Raf.（蘇木科）
9. **洋玉蘭** *Magnolia grandiflora* L.（木蘭科）
10. **珊瑚刺桐** *Erythrina corallodendron* L.（蝶形花科）
11. **雞冠刺桐** *Erythrina crista-galli* L.（蝶形花科）
12. **黃椰子** *Chrysalidocarpus lutescens*（Bory.）H. A. Wendl.（棕櫚科）
13. **蒲葵** *Livistona chinensis*（Jack.）R. Br.（棕櫚科）
14. **酒瓶椰子** *Hyophorbe lagenicaulis*（L. H. Bailey）H. E. Moore（棕櫚科）
15. **棍棒椰子** *Hyophorbe verschaffeltii* Wendl.（棕櫚科）
16. **大王椰子** *Roystonea regia*（H.B. *et* K.）O. F.Cook（棕櫚科）

17. **羅比親王海棗** *Phoenix roebelenii* O' Brien. （棕櫚科）

18. **天堂鳥蕉** *Strelitzia reginae* Banks （旅人蕉科）

19. **旅人蕉** *Ravenala madagascariensis* Sonn. （旅人蕉科）

20. **艷紫杜鵑** *Rhododendron pulchrum* Sweet （杜鵑花科）

21. **軟枝黃蟬** *Allamanda cathartica* Linn. （夾竹桃科）

22. **小花黃蟬** *Allamanda neriifolia* Hook. （夾竹桃科）

23. **毛馬齒莧** *Portulaca pilosa* L. （馬齒莧科）

24. **波斯菊** *Coreopsis tinctoria* Nutt. （菊科）

25. **天人菊** *Gaillardia pulchella* Foug. （菊科）

26. **萬壽菊** *Tagetes erecta* Linn. （菊科）

27. **非洲菊** *Gerbera amesonii* Bolus *ex* Hook. f. （菊科）

28. **金魚草** *Antirrhimum majus* L. （玄參科）

29. **仙客來** *Cyclamen persicum* Mill. （櫻草科）

30. **大理花** *Dahlia pinnata* Cav. （菊科）

31. **大岩桐** *Gloxinia x hybrida* Hort. （苦苣苔科）

32. **孤挺花** *Hippeastrum equestre* （Ait.）Herb. （石蒜科）

六、國民政府時期

　　國民政府自 1945 年接收台灣，前期努力發展經濟、武力，一心一意想打回大陸取回大陸政權，對台灣實施高壓的統治手段，此時期被稱為戒嚴時期（1945-1995 年），也是 50 年，和日本統治時間相當。此期亦引進不少植物，唯比起日本時代之規模和系統差距仍大。此時期引進的植物類別是以觀賞植物居多，引種國家及地區包括美國、紐澳、日本、中南美等。由於兩岸敵對的政治情勢，除國民政府撤退初期，直接自中國引進少數如香椿等植物外，絕少引進原產大陸的植物。如果引進，係輾轉由美國引入，如原產中國之水杉。

國民政府時代的景觀代表植物：

1. 龍柏 *Juniperus chinensis* L. var. *kaizuka* Hort. *ex* Endl.（柏科）

2. 風鈴木 *Tabebuia impetiginosa*（Mart. *ex* DC）Standl.（紫葳科）

3. 小葉欖仁 *Terminalia boivinii* Tul.（使君子科）

4. 黑板樹 *Alstonia scholaris*（L.）R. Br.（夾竹桃科）

5. 美人樹 *Chorisia speciose* St. Hill.（木棉科）

6. 艷紫荊 *Bauhinia x blakeana* Dunn.（蘇木科）

7. 洋紫荊 *Bauhinia purpurea* L.（蘇木科）

8. 羊蹄甲 *Bauhinia variegate* L.（蘇木科）

9. 矮仙丹 *Ixora x williamsii* Hort. 'Sunkist'（茜草科）

10. 紫藤 *Wisteria sinensis*（Sims.）Sweet.（蝶形花科）

11. 炮仗花 *Pyrostegia venusta*（Kerr.）Miess（紫葳科）

12. 繡球花 *Hydrangea macrophylla*（Thunb.）Sirringe（八仙花科）

13. 細葉雪茄花 *Cuphea hyssopifolia* H. B. K.（千屈菜科）

14. 非洲鳳仙花 *Impatiens walleriana* Hook. f.（鳳仙花科）

參考文獻

・李學勇譯 2017 中國植物學史（李約瑟 Joseph Needham 原著）台灣中華科技史學會
・吳玉貴譯 2005 唐代的外來文明（美國 Edward Schafer 原著）陝西師範大學出版社
・陳德順、胡大為 1976 台灣外來觀賞植物名錄 作者自行出版
・曾雄生 2012 中國農學史 海峽出版發行集團、福建人民出版社
・葛劍雄 2010 從此葡萄入漢家：史記大宛列傳 台北大塊文化出版事業股份有限公司
・潘富俊 2007 福爾摩沙植物記 台北遠流出版事業股份有限公司
・潘富俊 2011 中國文學植物學 台北貓頭鷹出版社
・觀賞園藝卷編輯委員會 1996 中國農業百科全書：觀賞園藝卷 北京農業出版社

第十八章　漢字植物名稱的特殊性

左上：18-01 四季的春添加木字偏旁，可形成椿（香椿）。
右上：18-02 四季的夏添加木字偏旁，可形成榎（楸樹）。
左下：18-03 四季的秋添加木字偏旁，可形成楸（鵝掌楸）。
右下：18-04 四季的冬添加木字偏旁，可形成柊（柊樹；刺格）。

　　植物含有春、夏、秋、冬季節名稱的所在多有，如春不老、夏枯草、秋海棠、冬青等；四季再添加木字偏旁，分別形成椿（香椿）（圖18-01）、榎（楸樹）（圖18-02）、楸（鵝掌楸）（圖18-03）、柊（刺格）（圖18-04）。這是中文漢字植物名稱的特殊性，為其他文字所無。植栽設計時，可靈活應用含有季節名稱的植物，表達季節和季節相關展示。

第三篇　極端環境的植物選擇　　第四篇　具文學與文化意涵的植栽　　第五篇　植物的地域性

　　植物中，還含有各種數字和顏色的名稱。前者如一葉蘭、二葉松、三白草、四照花、五味子、六道木、七葉一枝花、八角蓮、九節木、十大功勞等；後者有白水木、馬藍、紫藤、黃槿、紅樓花、朱蕉、赤楊、青楓、綠樟、黑松等，各種顏色的植物名稱都有。

　　漢字植物名稱，最奇特的是以鳥、獸、昆蟲、魚之名來稱呼植物，許多植物以動物的名字、形態或意象命名，如駱駝、鳥榕、雀梅藤、魚藤、醉蝶花等，十二生肖也有植物名稱與之對應（鄭元春和潘富俊，2001）。收集動物名稱的植物能開設植物動物園，台北植物園就設有「十二生肖植物區」，成為該園最受歡迎的展示區。

　　植物名稱中，也有含「吉」、「瑞」、「福」、「祿」、「壽」、「喜」等吉祥文字的植物，如吉祥草（圖18-05）、福木（圖18-06）、福祿考、長壽花、喜樹（圖18-07）等植物名稱，可用於塑造吉祥象徵、歡樂氣氛，創造特殊效果；也可用來布置結婚禮堂、裝飾吉祥住家。有順心如意、美滿意涵的植物，如忘憂草（萱草）、無憂樹、滿福木（小葉厚殼樹，*Ehretia microphylla* Lamk.）。可用在公司行號，製造創業氛圍的植物，如發財樹（翡翠木 *Crassula argentea* L.f.）、金錢樹（*Zamioculcas zamiifolia*（Lodd.）Engl.）、金錢花等。

18-05 名稱中有含吉祥文字的植物，如吉祥草。

18-06 名稱中含「福氣」字樣的植物，如福木。

18-07 名稱含「喜」之吉祥文字的植物，如喜樹。

第一節　季節的植物名稱

一、椿、榎、楸、柊

象徵四季，隱含四季意象的植物名稱，全世界只有中文有之。

椿：
香椿 *Toona sinensis*（Juss.）M. Roem.（楝科）
臭椿 *Ailanthus altissima*（Miller）Sw.（苦木科）

榎：
楸樹 *Catalpa bungei* C. A. May（紫葳科）

楸：
鵝掌楸 *Liriodendron chinense* Semsley（木蘭科）
花楸 *Sorbus pohuashanensis*（Hance）Hedlund（薔薇科）

柊：
柊樹（剌格）*Osmanthus heterophyllus*（G.Don.）Green（木樨科）

二、四季名稱植物

含有春、夏、秋、冬四季名稱的植物，如春不老、夏蠟梅、秋海棠、冬青等。使用四季名稱的植物，可用來塑造四季，或所需節氣的意象。

春：
春不老 *Ardisia squamulosa* Presl（紫金牛科）

　　常綠灌木。葉互生，倒卵形至長橢圓形，先端圓鈍，全緣。果紅、暗紅至紫褐色（圖 18-08）。

探春花 *Jasminum floridum* Bunge（木樨科）
報春花 *Primula malacoides* Franch.（報春花科）
迎春花 *Jasminum nudiflorum* Lindl.（木樨科）
長春花 *Catharanthus roseus*（L.）G. Don.（夾竹桃科）

夏：
夏蠟梅 *Calycanthus chinensis* Cheng & Chang（蠟梅科）
夏皮楠 *Stranvaesia niitakayamensis* Hayata（薔薇科）
夏枯草 *Prunella vulgaris* L.（唇形科）

秋：
秋海棠 *Begonia evansiana* Andr.（秋海棠科）
四季秋海棠 *Begonia semperflorens* Link. & Otto（秋海棠科）

18-08 含有春、夏、秋、冬四季名稱的植物，如春不老。

冬：
冬青；枸骨 *Ilex cornuta* Lindl.（冬青科）
　　常綠灌木或小喬木。葉片厚革質，先端具 3 枚尖硬刺齒，兩側各具 1-2 刺齒，葉面深綠色，具光澤。花序簇生；花小，淡黃色。果球形，成熟時鮮紅色（圖 18-09）。

冬葵 *Malva crispa* Linn.（錦葵科）
冬瓜 *Benincasa hispida*（Thunb.）Cogn.（瓜科）

18-09 含有春、夏、秋、冬四季名稱的植物，如冬青。

第二節　數字與植物名

　　植物中不乏含有數字的名稱，從一、二、三至百、千、萬均有植物屬之，如一葉蘭、二葉松、三角楓、四照花、五掌楠、六道木、七葉樹、八角金盤、九重葛、十大功勞、百脈根、千斤拔、萬點金等。可種植一組含有數字名稱的植物，代表公司行號的電話號碼，或執行任務的數字目標等。

一：

　　一品紅 *Euphorbia pulcherrima* Willd.（大戟科）
　　一葉蘭 *Aspidistra elatior* Blume（百合科）
　　一枝黃花 *Solidago virgaurea* L.（菊科）

二：

　　台灣二葉松 *Pinus taiwanensis* Hayata（松科）
　　二葉樹；百歲蘭 *Welwitschia mirabilis* Hook.f（二葉樹科）
　　二喬木蘭 *Magnolia* × *soulangeana* Soul.-Bod.（木蘭科）

三：

　　三角椰子 *Neodypsis decaryi* Jumelle（棕櫚科）
　　三白草 *Saururus chinensis*（Lour.）Baill.（三白草科）
　　三叉虎 *Melicope pteleifolia*（Champ. *ex* Benth.）T. Hartley（芸香科）
　　三葉五加 *Eleutherococcus trifoliatus*（L.）S. Y.（五加科）
　　三年桐 *Aleurites fordii* Hemsl.（大戟科）
　　三角楓 *Acer buerferianum* Miq.（槭樹科）

三果木 *Terminalia arjuna*（Roxb.）Beddome（使君子科）

三腳鱉 *Melicope triphylla*（Lam.）Merr.（芸香科）

三斗石櫟 *Pasania hancei*（Benth.）Schott.（殼斗科）

三尖杉（粗榧）*Cephalotaxus* spp.（三尖杉科）

四：

四照花 *Cornus kousa* Buerg. *ex* Hance（四照花科）

四方竹 *Chimonobambusa quadrangularis*（Fenzi）Makino（禾本科）

四鱗柏 *Tetraclinis articulata*（Vebl.）Masters（柏科）

四脈苧麻 *Leucosyke quadrinervia* C. Robinson（蕁麻科）

五：

台灣五葉松 *Pinus morrisonicola* Hayata（松科）

北五味子 *Schisandra chinensis*（Turcz.）Baill.（五味子科）

五掌楠 *Neolitsea konishii*（Hay.）Kaneh. & Sasaki（樟科）

五梨跤 *Rhizophora mucronata* Lam.（紅樹科）

五斂子（楊桃）*Averrhoa carambola* L.（酢醬草科）

五月茶 *Antidesma japonicum* Siebold & Zucc. var. *densiflorum* Hurusawa（大戟科）

刺五加 *Acanthopanax senticosus*（Rupr. *et* Maxim.）Harms（五加科）

六：

六道木 *Abelia biflora* Turcz.（忍冬科）

六月雪 *Serissa japonica*（Thunb.）Thunb.（茜草科）

六翅木 *Berrya cordifolia*（Willd.）Burret（田麻科）

六角柱 *Cereus peruvianus*（L.）Mill.（仙人掌科）

七：

七葉樹 *Aesculus chinensis* Bunge（七葉樹科）

七里香；月橘 *Murraya paniculata*（L.）Jack（芸香科）

七葉一枝花 *Paris polyphylla* Sm.（百合科）

八：

八角金盤 *Fatsia japonica*（Thunb.）Decaisne & Planch.（五加科）

八角蓮 *Dysosma pleiantha*（Hance）Woodson（小檗科）

華八仙 *Hydrangea chinensis* Maxim.（八仙花科）

八角楓 *Alangium chinense*（Lour.）Harms.（八角楓科）

八角茴香 *Illicium verum* Hook. f.（八角茴香科）

九：

九丁樹 *Ficus nervosa* Heyne（桑科）

九節木 *Psychotria rubra*（Lour.）Poir.（茜草科）

九重葛 *Bougainvillea spectabilis* Willd.（紫茉莉科）

九芎 *Lagerstroemia subcostata* Koehne（千屈菜科）

十：

十字木 *Decaspermum gracilentum*（Hance）Merr. & L. M. Perry（桃金孃科）

十大功勞 *Mahonia japonica*（Thunb.）DC.（小檗科）

十字蒲瓜樹 *Crescentia alata* Kunth.（紫葳科）

百：

百日青 *Podocarpus nakaii* Hay.（羅漢松科）

百合 *Lilium formosanum* Wallace（百合科）

百日紅；紫薇 *Lagerstroemia indica* L.（千屈菜科）

對葉百部 *Stemona tuberosa* Lour.（百部科）

千：

千金榆 *Carpinus kawakamii* Hayata（樺木科）

千屈菜 *Lythrum salicaria* Linn.（千屈菜科）

千頭柏 *Thuja orientalis* L. var. *nana* Carr.（柏科）

千頭圓柏 *Juniperus chinensis* L. 'Globosa'（柏科）

千頭木麻黃 *Casuarina nana* Sieber *ex* Spreng.（木麻黃科）

千年桐 *Aleurites montana*（Lour.）Wils.（大戟科）

千斤拔 *Flemingia philippinensis* Merr. & Rolfe（蝶形花科）

千年木；朱蕉 *Cordyline terminalis*（Linn.）Kunth.（龍舌蘭科）

萬：

萬點金；燈稱花 *Ilex asprella*（Hook. & Arn.）Champ.（冬青科）

萬兩金；硃砂根 *Ardisia crenata* Sims（紫金牛科）

萬桃花；曼陀羅 *Datura stamonium* L.（茄科）

萬字果；枳椇 *Hovenia dulcis* Thunb.（鼠李科）

萬桃花；刺茄 *Solanum torvum* Swartz（茄科）

第三節　顏色名稱與植物名

　　幾乎所有主要的色彩，都有植物名稱對應。植物中有以「青」為名者，如青紫木、青桐；有以「綠」為名者，如綠珊瑚、綠樟；有以「藍」為名者，

如藍花楹、馬藍；有以「紅」為名者，如紅豆杉、紅皮；有以「黑」為名者，如黑松、黑檀；有以「灰」為名者，如灰莉、灰木等等，不勝枚舉。

青：

青紫木 *Excoecaria cochichinensis* Lour.（大戟科）

青楓 *Acer serrulatum* Hayata（槭樹科）

青莢葉 *Helwingia formosana* Kanehira *et* Sasaki（五加科）

青剛櫟 *Cyclobalanopsis glauca*（Thunb.）Derst.（殼斗科）

青檀 *Pteroceltis tatarinowii* Maxim.（榆科）

青桐 *Firmiana simplex*（L.）W.F. Wight（梧桐科）

青皮木 *Schoepfia chinensis* Gardner & Champ（青皮木科）

青紫花；西施花 *Rhododendron ellipticum* Maxim（杜鵑花科）

綠：

綠珊瑚 *Euphorbia tirucalli* L.（大戟科）

綠樟 *Meliosma squamulata* Hance（清風藤科）

綠栲 *Acacia melanoxylon* R. Br.（含羞草科）

綠葉朱蕉 *Cordyline fruticosa*（L.）Goepp. 'Ti'（龍舌蘭科）

綠葉竹蕉 *Dracaena reflexa* Lam.（龍舌蘭科）

藍：

藍花楹 *Jacaranda acutifolia* Humb. *et* Bonpl.（紫葳科）

馬藍 *Strobilanthes cusia*（Nees）Kuntze（爵床科）

藍雪花 *Plumbago auriculata* Lam.（藍雪科）

藍桉 *Eucalyptus globules* Labill.（桃金孃科）

木藍 *Indigofera tinctoria* L.（蝶形花科）

蓼藍 *Ploygonum tinctoriium* Lour.（蓼科）

藍睡蓮 *Nymphaea nouchali* Burm. f.（睡蓮科）

紅：

紅千層 *Callistemon citrinus*（Curt.）Skeels（桃金孃科）

紅樓花 *Odontonema strictum*（Nees）Kuntze（爵床科）

紅豆杉 *Taxus sumatrana*（Miq.）de Laub.（紅豆杉科）

紅楠 *Machilus thunbergii* Sieb. & Zucc.（樟科）

紅皮 *Styrax suberifolia* Hook. & Arn.（安息香科）

花紅；林檎 *Malus asiatica* Nakai.（薔薇科）

紅葉樹 *Helicia cochinchinensis* Lour.（山龍眼科）

紅淡比 *Cleyera japonica* Thunb. var. *morii*（Yamam.）Masamune（山茶科）

紅茄苳 *Bruguiera gymnorrhiza*（L.）Lam.（紅樹科）

朱：

朱槿 *Hibiscus rosa-sinensis* L.（錦葵科）

朱蕉 *Cordyline terminalis*（Linn.）Kunth.（龍舌蘭科）

赤：

赤楊 *Alnus japonica*（Thunb.）Steud.（樺木科）

小葉赤楠 *Syzygium buxifolium* Hook. & Arn.（桃金孃科）

赤桉 *Eucalyptus camaldulensis* Dehn.（桃金孃科）

赤皮 *Cyclobalanopsis gilva*（Blume）Oerst.（殼斗科）

赤柯；森氏櫟 *Cyclobalanopsis morii*（Hayata）Schottky（殼斗科）

赤車使者 *Pellionia radicans*（Sieb. & Zucc.）Wedd.（蕁麻科）

黃：

黃玉蘭 *Michelia champaca* L.（木蘭科）

黃槿 *Hibiscus tiliaceus* L.（錦葵科）

黃褥花 *Malpighia glabra* L.（黃褥花科）

黃鐘花 *Tecoma stans*（Linn.）Juss.（紫葳科）

黃金榕 *Ficus microcarpa* L. f. 'Golden Leaves'（桑科）

黃荊 *Vitex negundo* L.（馬鞭草科）

黃槐 *Cassia surattensis* Burm. f.（蘇木科）

黃楊 *Buxus microphylla* S. & Z. subsp. *sinica*（Rehd. & Wils.）Hatusima（黃楊科）

黃蝴蝶 *Caesalpinia pulcherrima*（L.）Swartz.（蘇木科）

黃蟬 *Allamanda cathartica* Linn.（夾竹桃科）

金：

金錢松 *Pseudolarix amabilis*（Nelson）Rehd.（松科）

金葉木 *Sanchezia nobilis* Hook. f.（爵床科）

金縷梅 *Hamamelis mollis* Oliv.（金縷梅科）

金合歡 *Acacia farnesiana*（L.）Willd.（含羞草科）

日本金松 *Sciadopitys verticillata*（Thunb.）S. & Z.（杉科）

金雀花 *Cytisus scoparius*（L.）Link（蝶形花科）

金虎尾 *Malpighia coccigera* L.（黃褥花科）

金絲桃 *Hypericum monogynum* L.（藤黃科）

金銀花 *Lonicera japonica* Thunb.（忍冬科）

紫：

紫金牛 *Ardisia japonica*（Hornst.）Blume（紫金牛科）

紫茉莉 *Mirabilis jalapa* L.（紫茉莉科）

紫荊 *Cercis chinensis* Bunge（蝶形花科）

紫藤 *Wisteria sinensis*（Sims）Sweet.（蝶形花科）

紫薇 *Lagerstroemia indica* L.（千屈菜科）

大花紫薇 *Lagerstroemia speciosa*（L.）Pers.（千屈菜科）

洋紫荊 *Bauhinia purpurea* L.（蘇木科）

豔紫荊 *Bauhinia x blakeana* Dunn.（蘇木科）

紫竹 *Phyllostachys nigra*（Lodd.）Munro（禾本科）

紫葳；凌霄花 *Campsis grandiflora*（Thunb.）K. Schum.（紫葳科）

黑：

黑樺 *Betula dahurica* Pall.（樺木科）

黑松 *Pinus thunbergii* Parl.（松科）

黑椆 *Cyclobalanopsis myrsinifolia*（Bl.）Oerst.（殼斗科）

黑檀 *Diospyros ebenum* Koeing.（柿樹科）

黑桑 *Morus nigra* L.（桑科）

烏：

烏飯樹；米飯花 *Vaccinum bracteatum* Thunb.（越橘科）

烏桕 *Sapium sebiferum*（L.）Roxb.（大戟科）

烏皮茶 *Tutcheria shinkoensis*（Hayata）Nakai（山茶科）

烏材；軟毛柿 *Diospyros eriantha* Champ. *ex* Benth.（柿樹科）

烏竹；紫竹 *Phyllostachys nigra*（Lodd.）Munro（禾本科）

灰：

灰莉 *Fagraea ceilanica* Thunb.（馬錢科）

灰木 *Symplocos chinensis*（Lour.）Druce（灰木科）

灰背櫟 *Cyclobalanopsis hypophaea* Kudo（殼斗科）

灰背葉紫珠 *Callicarpa hypoleucophylla* W. F. Lin & I. L. Wang（馬鞭草科）

白：

白皮松 *Pinus bungeana* Z. *ex* Endl.（松科）

白千層 *Melaleuca leucadendron* L.（桃金孃科）

白果；銀杏 *Ginkgo biloba* L.（銀杏科）

白肉榕 *Ficus benjamina* L.（桑科）

白桐 *Paulownia kawakamii* Ito（玄參科）

白檀 *Santalum album* L.（檀香科）

白桑 *Morus alba* Linn.（桑科）

白樹仔 *Gelonium aequoreum* Hance（大戟科）

白水木 *Messerschmidia argentea*（L. f.）Johnston（紫草科）

第四節　人、鬼、神、仙

植物名稱中，也有使用人、鬼、神、仙為名的實例：

人

人心果 *Manilkara zapota*（L.）Van Royen（山欖科）

人面竹 *Phyllostachys aurea* Carr. *ex* A. & C. Riviere（禾本科）

鬼

鬼櫟 *Lithocarpus lepidocarpus* Hayata（殼斗科）

鬼紫珠 *Callicarpa kochiana* Makino（馬鞭草科）

鬼桫欏 *Cyathea podophylla*（Hook.）Copel（桫欏科）

神

洛神葵 *Hibiscus sabdariffa* L.（錦葵科）

神香草 *Hyssopus officinalis* L.（唇形科）

仙

八仙花 *Hydrangea chinensis* Maxim.（八仙花科）

水仙花 *Narcissus tazetta* L. var. *chinensis* Roem（石蒜科）

仙草 *Mesona procumbens* Hemsl.（唇形科）

仙丹花 *Ixora chinensis* Lam.（茜草科）

仙人掌 *Opuntia dillenii*（Ker-Gawl.）Haw.（仙人掌科）

仙茅 *Curculigo orchioides* Gaertn.（仙茅科）

第五節　以動物為名的植物

　　以鳥、獸、昆蟲之名來稱呼植物，是漢文中極大的特色。許多植物的名字裡都含有某種動物，以動物的名字、動物形態、動物有關的局部形態或意象為命名依據，如牛樟、鼠尾草、虎杖、黃蝴蝶、倒地蜈蚣等。以下列舉常見的、具觀賞價值的，以動物為名的植物，包括以十二生肖動物、野獸、鳥類、魚、昆蟲等為名稱的植物。

一、十二生肖動物

1. 鼠

鼠刺 *Itea parviflora* Hemsl.（虎耳草科）

鼠尾草 *Salvia officinalis* Linn.（唇形科）

鼠李 *Rhamnus* spp.（鼠李科）

鼠尾粟 *Sporobolus virginicus*（L.）Kunth（禾本科）

2. 牛

牛樟 *Cinnamomum kanehirai* Hayata（樟科）

牛心梨 *Annona reticulata* Linn.（番荔枝科）

牛奶榕 *Ficus erecta* Thunb. var. *beecheyana*（Hook. & Arn.）King（桑科）

牛皮消 *Cynanchum atratum* Bunge（蘿藦科）

牛栓藤 *Rourea minor*（Gaertn.）Leenh.（牛栓藤科）

3. 虎

虎皮楠 *Daphniphyllum oldhamii*（Hemsl.）K. Rosenthal（虎皮楠科）

虎杖 *Polygonum cuspidatum* Sieb et Zucc.（蓼科）

虎尾蘭 *Sansevieria trifasciata* Prain（龍舌蘭科）

虎斑木 *Dracaena fragrans*（L.）Ker-Gawl.（龍舌蘭科）

虎葛 *Cayratia japonica*（Thunb.）Gagnep（葡萄科）

虎耳草 *Saxifraga stolonifera* Meerb.（虎耳草科）

4. 兔

兔耳草 *Lagotis glauca* Gaertn.（玄參科）

兔尾草 *Uraria crinita*（L.）Desv. *ex* DC.（蝶形花科）

兔腳蕨 *Davallia mariesii* Moore *ex* Bak.（骨碎補科）

5. 龍

龍船花 *Clerodendrum paniculatum* Linn.（馬鞭草科）

龍吐珠 *Clerodendrum thomsoniae* Balf. f.（馬鞭草科）

龍柏 *Juniperus chinensis* L. var. *kaizuka* Hort. *ex* Endl.（柏科）

龍腦香 *Dryobalanops aromatica* Gaerth.（龍腦香科）

龍骨木 *Euphorbia resinifera* Berg.（大戟科）

龍膽 *Gentiana* spp.（龍膽科）

過山龍 *Lycopodium cernuum* L.（石松科）

龍舌蘭 *Agave americana* L.（龍舌蘭科）

6. 蛇

蛇木；筆筒樹 *Cyathea lepifera*（Hook.）Copel（桫欏科）

蛇根草 *Ophiorrhiza japonica* Blume（茜草科）

南蛇藤 *Celastrus orbiculatus* Thunb.（鼠李科）

7. 馬

馬纓丹 *Lantana camara* L.（馬鞭草科）

馬齒莧 *Portulaca oleracea* Linn.（馬齒莧科）

馬尾松 *Pinus massoniana* Lamb.（松科）

馬醉木 *Pieris japonica*（Thunb.）D. Don（杜鵑花科）

馬錢子 *Strychnos cathayensis* Merr.（馬錢科）

馬桑 *Coriaria intermedia* Matsum.（馬桑科）

馬甲子 *Paliurus ramosissimus*（Lour.）Poir.（鼠李科）

馬兜鈴 *Aristolochia* spp.（馬兜鈴科）

馬鈴薯 *Solanum tuberosum* L.（茄科）

8. 羊

羊蹄甲 *Bauhinia variegata* L.（蘇木科）

羊帶來 *Xanthium strumarium* L.（菊科）

台灣羊桃 *Actinidia chinensis* Planch. var. *setosa* Li（獼猴桃科）

羊角藤 *Morinda umbellata* L.（茜草科）

9. 猴

猴歡喜 *Sloanea formosana* Li.（杜英科）

獼猴桃 *Actinidia chinensis* Planch.（獼猴桃科）

猢猻木 *Adansonia digttata* L.（木棉科）

猴胡桃 *Lecythis zabucajo* Aubl.（玉蕊科）

猴面果 *Artocarpus rigida* Blume（桑科）

10. 雞

雞冠刺桐 *Erythrina crista-galli* L.（蝶形花科）

雞蛋花 *Plumeria rubra* L.（夾竹桃科）

雞油；櫸木 *Zelkova serrata*（Thunb.）Makino（榆科）

雞油舅；鵝耳櫪 *Carpinus kawakamii* Hayata（樺木科）

11. 狗

咬人狗 *Dendrocnide meyeniana*（Walp.）Chew（蕁麻科）

狗牙根 *Cynodon dactylon*（L.）Pers.（禾本科）

狗骨仔 *Tricalysia dubia*（Lind1.）Ohwi（茜草科）

狗娃花 *Aster hispidus* Willd.（菊科）

狗尾草 *Setaria viridis*（L.）Beauv.（禾本科）

狗牙花 *Ervatamia puberula* Tsiang *et* P. T. Li（夾竹桃科）

12. 豬

山豬肉 *Meliosma rhoifolia* Maxim.（清風藤科）

豬籠草 *Nepenthes mirabilis*（Lour.）Durce（豬籠草科）

豬腳楠 *Machilus thunbergii* Sieb. & Zucc.（樟科）

豬殃殃 *Galium taiwanense* Masam.（茜草科）

豚草 *Ambrosia artemisiifolia* L.（菊科）

二、獸類

麒麟：

麒麟花 *Euphorbia milli* Desm.（大戟科）

駱駝：

駱駝刺 *Alhagi sparsifolia* Shap. *ex* Keller & Shap.（蝶形花科）

鹿：

鹿皮斑木薑子 *Litsea coreana* Levl.（樟科）

貓：

咬人貓 *Urtica thunbergiana* Sieb.& Zucc.（蕁麻科）

猩猩：

猩猩木 *Euphorbia pulcherrima* Wilid. *et* Klotz.（大戟科）

猩猩草 *Euphorbia heterophylla* L.（大戟科）

猿：

猿尾藤 *Hiptage benghalensis*（L.）Kurz（黃褥花科）

獅：

長花九頭獅子草 *Peristrophe roxburghiana*（Schult.）Bremek.（爵床科）

三、鳥類

鳥：

　　鳥榕 *Ficus superba*（Miq.）Miq.（桑科）

杜鵑：

　　杜鵑花 *Rhododendron* spp.（杜鵑花科）

黃鸝：

　　黃鸝芽；黃連木 *Pistacia chinensis* Bunge（漆樹科）

雀：

　　雀梅藤 *Sageretia thea*（Osbeck）Johnst.（鼠李科）

鵲：

　　鵲不踏；台灣楤木；刺楤 *Aralia decaisneana* Hance（五加科）

鶯：

　　鶯爪花 *Artabotrys hexapetalus*（L. f.）Bhandari（番荔枝科）

孔雀：

　　孔雀豆 *Adenanthera pavonina* Linn.（含羞草科）

鴉：

　　野鴉椿 *Euscaphis japonica*（Thunb.）Kanitz（省沽油科）

鴨：

　　鴨腳木 *Schefflera octophylla*（Lour.）Harms（五加科）

鵝：

　　鵝掌藤 *Schefflera arboricola* Hay.（五加科）

鳳凰：

　　鳳凰木 *Delonix regia*（Boj.）Raf.（蘇木科）

四、其他動物

蝙蝠：

　　蝙蝠草 *Christia vespertilionis*（L. f.）Bahn. f.（蝶形花科）
　　蝙蝠刺桐 *Erythrina vespertilio* Benth.（蝶形花科）

魚：

　　魚木 *Crateva adansonii* DC. subsp. *formosensis* Jacobs（白花菜科）
　　魚藤 *Derris trifoliata* Lour.（蝶形花科）
　　醉魚草 *Buddleja lindleyana* Fort.（醉魚草科）

金魚：

　　金魚草 *Antirrhimum majus* L.（玄參科）

螞蝗：

　　波葉山螞蝗 *Desmodium sequax* Wall.（蝶形花科）

蝦：

　　小蝦花 *Beloperone guttata* Brandeg（爵床科）
　　蝦公鬚；密花苧麻 *Boehmeria densiflora* Hook. *et* Arn.（蕁麻科）

蝴蝶：

　　黃蝴蝶 *Caesalpinia pulcherrima*（L.）Swartz（蘇木科）
　　醉蝶花 *Cleome spinosa* Jacq.（白花菜科）

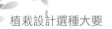

蟻：

　　蟻塔 *Gunera manicata* Linden.（蟻塔科或小二仙草科）

第六節　吉祥詞植物

　　吉祥文化早已滲透進中國人的工作和生活。春種夏收、娶妻生子、祝壽延年、開市營業、科考應試、提拔晉職、喬遷新居等等，與人生有關的大事，都離不開吉祥字詞。植物之中，被人們賦予吉祥意義的在所多有，如吉祥花。俗諺說「過年想發，客廳擺花」，所以過年選擇鮮花、盆花以賀新年、慶吉祥。一般人會選買四季橘（金桔）代表「富貴吉祥」，以金棗代表「金銀滿沼」等。有時選擇象徵延壽吉祥的圖案，而大多時候則選擇吉祥文字。吉祥文字就是表示美好的文字。植物名稱中，含有「吉」、「瑞」、「福」、「祿」、「壽」、「喜」等吉祥文字的植物，表示好兆頭、凡事順心如意、美滿的意涵。

吉：

　　吉祥草 *Reineckia carnea*（Andr.）Kunth（百合科）

瑞：

　　瑞木 *Corylopsis multiflora* Hance（金縷梅科）

福：

　　福木 *Garcinia subelliptica* Merr.（藤黃科）

祿：

福祿桐 *Polyscias guilfoylei*（Bull）L. H. Bailey（五加科）
福祿考 *Phlox drummondii* Hook（花蔥科）

壽：

靈壽木；蝴蝶戲珠花 *Viburnum plicatum* Thunb.（忍冬科）
長壽花 *Kalanchoe blossfeldiana* Poell.（景天科）

喜：

喜樹 *Camptotheca acuminata* Decne.（喜樹科）

其他：

發財樹；翡翠木 *Crassula argentea* L.f.（景天科）
發財樹；馬拉巴栗 *Pachira macrocarpa*（Cham. & Schl.）Schl.（木棉科）
金錢樹 *Zamioculcas zamiifolia*（Lodd.）Engl.（天南星科）
金錢花 *Inula japonica* Thunb.（菊科）
忘憂草；萱草 *Hemerocallis fulva* L.（百合科）
無憂樹 *Saraca indica* L.（蘇木科）

參考文獻

・天津楊柳青畫社編 2003 中國吉祥圖案百科 台北笛藤出版圖書有限公司
・李蒼彥 1988 中國傳統圖案系列：中國吉祥圖案 台北南天書局有限公司
・管梅芬 2005 吉祥圖案故事全集 台南文國書局
・鄭元春、潘富俊 2001 植物界的動物園：十二生肖植物 廈門科技 01 期
・蔣伯和 2001 台灣民間吉祥圖案 國立傳統藝術中心籌備處

第五篇

植物的地域性

　　植物屬於原地就有的，就稱為該地的鄉土種或原生種（native species）。鄉土種也可能分布到別的地區或國家，如原生於台灣，全島從南到北，從東到西，從海濱、山麓地區到海拔 2,700m 處都有分布的樟科植物紅楠（*Machilus thunbergii* S.& Z.），其他地區如大陸華南華中地區、南韓、日本、琉球都有產。另外一類鄉土種或原生種分布範圍就極狹窄，一樣是樟科植物，牛樟（*Cinnamomum kanehirai* Hayata）僅布於臺灣中部及東部的海拔 800m-1,500m 中海拔山區叢林內或開闊地，其他台灣以外的地方都沒有分布。這種原來就起源於該地區，分布僅侷限於此一特定的地理區域，而未在其他地方中出現的種類，稱特有種或固有種（endemic species）。特有種或固有種也是廣義的鄉土種。相反的，原產自外地或外國的植物種類，稱外來種（exotic species 或 alien species）或引進種（introduced species）。植栽設計所使用的觀賞植物以產自外國的外來種或引進種為多，在台灣庭園裡看得到的觀賞植物，有超過90％是外來種，鄉土種或原生種很少用。

　　景觀界大量使用外來種或引進種的原因，是外來植物多已商品化、植物品樣多，大多數種類或品種取得容易；外來觀賞植物的繁殖技術累積較多的經驗，苗木成活較有把握。人們熟悉的鄉土種類太少，繁殖、栽種技術多不易把握，材料取得困難等。植栽設計，究竟要多使用外來種還是鄉土植物，何種基地或設計必須用到鄉土植物，何種方案對使用的植物是原產或外來植物種類要求不嚴格，都必要詳加分析與討論。

　　全世界觀賞植物的原產地，主要源自五大洲：澳大利亞、美洲、非洲、亞洲、歐洲。探究植物原產地，及植物的生態特性、植物的地理分布，是引種植物能否成功的重要條件。植物引種後能否正常生長和繁殖，端賴植物地

理的知識。瞭解植物的原產地及地理分布，有助於作景觀植物的配置、綠地的安排。植物原產地有地理的指示性，運用特殊產地植物，可塑造原產地景觀。植栽設計師可充分應用植物地理學知識，創造各地庭園景觀，如用歐洲植物設置歐洲庭園，用產自美洲植物創設美洲庭園，用非洲植物設非洲庭園，用亞洲植物創設亞洲庭園等。

本篇各章和植栽設計植物之成活、生機旺盛、美觀、區域特色、文化意涵都有相關。

第十九章 鄉土植物與外來植物

　　景觀植物大部分使用外來植物，世界各地都如此。因為外來觀賞植物具備各式各樣的造型，能滿足設計者和消費者的需求。雖然外來種觀賞植物取得容易、易成活、色彩繽紛，使用外來種最大的風險是，其中少數適應性強、繁殖力大的植物在本地會自我繁殖，植物體如含有排他性的化學物質，具有毒他作用（allelopathy），會在生育地排斥其他的原有植物，進而取代鄉土種、固有種，破壞原生地的生態環境。這種狀況稱入侵現象（invation），這種外來種稱入侵種（invasive species）。

　　都市的行道樹、人口聚集的住宅區、或是城鎮公園，依照景觀設計者主觀的美學需求，如何取用外來種觀賞植物皆無可厚非。反正都市的建築、鬧區的景觀建設等都屬於人工造型，大量種植人工培育的外來種，也不會有氛圍不符的問題。但有些如需顯示地方特色、表現鄉土情境，或具有歷史文化意義、民俗風情的場域，則毫無爭論必須使用鄉土植物。

　　本身是我國的最高生態保育單位的國家公園管理處，轄區內卻大量栽植外來種，有些還是入侵種。三十餘年前，太魯閣國家公園管理處在天祥綠水的原辦公室周圍及車道沿線，大量種植聖誕紅（圖 19-01），在原始壯麗的山水前展現火紅的外來植物，視覺景觀非常突兀（圖 19-2）。同

上：19-01 三十餘年前，太魯閣國家公園管理處在天祥綠水的原辦公室周圍，大量種植聖誕紅。
下：19-02 三十餘年前，太魯閣國家公園管理處在天祥車道沿線所種植的聖誕紅。

樣是保育單位的墾丁國家公園管理處辦公室周圍，也是外來種為多，有仙丹花、桂花、南美蟛蜞菊、銀海棗等，辦公區的建築群還淹沒在入侵種植物銀合歡森林中。另外，在全台各地漫延的馬櫻丹（圖19-03）已經在海濱、平原、山麓、河床、中低海拔山區形成大量族群，侵占原生植物的生育地，且族群有逐漸增加的趨勢。但墾丁國家公園卻無視於該植物的入侵性，在管轄的社頂公園周圍大量栽植馬纓丹，這是非常惡劣的破壞生態行徑（圖19-04）。

　　台東史前博物館是目前大量使用鄉土樹種作為園景樹的模範單位，園區所栽種的樹種90％以上為具觀賞價值的原生種，與隸屬單位的性質一致，屬於使用鄉土植物成功的案例（圖19-05、19-06）。

左上：19-03 馬櫻丹原產中南美，在台灣及世界各地已成為入侵種。
右上：19-04 墾丁國家公園卻無視該植物的入侵性，在管轄的社頂公園周圍大量栽植馬纓丹。
右中：19-05 台東史前博物館舊園區所栽種的樹種90％以上為具觀賞價值的原生種。
右下：19-06 台東史前博物館是目前大量使用鄉土樹種作為園景樹的模範單位。

第一節　定義

原生種、鄉土種（native species）：台灣的原生種、鄉土種原生長於台灣，但也可能分布在別的國家或地區。是植物利用自然界的力量，如水力、風力、動物遷移來台灣，或利用自然界的力量從台灣遷出去別的國家或地區。即使別的地區也有的同種植物，因非人工促成的，所以還是原生種。

固有種、特有種（endemic species）：特有種是指「某一物種因歷史、生態或生理等原因，造成其分布僅侷限於某一特定的地理區域，而未在其他地方中出現」。有些特有種原來就起源於該地區，這些物種因此又可以稱為該地區的固有種。如台灣油杉在全世界中只有台灣才有，不只別的國家完全沒有，在台灣也非常稀少而珍貴。

外來種（exotic species 或 alien species）：係指一物種、亞種乃至於更低分類群，並包含該物種可能存活與繁殖的任何一部分，出現於自然分布疆界及可擴散範圍之外，包括無意及有意的引入非本地種。外來種包括了動物、植物或及微生物等。

引進種（introduced species）：通常是指經由人類之手，因經濟目的或實驗研究需求，而有意引進者。

入侵種（invasive species）：原不屬於某生態系的生物，被人類引進該生態系，是該生態系的外來種。當外來種經過新環境的考驗，成功建立野生族群、繁衍後代，並對該生態系造成負面影響時，稱為入侵種。因此，外來入侵種就是指那些會造成生態災難、經濟損失以及健康威脅的外來物種。

因此，所謂入侵種植物（invasive plants）是指人為引入的非本地植物，經野生馴化且生長旺盛，並入侵到其他原生植物的生態空間，嚴重影響到當地生態平衡者。

第二節　外來種與基因平衡

族群遺傳學上，有一個很重要的法則，稱作「哈第溫伯（Hardy－Weinberg）基因平衡定律」。在生物的天然族群之中，控制某種性狀的基因，只要不受到外力影響或族群內無自發突變的發生，所有基因之對偶基因頻率世世代代都應該相同，此即「哈第溫伯（Hardy－Weinberg）基因平衡定律」。天然壓力或稱天然選擇（selection）、生物體自身的突變（mutation）、隨意遺傳漂變（drift）和遷移（migration）等，都會使族群中對偶基因頻率發生變化，因而改變基因的平衡。造成天擇壓力的原因，下節會提到；生物體極少發生突變，非人力所能控制，且必須長實間累積突變性狀才會表現出來，此處暫不討論。隨意的遺傳漂變是指基因頻率在一定的範圍內保持平衡，但某些對偶基因的頻率會隨意上升或下降，有時固定在某個頻率上，進而影響其他對偶基因的平衡。許多生物的族群極小，且分布不連續，如果形成自交系統（inbreeding），遺傳的漂變和對偶基因固定，會造成該種生物的衰退，甚而消失（Frankel，1983）。

上述影響基因平衡的因素和人類活動最有關的是遷移，遷移包括基因的移入和取出，都會使基因平衡公式產生變化，直到達成另一個平衡為止，基因之引進情形亦然。如此，族群中之基因平衡改變，不復和原來族群相同，整個生態系毫無疑問會發生變化。以上所舉為最簡單的一個基因之兩對偶基因之變化情形，一植物個體基因數千數萬個，每個基因之對偶基因也不止一、二個，大量伐採植物或林木，對族群基因頻率平衡的衝擊則可想而知，有些對偶基因會因而消失。以整個生態系而言，一個族群某些基因型的消失，是無可挽回的浩劫。

植物個體之移除，是破壞基因平衡的重要原因之一。植物的移除包括上述之森林砍伐和森林火炎、病蟲害之侵襲（病蟲害的發生也有人為因素在內，譬如不慎引入昆蟲、致病微生物等）。另外一種對基因平衡的影響更遠的卻是外來基因的引入，即引進新個體（引進種）。

第三節　引進種汙染的問題

　　以往的生態保育觀念，只重視「基因庫」的移除問題，森林的砍伐及林產物包括副產物的採收，無疑的會影響森林或植物族群的基因平衡，前已言之。各國家公園區和生態保護區皆禁止生物採集活動，所以區內到處設置「禁止採集動物植物，違者送警究辦」的告示，這是基於上述基因平衡的原則。但是，從保育區移除植物，和引入並栽植外來植物，何者造成的問題較為嚴重，很少見到有關方面的研究和探討。

　　生物的生育地，或棲所（habitate）其負載力（carrying capacity）一定，亦即單位面積生育地內可以生長之生物數量是有限的。在環境條件都適合的狀況下，生態系內的個體數量無法無限增長，外來生物個體的侵入會占據原有生物個體之生存空間。如果外來的個體可適應這個新的生育地，且繁殖力優於其他的原生種時，將會取代某些生態地位（niche）相同的生物種類在生態系中的位置，造成生態系的改變，也會改變原有族群基因的平衡。Frankel（1983）認為一個族群之個體數的減少或增加都會對生態系造成衝擊，族群數量之增加除了資源的競爭外，尚對此生育地產生選擇壓力。因此，基因或某些基因型的移入，其影響力大而久遠（Frankel，1983）。阿里山及大雪山海拔 2,000m 左右之地區，日本時代引進、原產歐洲的毛地黃（*Digitalis purpurea* Linn.）到處氾濫（圖 19-07、19-08）；玉山國家公園內八通關附近，引進種法國菊（*Charysanthemum leucanthemum* L.）隨處生長（圖 19-09）。這些

19-07 原產歐洲的毛地黃，日人於 1911 年引進台灣。

19-08 目前毛地黃已在全台海拔 2,000-3,000m 處的高山地區氾濫成災。

19-09 同樣從西歐引進的法國菊，和毛地黃一樣在高海拔山區任意蔓延。

植物如雜草的般的任意蔓延，不但在景觀上極不協調，也造成原生種類的減少。這是引進種肆虐的最佳例證，可謂之「引進種汙染」。

外來種之中，造成汙染的植物以菊科成員最多，這是由於其適應力強、生活期短、種子產量多且傳播力高的緣故。引進的裸子植物不會形成汙染，表示裸子植物的競爭能力不如被子植物，這和世界裸子植物分布退縮的特性相一致。豆部植物的種子產量高，某些種類如含羞草（*Mimosa pudica* Linn.）和銀合歡（*Leucaena leucocephala*（Lam.）de Wit）等已在低海拔地區占據許多生育地。相思樹（*Acacia confusa* Merr.）的原產地還是一個謎，可能來自菲律賓或恆春半島，無論如何，由於其適應範圍廣，更新能力強，從前曾推廣造林，目前在亞洲地區海拔 0-1,600m 之酸性土壤至鹼性土壤之地區都可見其分布。槭葉牽牛（*Ipomoea cairica*（L.）Sweet）、西番蓮（*Passsflora edulis* Sims.）、毛西番蓮（*Passiflora foetida* L.）等均為外來的藤本植物，在中低海拔地區常纏繞林木或作物，形成藤蔓危害。原產美洲的外來種長穗木（*Stachytarpheta jamaicensis*（L.）Vahl.）、霍香薊（*Ageratum conyzoides* L.）、紫花霍香薊（*A. houstonianum* Mill.）、昭和草（*Crassocephalum rubens*（Benth.）S. Moore）、加拿大蓬（*Erigeron Canadensis*（L.）Cronq.）和蒺藜草（*Cenchrue echinatus* L.）是亞洲地區低海拔最常見的雜草。馬纓丹（*Lantana camara* L.）已在海邊建立自己的群落，和各地區原產的海邊植物競爭生育地資源。以上所舉的皆是最常見的引進種汙染種類，這些引進種的基因流（gene flow）可能比其原產地繁茂，族群的擴展力高，都是屬侵略性強（aggressive）的植物。

第四節　生育地的破壞和基因平衡

人類的各項活動如修路、築水壩、濫墾濫伐、開礦等，往往改變生育地的環境條件，形成天擇壓力。生物族群之基因庫中，常具有遺傳多樣性（genetic diversity），以適應不同的環境壓力，族群才得以世代相傳。環境的改變所產生之選擇壓力，使生物在所處的微生育地（microhabitat）上進行適應性分化。適應新環境的基因頻率在族群內所占的比例也許很低，但是一旦有適合此基因型的新生育地，具有該基因型的個體數會突然增加。同一分類群之植物，在受到破壞的生育地，其遺傳塑性（genetic plastic）及分化程度都會比原分布地區高。

　　人類所造成的環境改變，很少是漸進的，如上所述，大部分的人為破壞都非常急遽，形成基因流（gene flow）極激烈的衝擊，只有遺傳上具有極大變異性且生活期短、族群大之生物才可能適應這種變化。一般的植物，尤其是族群極小，且分布不連續的稀有植物，卻無法忍受，會有絕種之虞。有報告（Liu and Godt，1983）指出，植物族群適應性的分化，演化上的歧異非常快速，族群基因的變化，可在數年間量測出來，而非如一般想像的必須數百萬年才能察覺其變化。近數十年來，台灣許多地區的破壞，原生植物族群的基因平衡受到嚴重的干擾，有多少寶貴的基因被糟蹋亦不得而知。

　　無論是人為的破壞或天然災害所形成的生育地，都會產生 Anderson（1948）所謂的「雜交棲地（hybridization of habitate）」現象，即雜交種常伴隨著受到干擾的生育地而產生。森林伐採跡地、墾植地、建築地等，有些雜交種能比其親本植物更適應這些生育地。美國 Florida 州有一菊科的雜交種 *Flaveria latifolia*（J. R. Johnst.）Rydb. 著生在從海中挖取來鋪路的填土上，形成穩定的族群（Long and Rhamstine，1968），這是新的生育地有利雜交種適應的例子。近代植物雜交現象經常發生，可能與人類活動頻繁和新生育地不斷產生有關。台灣的情形亦不可能例外，林地的墾植、橫貫公路的開發等，使原來不可能或極少雜交的相關植物產生基因交換的現象，致使雜交種建立穩定的群落，使當地的基因平衡發生變化。

第五節　熱帶及亞熱帶地區常見的入侵植物

A. 喬木類

1. 木麻黃 *Casuarina equisetifolia* L.（木麻黃科）

　　常綠大喬木，高度可達 20m 以上；樹冠長圓錐形。葉退化成鱗片，小枝灰綠色，枝端纖細，圓柱形。原產澳洲，引進各地，作為海岸防風林、行道樹。入侵情形：植物體有毒它作用，耐鹽、耐瘠、耐風。分布於亞洲東南部沿海地區、美洲熱帶地區、台灣以及廣東、廣西、福建等地，目前已由人工引種栽培。

2. 銀合歡 *Leucaena leucocephala*（Lam.）de Wit（含羞草科）

　　常綠或落葉灌木、喬木，高可達 15m。二回偶數羽狀複葉，羽片 4-10 對，小葉 5-20 對。原產中美洲，引進各地，葉提供牲畜飼料；枝幹薪炭材；木材製紙漿。植物體有毒它作用，排他性極強，會取代原生物種（圖 19-10）。入侵情形：族群也不斷自然擴張；形成高密度的純林，一旦建立族群後即難以根除。讓許多地區變成沒有利用價值，並威脅原生物種的生存。在台灣及其他熱帶國家海拔 1,000m 以下地區入侵，海岸及山麓地區尤為嚴重（圖 19-11）。

19-10 銀合歡原產中美洲，種子產量高、植物體有毒它作用，侵略性極強。

19-11 入侵墾丁國家公園轄區林地的銀合歡，占據幾乎全部的生育地，原生種植物已完全被排除。

3. 巴西胡椒木；巴西乳香 *Schinus terebinthifolius* Raddi（漆樹科）

常綠喬木或灌木，高可達 15m；樹體內具芳香樹脂。奇數羽狀複葉，長 15-25cm；小葉 3-6 對。果實為核果，球形，熟後變為鮮紅色。原產地：阿根廷、巴拉圭和巴西，引進各地當作裝飾植物和遮蔭植物，是干擾地的先驅物種。入侵情形：可在多種類型土壤中成長，排斥其它植物，使本土動物的棲地變小。種子經由鳥類與哺乳動物散布，很容易從庭園散布到野外。

B. 灌木類

1. 馬纓丹 *Lantana camara* L.（馬鞭草科）

常綠半蔓性灌木，小枝四稜形，具有逆向的銳刺，全株含刺激性異味。四季開花，有黃、白、橙黃、淡紅、紫紅、深紅等色彩。核果球形，肉質，成熟時藍黑色，成串著生。原產熱帶美洲，各地引進供觀賞用入侵情形：種子由囓齒類及鳥類傳播，植物體具毒它作用。在山麓、海岸地區到處蔓延。

2. 長穗木 *Stachytarpheta jamaicensis*（L.）Vahl.（馬鞭草科）

亞灌木或多年生草本，高可達 1 m。頂生伸長的總狀花序，花深藍色。原產熱帶美洲，全年開花，引進作為園藝植物。入侵情形：荒地、路旁或海邊陽光充足之處成片生長。

3. 美洲含羞草 *Mimosa diplotricha* C. Wright *ex* Sauvalle（含羞草科）

多年生蔓性灌木植物，株高 1-2m；莖四稜，具四排倒刺。二回羽狀複葉，羽片 3-9 對，小葉 10-30 對，葉具閉合運動功能；葉柄被逆刺。頭狀花序，花粉紅色，花瓣 5；雄蕊 8，花絲淡紫粉紅色。原產美洲，推測是隨農產品進入各地。具有匍匐及攀附性，能夠攀爬於植物上造成損害；莖有密刺妨礙人畜及野生動物活動之障礙，人力及小型器械之防治困難（圖 19-12）。入侵情形：在印度的

19-12 美洲含羞草具有匍匐及攀附性，莖有密刺會妨礙人畜及野生動物活動。

Kaziranga 國家公園中，美洲含羞草形成棘手的雜草墊覆蓋在天然植被上，使動物無法利用下方植被；在澳洲，美洲含羞草嚴重侵害甘蔗農地，並在其他作物區和草場，造成農作物和牧草的損害。在台灣則常在河域、荒地及管理粗放農地形成獨占性之植被（圖 19-13）。

19-13 在台灣美洲含羞草常在河域、荒地及管理粗放農地形成獨占性之植被。

4. 含羞草 *Mimosa pudica* L.（含羞草科）

蔓狀亞灌木，高可達 1m；有散生、下彎的鉤刺。二回羽狀複葉，指狀排列於總葉柄之頂端。頭狀花序，花淡紅色。原產熱帶南美洲，引進供觀賞或作為藥用植物。入侵情形：適應性強，種子產量多。生於非原生地山坡叢林中、路旁潮濕地。

C. 蔓藤類

1. 紅瓜 *Coccinia grandis*（L.）Voigt（瓜科）

多年生攀援草本，莖纖細。花白色。果實紡錘形，熟時深紅色。原產非洲中部及阿拉伯等地。入侵情形：生長速度極快，嚙齒類、鳥類傳播種子。夏威夷到處可見，台灣東部、南部，各地平野處蔓生。

2. 小花蔓澤蘭 *Mikania micrantha* H. B. K.（菊科）

多年生草質或稍木質藤本。莖細長，匍匐或攀緣。頭狀花序多數，在枝端常排成複繖房花序狀，花冠白色。原產中南美，引進各地作為地面覆蓋物，栽植於垃圾掩埋場及寸草不生之惡地，為水土保持植物。入侵情形：種子產量多，風力傳播；生長快，萌蘗性強。蔓延於 1,000m 以下之中低海拔山野開闊地、溪谷、荒地、荒廢果園及道路兩旁。蔓延成災，有「生態殺手」或「綠癌」之稱。

19-14 掌葉牽牛生長速度快，適應性強，到處蔓延。

19-15 分布平地至山麓，往往自成大群落，纏附淹蓋其他灌木、喬木至死。

3. 掌葉牽牛 *Ipomoea cairica*（L.）Sweet（旋花科）

草質藤本，莖纏繞性，長 10 餘 m；匍匐或纏繞他物，纖細。葉掌狀 5-7 深裂。花序為聚繖花序，花朵綻放後呈漏斗狀，紫色（圖 19-14）。原產北非洲，分布泛世界各地，引進作綠籬、綠廊，地被美化用。入侵情形：生長速度快，適應性強，到處蔓延。平地至山麓普遍見之野花，往往自成大群落。分布泛世界各地（圖 19-15）。

4. 南美蟛蜞菊 *Wedelia triloba*（L.）Hitchc.（菊科）

多年生草本，匍匐狀蔓性莖，能節節生長。葉卵形或廣卵形，三淺裂，粗鋸齒緣，有光澤。頭狀花序，開黃色小花，花色鮮豔，四季開花。原產於美國佛羅里達州南部到熱帶美洲，引進各地栽培為觀賞植物，並當做地被植物。入侵情形：生長過程中，會緊密地覆蓋於地表上，排擠其它物種或使其難以再生。在全世界潮濕的熱帶地區都可見其蹤跡。

5. 洋落葵 *Anredera cordifolia*（Tenore）van Steenis.（落葵科）

多年生草本植物；莖略呈肉質，日照下帶淡紫色。葉片稍肉質而厚，表面光滑。穗狀花序，花白色。果實為球形漿果，成熟紫黑色。原產熱帶美洲。入侵情形：生長迅速，莖會攀爬生長在林緣或圍籬上。在老莖的葉腋處，會長出瘤塊狀的肉芽（珠芽），以進行無性生殖。在各地平地至低海拔山區皆有分布，纏繞他物，到處蔓生。

6. 毛西番蓮 *Passiflora hispida* DC.（西番蓮科）

二年生蔓性草本植物，莖柔弱，密生粗毛，具腋生卷鬚。聚繖花序，花白色或粉紅色。漿果卵球形，直徑 2-3cm，果實由三片羽裂狀的苞片包裹著，熟果呈橙色，種子之假種皮味甜。原產熱帶美洲，無意間隨其他農產品引入。入侵情形：常攀附於其他植物上或到處蔓爬覆蓋地表。海濱沙地、平野、路旁、溪邊草叢、蔗田皆可見其蹤跡，廣布熱帶及亞熱帶地區。

其他入侵性較強的藤本植物，還有西番蓮（*Passiflora edulis* Sims.）（西番蓮科）、黑眼花（*Thunbergia alata* Boj. *ex* Sims）（爵床科）等。

D. 雙子葉草本類

1. 紫花藿香薊 *Ageratum houstonianum* Mill.（菊科）

一年生草本，株高約 30-70cm 或有時達 1m；全株具有特殊香氣。頭狀花序在莖枝頂端排成繖房或複繖房花序，花淡紫色或碧藍色。原產熱帶美洲墨西哥及毗鄰地區，引進各地作為觀花植物。入侵情形：種子產量高，靠風傳播。在平地、田邊、荒野空地上，常可見到成片生長的藿香薊。目前，非洲、亞洲（印度、寮國、柬埔寨、越南）、歐洲都有分布。

2. 大花咸豐草 *Bidens pilosa* L. var. *radiata* Sch.（菊科）

一或二年生草本，高度約為 70cm。頭狀花序呈繖形狀排列，舌狀花白色。原產琉球，各地引進作為養蜂的蜜源植物。入侵情形：果實黑褐色，上端有具逆刺的萼片，以附著人畜，散布果實。各地山麓地區、海岸到處蔓延。

3. 非洲鳳仙花 *Impatiens wallerana* Hook. f.（鳳仙花科）

Impatiens holstii Engl.& Wab.

Impatiens sultanii Hook. f.

多年生宿根性草本植物，高 20-80cm。花單生或 2-5 朵簇生於上部葉腋，

冠徑 2.5-5cm，花瓣 5，白、桃紅、紫紅、橙紅、粉紅或白色紋瓣等色。蒴果紡錘形，肉質，成熟時觸之即開裂成 5 枚旋捲狀的果瓣，將種子彈出。原產非洲東部之坦桑尼亞（Tanzania）至莫桑比克（Mozambique）。多年草本，花色：腥紅、粉紅、橘紅、紫、白各色斑紋等。花期長，全年開花。性耐陰，可在日照不足處生長（圖 19-16）。

19-16 非洲鳳仙花為多年生草本，具各種花色花色，花期長，全年開花。有性兼無性繁殖。

　　可用種子繁殖，也用扦插繁殖。入侵情形：已在澳洲、紐西蘭、中美洲、南美洲的巴西、美國的佛羅里達、波多黎各、太平洋群島的夏威夷，亞洲的日本、台灣、印尼等形成入侵種。FAO 指出非洲鳳仙花為全球性的危害植物（global pest plant）。非洲鳳仙花在各地平地至 1,800m 多有栽培，森林遊樂區、國家公園、私人庭園、公園、花園、校園、都市馬路兩旁皆有大量分布（圖 19-17）。

19-17 已在世界各地形成入侵種，FAO 指出非洲鳳仙花為全球性的危害植物。

4. 銀膠菊 *Parthenium hysterophorus* Linn.（菊科）

　　一年生或多年生草本，莖高 30-150cm，偶可高達 2m。葉一回羽狀全裂至二回羽裂，正面綠色，背面銀灰色。圓錐狀或繖房狀排列，花冠小，白色。原產美國南部、墨西哥、宏都拉斯、西印度群島及南美洲。銀膠菊除對生態造成破壞外，還會威脅人體健康，尤其植物外表細微的纖毛具有毒性，且釋出的花粉容易造成人體過敏，引起過敏性鼻炎等症狀。在澳洲、印度國曾發生放養的牛、羊，有中毒致命的例子。入侵情形：這幾十年的時間裡，銀膠菊已經迅速蔓延，名列「世界一百種惡性外來入侵種」名錄。

5. 香澤蘭 *Chromolaena odorata*（L.）R. M. King & H.Rob.（菊科）

多年生粗壯草本，偶為攀緣性，株高可達 2m；莖密被捲毛，外觀狀似灌木。頭狀花生莖端或小枝端，花白紫色。原產南美牙買加，引進作為藥用植物。入侵情形：開花結實量極多；根部會分泌一種物質，使旁邊其他植物無法生長，到最後整片山林就只剩下香澤蘭，森林生態因此受到極大的危脅。800 m 以下地區開闊地到處可見。

6. 豬草 *Ambrosia artemisiifolia* L.（菊科）

一年生草本，莖直立，株高 30-150cm；全株被毛。葉二或三回羽狀分裂。雄頂生，總狀排列，黃綠色；雌性花無花冠。原產北美，廣泛的歸化於全球溫帶地區。花粉引起呼吸系統方面的疾病，故取名為「豬草」。入侵情形：豬草在溫帶國家是出了名的雜草，在美國、加拿大是農田主要雜草之一；是中國農民頭痛的野草；在俄羅斯危害更是所有一年生雜草之首。在台灣低海拔開闊荒廢地、海濱地區豬草已成為入侵性植物。

7. 美洲闊苞菊 *Pluchea carolinensis*（Jacq.）G. Don（菊科）

多年生灌木植物，株高 1-2.5m；莖枝密被絨毛，具香氣。頭狀花序，排列成圓錐狀，花白色，先端略粉紅。原產美洲溫暖地區和非洲西部，引進作藥用植物。入侵情形：適應性強，種子產量多。蔓生於貧瘠之泥岩坡地或路邊灌木叢中。

其他入侵性較強的雙子葉草本植物，尚有田菁（*Sesbania cannabiana*（Retz.）Poir）（蝶形花科）、青莧（*Amaranthus patulus* Bertoloni）（莧科）、掃帚菊（*Aster subulatus* Michaux）（菊科）、天人菊（*Gaillardia pulchella* Foug.）（菊科）等。

E. 單子葉草本類

1. 斑葉鴨跖草；吊竹草 *Zebrina pendula* Schnizl.（鴨跖草科）

多年生肉質草本，莖柔弱，半弱質，多分枝。葉片表面紫綠色雜以銀白

色，中部邊緣具紫色條紋，背面紫紅色。花玫瑰色。原產墨西哥，引進供觀賞用：常養成吊盆，或種在石縫、假山、斜坡間，作為觀葉植物用（圖 19-18）。入侵情形：無性繁殖能力強，極耐蔭。各地普遍栽培，並馴化成野生；喜生於溪邊，路旁陰濕地（圖 19-19）。

19-18 引進作為觀葉植物用，無性繁殖能力強、極耐蔭。

2. 巴西水竹葉；綠葉水竹草 *Tradescantia fluminensis* Vell.（鴨跖草科）

多年生草本，莖平臥，有分枝，節上長根。葉披針形，葉鞘緊緊包覆在莖上。花白色。原產巴西東南部的熱帶雨林，引進作為觀賞植物。入侵情形：具有耐蔭、強健、生長快速的特性，很容易蔓生開來，是極具侵略性的植物。各地風景區較潮濕的地方，皆能見之，形成道路旁最強勢的底層植被。常成片生長，迅速蔓延，壓縮其他野花野草的生存空間。

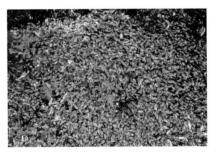

19-19 喜生於陰濕地，目前已入侵全台低海拔林地，占據大面積地被。

3. 大黍 *Panicum maximum* Jacq.（禾本科）

多年生草本，稈高 1.2-2.5m；根莖粗大。葉片長度 30-80cm。原產熱帶非洲，原本引進作為牧草之用，被廣泛的種植作為馬匹的糧草（圖 19-20）。入侵情形：適應性強，種子產量高，散播力強。在全台各地低海平原地區成片蔓延生長，成為開闊地的優勢種類（圖 19-21）。

19-20 大黍原產熱帶非洲，原引進作為牧草之用，適應性散播力都強。

19-21 台中市清水附近大黍蔓延成災（淺綠色部分）。

4. 象草 *Pennisetum purpureum* Schumach.（禾本科）

多年生草本，高可達3m。葉片大，長達60cm。圓錐花序，黃褐色；花莖長。原產非洲，引進作為牧草。為叢生大型草本，用種子、扦插、分株方式繁殖。入侵情形：象草主要生長在較潮溼荒地或水道兩旁，現已成為各地區溪流河域兩岸最強勢的外來植物，甚至侵入至海拔 1,000m 以上之山區。廣泛擴散至美洲、亞洲、澳洲及太平洋諸島嶼。

5. 巴拉草 *Brachiaria mutica*（Forssk.）Stapf.（禾本科）

一年生草本，稈肥壯，長 1-5m；下部膝折，節上長根並密被絨毛。原產非洲及美洲熱帶地區。入侵情形：適應性強，不擇土宜；除種子繁殖外，匍匐莖極易向四周擴散。生長在低海拔較潮濕地帶，在溝渠、稻田、池塘、河流邊、棄耕地大量繁衍，形成大片群落；在湖中甚至可構成浮島，是非常難防治的雜草。

6. 星草 *Cynodon plectostachyum*（Schum.）Pilger.（禾本科）

多年生草本，稈高 30-100cm；叢生，節上密被柔毛。總狀花序，5 個指狀排列，紫紅色。

其他入侵性較強的單子葉植物，尚有牧地狼尾草（*Pennisetum polystachion*（L.）Schult.）（禾本科）等。原產非洲肯亞。地上莖匍匐生長非常旺盛，每節皆可長芽，芽成株後其每一節又可長芽，如此強勢的無性繁殖能力及切斷後很強的再生能力，很快地占滿侵入地。是各地廣泛栽植之牧草。入侵情形：占據旱田的休耕地、荒廢地及田邊，為頑強的惡草。

三、水生入侵植物

1. 布袋蓮；鳳眼蓮 *Eichhornia crassipes*（Mart.）Solms（雨久花科）

浮水性植物，漂浮水面或生於泥地，根系發達。葉柄海綿質，具有許多

空隙（氣室），可以將空氣儲存起來，所以能漂浮在水面上。花紫藍色（圖 19-22）。原產地：巴西，各地引進作水生觀賞植物。入侵情形：所有的根、葉、花均由莖上長出；可藉由走莖繁殖新的植株。藉助其高效的無性繁殖與環境適應機制，在內河流域內廣泛擴散。堵塞河道，阻礙水域交通（圖 19-23）。消耗水中的溶解氧，汙染水質，從而造成其他水生動植物的大量死亡。

19-22 布袋蓮為浮水性植物，花紫藍色，日本時代引進作水生觀賞植物。

2. 大萍 *Pistia stratiotes* L.（天南星科）

莖極短，鬚根發達，白色呈纖維狀，大多聚集成團沉於水中。葉片多數簇生，走莖多數，輻射狀生長。原產地：熱帶美洲，引進各地供觀賞及作為飼料（圖 19-24）。入侵情形：繁殖能力非常驚人，成熟的植株會萌生許多走莖，每一走莖又會萌發一株幼苗。各地平地至低山帶、生長於不流動的溝渠、河流、池塘、稻田、湖沼濕地（圖 19-25）。

19-23 布袋蓮繁殖能力強，常成片生長於生長於不流動的溝渠或水塘，阻塞水道。

19-24 大萍原產熱帶美洲，引進各地供觀賞，能短時間繁殖大量個體。

3. 人厭槐葉蘋 *Salvinia molesta* D. S. Mitchell（槐葉蘋科）

多年生浮水性蕨類植物，無根。葉 3 片輪生於節上，2 片浮於水面，卵狀長橢圓形，表面密生小突起，另 1 枚變態葉懸垂於水中，可長達 10cm，形似鬚根。原產南美洲。入侵情形：常行斷裂繁殖，平均 2.2 日就可以擴大一倍的族群數量。迅速擴展影響水底內部空氣的

19-25 大萍生長於不流動的溝渠、河流、池塘、稻田、湖沼濕地，常全面覆蓋所在水體。

交換，因而使得魚類因缺氧而大量死亡。在水域生態河流系統中，經常被視為水體優養化生態殺手。

4. 空心蓮子草 *Alternanthera philoxeroides*（Mart）Griseb.（莧科）

多年生濕生草本植物，高 10-40 cm；莖匍匐性或斜向生長，空心。花被 5，白色。原產中美洲。入侵情形：匍匐莖到處蔓延，種子產量多，不擇土宜。分布平地至低海拔山區濕地。生長在田畦，市街地溝渠旁，積水之低窪地等，族群繁茂。

5. 翼莖闊苞菊 *Pluchea sagittalis*（Lam.）Cabera（菊科）

多年生直立草本，莖高 1-1.5cm；莖基部木質化，全株具香氣，密被絨毛。花白色，頂點凸出呈紫色。原產美洲地區。入侵情形：種子產量多，不擇土宜。近年來蔓延於低海拔開闊地或溼地，族群正迅速擴張中。

第六節　廣泛使用的台灣鄉土觀賞植物

景觀植物選用鄉土植物有以下優點：

1. 適合本地生長

影響植物生長的因子有氣溫、雨量、土壤性質、日照等，在所有的因子之中，氣候是決定植物能否適生在台灣地區的最大因素。台灣位於熱帶氣旋籠罩的範圍之內，每年有颱風吹襲，對多數植物產巨大的破壞力。引進的植物多來自氣象迥異於台灣的地區，對風害的抗力低。台灣原產的植物已經演化有抗風的機制，採用原生植物作為觀賞植物，受害的風險較小。此外，病蟲害的抵抗力也是景觀植物能否適生的重要指標，原生的鄉土植物遭受病蟲嚴重危害的機率較小，比引進植物較能適應各種危害因素。

2. 發揮本地特色

採用鄉土植物，可根據各地的特色，規劃適合該地區生長的植栽，塑造屬於該地區的景觀。諸如，靠海的城市植物，可栽植欖仁、水黃皮、刺桐等抗風、耐鹽又具美觀價值的植物；山區的小城，可以台灣肖楠或其他當地生產的植物，表現該地特殊的生態因子，及人文特色。

3. 避免生態系受到基因汙染

引進種在原產地有其生態和生物的限制因子，無法大量且無限制地擴張族群，這是演化的結果。各地天然的生態系，生物間相互的作用，有的共生、有的相互排斥，如無外界的干擾，生態系會維持平衡狀態。生物遷移到其他地區，特別是適應力強，繁殖力大的種類，到達一個新的地區之後，原生育的限制因子，如其他生物的競爭，病蟲害等，限制其族群拓展的因子消失，該生物會在新的地區無限制的漫延，形成雜草或其他生物危害，破壞新地區的生態平衡。

4. 合乎生態系栽植理念

生態系栽植的重要原則是維持生育地生物的多樣性（diversity），塑造接近自然的植物景觀。排列整齊的單一植物種類植栽或造林，不但景觀單調，且不易長久維持，也極易遭受環境為害及病蟲侵襲。以不同種類、不同樹型、不同生活型（life form）的原生植物，模仿天然景觀，提供不同類型的棲地（habitats），吸引各類動物棲息，維持生物的多樣性。

大量使用鄉土植物之前，必須加強鄉土植物之物候（phenology）、繁殖方法、適應性、栽種特性等之研究，提供可靠資訊給使用者，鄉土植物在綠化上的應用才會受到國人普遍的重視。目前已在全台地區普遍使用的鄉土景觀植物，有逐漸增加的現象，如各地行道樹或綠化樹種，較普遍的有茄苳、台灣欒樹、欖仁、森氏紅淡比、厚皮香、榕樹、福木、日本女貞、月橘、台灣山素英等，均為原產台灣地區的樹種，這些樹種受到重視的理由，除本身

的美觀價值之外，最重要的是人們對其生態習性及其生物習性有較深刻的瞭解（呂勝由等，1998；呂勝由等，1999；陳瑞玲，2010）。

　　以下羅列市場上有買賣、苗圃傷有培育，在苗木市場占有一定比率的植物種類，並已經常使用為都市行道樹、公園景觀樹、私人庭園園景樹等景觀植物。

一、喬木類

台灣五葉松 *Pinus morrisonicola* Hayata（松科）

台灣肖楠 *Calocedrus formosana*（Florin） Florin（柏科）

蘭嶼羅漢松 *Podocarpus costalis* Presl（羅漢松科）

樟樹 *Cinnamomum camphora*（L.）Presl（樟科）

大葉楠 *Machilus kusanoi* Hay.（樟科）

香楠 *Machilus zuihoensis* Hayata（樟科）

蘭嶼肉豆蔻 *Myristica ceylanica* A. DC. var. *cagayanensis*（Merr.）J. Sinclair（肉豆蔻科）

楓香 *Liquidambar formosana* Hance（金縷梅科）

榕樹 *Ficus microcarpa* L. f.（桑科）

黃金榕 *Ficus macrocarpa* L .f. 'Golden Leaves'（桑科）

垂榕 *Ficus benjamina* L.（桑科）

櫸木 *Zelkova serrata*（Thunb.）Makino（榆科）

榔榆 *Ulmus parvifolia* Jacq.（榆科）

水柳 *Salix warburgii* O. Seem.（楊柳科）

穗花棋盤腳 *Barringtonia racemosa*（L.）Blume *ex* DC.（玉蕊科）

杜英 *Elaeocarpus sylvestris*（Lour.）Poir.（杜英科）

黃槿 *Hibiscus tiliaceus* L.（錦葵科）

瓊崖海棠 *Calophyllum inophyllum* L.（藤黃科）

福木 *Garcinia subelliptica* Merr.（藤黃科）

森氏紅淡比 *Cleyera japonica* Thunb. var. *morii*（Yamam.）Masamune（山茶科）

厚皮香 *Ternstroemia gymnanthera*（Wright *et* Arn.）Bedd.（山茶科）

欖仁 *Terminalia catappa* L.（使君子科）

象牙樹 *Maba buxifolia*（Rottb.）Pers.（柿樹科）

大葉山欖 *Palaquium formosanum* Hay.（山欖科）

山櫻花 *Prunus campanulata* Maxim.（薔薇科）

刺桐 *Erythrina variegata* L. var. *orientalis*（L.）Merr.（蝶形花科）

水黃皮 *Pongamia pinnata*（L.）Pierre（蝶形花科）

茄苳 *Bischofia javanica* Blume.（大戟科）

台灣欒樹 *Koelreuteria henryi* Dummer（無患子科）

黃連木 *Pistacia chinensis* Bunge（漆樹科）

楝 *Melia azedarach* L.（楝科）

光蠟樹 *Fraxinus griffithii* Kaneh.（木犀科）

二、灌木類

台東蘇鐵 *Cycas taitungensis* C. F. Shen *et* al.（蘇鐵科）

內茎子 *Lindera akoensis* Hayata（樟科）

台東火刺木 *Pyracantha koidzumii*（Hayata）Rehder（薔薇科）

石斑木 *Rhaphiolepis indica*（L.）Lindl. var. *tashiroi* Hayata（薔薇科）

梔子花 *Gardenia jasminoides* Ellis（茜草科）

月橘 *Murraya paniculata*（L.）Jack.（芸香科）

海桐 *Pittosporum tobira* Ait.（海桐科）

台灣海桐 *Pittosporum pentandrum*（Blanco）Merr.（海桐科）

綠島榕 *Ficus pubinervis* Bl.（桑科）

凹葉柃木 *Eurya emarginata*（Thunb.）Makino（山茶科）

烏來杜鵑 *Rhododendron kanehirai* Wilson（杜鵑科）

小葉赤楠 *Syzygium buxifolium* Hook. & Arn.（桃金孃科）

硃砂根 *Ardisia crenata* Sims（紫金牛科）

春不老 *Ardisia squamulosa* Presl（紫金牛科）

野鴉椿 *Euscaphis japonica*（Thunb.）Kanitz（省沽油科）

流蘇樹 *Chionanthus retusus* Lindl. & Paxton（木犀科）

白水木 *Tournefortia argentea* L. f.（紫草科）

小葉厚殼樹；滿福木 *Ehretia microphylla* Lam.（紫草科）

蘄艾 *Crossostephium chinense*（L.）Makino（菊科）

三、木本單子葉植物類

台灣海棗 *Phoenix hanceana* Naudin（棕梠科）

番仔林投 *Dracaena angustifolia* Roxb.（龍舌蘭科）

四、蔓藤類

鵝掌藤 *Schefflera arboricola* Hay.（五加科）

薜荔 *Ficus pumila* L.（桑科）

越橘葉蔓榕 *Ficus vaccinioides* Hemsl. *ex* King（桑科）

絡石 *Trachelospermum jasminoides*（Lindl.）Lem.（夾竹桃科）

五、雙子葉草本

台灣佛甲草 *Sedum formosanum* N. E. Br.（景天科）

六、單子葉草本

月桃 *Alpinia zerumbet*（Persoon）B. L. Burtt & R. M. Smith（薑科）

允水蕉；文殊蘭 *Crinum asiaticum* L.（石蒜科）

台灣百合 *Lilium formosanum* Wallace（百合科）

香蒲 *Typha orientalis* Presl（香蒲科）

水燭 *Typha angustifolia* Linn.（香蒲科）

七、蕨類

筆筒樹 *Cyathea lepifera*（Hook.）　Copel.（杪欏科）

杪欏 *Cyathea spinulosa* Wall. *ex* Hook.（杪欏科）

腎蕨 *Nephrolepis auriculata*（L.）Trimen（篠蕨科）

南洋山蘇 *Asplenium australasicum*（J. Sm.）Hook.（鐵角蕨科）

水蕨 *Ceratopteris thalictroides*（Linn.）Brong（水蕨科）

鹵蕨 *Acrostichum aureum* L.（鳳尾蕨科）

第七節　選用外來種或原生種的原則

　　世界各地引進種汙染的情形非常普遍，不但影響人類自身的經濟活動，也改變原有植物族群的基因平衡。以一般人類聚集之村落及居家環境為例，耕地、花園的雜草，多為近數十年引進的外來植物。台灣的農田的雜草中，大多數為引進種。這些引進的草類占據生態地位相同的植物種類生育地，且其生長繁殖速率皆速超過本地的相關種。以相等的數量而言，基因的移入似乎比取出所形成的問題嚴重。

　　景觀區的植物栽植，特別是以天然景物為主要對象的規劃區，必須盡量保持當地植生的基因平衡。因此，應以栽植原產種類（native species）為原則，尚未明瞭其特性的外國新引進種，或已在其他地區廣為栽植的外國種類應避免使用。嚴格來說，根據基因平衡的觀點，所規劃之植栽只宜採用該地區植物或其後裔，距離該區太遠的區外植物，即使是相同種，亦應避免用之。以免萬一兩地植物族群對偶基因不同或基因頻率不同，引起該區基因頻率發生

變化。不過實際上大概無法達到這麼嚴格的標準，如果必須使用外來植物或引進新的植物，族群的控制非常重要。侵略性或繁殖力太強的植物不宜引種，但可考慮無繁殖力如三倍體，或繁殖力弱的植物種類或品種，以減少該地區的「基因汙染」。

　　生育地的破壞也會改變原有植物的種類和數量，使該地區的基因平衡受到破壞，有些稀有的種類可能因而絕種。最佳的保育方式，是儘量保持現狀。目前，自然環境中的天然植物群落面積正逐漸減少，植物資源雖可再生，但亦經不起巨大變動的衝擊。因此，人類的建設活勤假如無法避免，則必須致力於將生育地的破壞減到最小的程度。

參考及引用文獻

· 王姿婷 2011 陽明山國家公園之入侵種植物的調查與監測 中國文化大學環境設計學院景觀系 碩士論文
· 呂勝由、簡慶德、蔡達全、何坤益、鍾慧元 1999 台灣地區內陸型工業區綠化實用圖鑑 經濟部工業局
· 呂勝由、洪昆源、蔡達全、何坤益 1998 台灣地區濱海型工業區綠化實用圖鑑 經濟部工業局
· 洪丁興、沈競辰、李遠欽、陳明義 1993 歸化的綠美化植物 中華民國環境綠化協會
· 陳瑞玲 2010 應用於綠建築設計之台灣原生植物圖鑑 內政部建築研究所
· 彭聲揚 1982 蔗田雜草生態與化學防除 台灣商務印書館有限公司
· 潘富俊 1988 基因平衡的概念與生態保育 環境保護與生態保育研討會論文 pp.245-252 1988 年 4 月 6 日。
· 潘富俊 1989 引進種與基因平衡 生態原則下的林業經營研討會論文 pp.35-38 1988 年 8 月 24-25 日。

· Anderson, E. 1948 Hybridization of the habitats. Evolution 2:1-9.
· Brundu, G., J. Brock, I. Camarda, L. Child and M. Wade 2001 Plant Invasions: Species Ecology and Ecosystem Management. Backhuys Publishers, Leiden, The Netherlands.
· Frankel, O. H. 1983 The place of Management in conservation. In "Genetics and Conservation ", pp. 1-14. Eds. C. M. Schonexold-Cox et al. National Park Service, Dept. of Interior, Washington DC.
· Liu, E. H. and M. J. W. Godt 1983 The differentiation of population over short distance. In

"Genetics and Conservation ", pp. 78-95. Eds. C. M. Schonexold-Cox *et al.* National Park Service, Dept. of Interior, Washington DC.

· Long, R. W. and E. L. Rhamstine 1968 Evidence for the hybrid origin of *Flaveria latifolia* （Compositae）. Brittonia 20:238-250.

· Mooney, H. A. and J. A. Drake 1986 Ecology of Biological Invaions of North America and Hawaii. Springer-Verlag, New York, USA.

· Starfinger, U. ,K. Edwards, I. Kowarik and M. Williamson, eds. 1998 Plant Invasions: Ecological Mechanisms and Human Responses. Backhuys Publishers, Leiden, The Netherlands.

· de Waal L. C, L. E. Child, P. M. Wade and J. H. Brock, eds. 1994 Ecological and Management of Invasive Riverside Plants. John Wiley & Sons, Chichester, U.K.

第二十章　植物與地理

　　地球上已知大約有 30 多萬種高等植物，每一個種（或屬、科）都不是在地球表面普遍分布，而只是出現於某種生育地，占有不同的地理範圍，分布的豐富度也不同。而植物種在自然界通常與不同種結合形成群落，植物群落也同樣具有獨特的分布方式。研究植物種和植物群落的分布區域、分布範圍和分布方式，即植物地理學。植物地理學可以提供關於植物資源的分布和儲量的資料，一個地區引種某種植物能否正常生長和繁殖，有賴於植物地理的知識的充足與否。植物地理學知識是提供景觀植物的配置、綠地安排的重要資訊。

　　全世界大多數觀賞植物的原產地，源自五大洲：澳大利亞、美洲、非洲、亞洲、歐洲。所產的景觀植物分類群（taxa），每個洲都有其特點，有些科屬僅產某一洲。洲與洲之間植物類似者少，相異者多。很多景觀植物的類別，能代表其來源的五大洲。

　　植物原產地有地理的指示性，運用特殊產地植物，可塑造原產地景觀。例如，英國邱皇家植物園的威克赫斯特分園（Wakehurst Botanic Garden），以引種自世界各區域的植物塑造不同地理區域景觀，包括日本區、韓國區、台灣區（圖 20-01）、南美區等。而台灣卻有失敗的設計：恆春半島墾丁是台灣重要的名勝區，但

20-01 英國邱皇家植物園的威克赫斯特分園，以引種自世界各區域的植物塑造不同地理區域景觀，包括日本區、韓國區、台灣區等。

20-02 恆春半島墾丁的景觀植栽和行道樹皆以產自澳洲的木麻黃、肯氏南洋杉為主。

20-03 墾丁是台灣重要的名勝區，但墾丁沒有栽種產自本地或恆春的本地樹種景觀。

到訪的遊客會大失所望，因為景觀植栽和行道樹以產自澳洲的木麻黃、小葉南洋杉、肯氏南洋杉為主，遊客會以為本區是澳洲（圖 20-02、圖 20-03）。墾丁沒有栽種產自本地或恆春的本地樹種景觀。

第一節　澳洲原產的觀賞植物

　　澳大利（Australia）是南半球的一個獨立大陸，位於南太平洋和印度洋之間，由澳大利亞大陸和塔斯馬尼亞島等島嶼和海外領土組成。澳大利亞約 70% 的國土屬乾旱或半乾旱地帶，有 11 個大沙漠，中部大部分地區不適合人類居住。

　　澳大利亞跨兩個氣候帶：北部屬熱帶，每年 11 月至次年 4 月是雨季，5 月到第 10 月是旱季。本區靠近赤道，1 月至 2 月是颱風期。澳洲南部屬溫帶；澳洲中西部是荒無人煙的沙漠，乾旱少雨，氣溫高，溫差大；在沿海地帶，雨量充沛，氣候濕潤。據統計，澳大利亞有植物 1.2 萬種，有 9,000 種是特有種。由於環境穩定，澳大利亞擁有地球演化過程中保留下來的古老生物種類。澳洲多數木本植物是常綠的，且很能適應火災和乾旱，例如桉樹和金合歡。澳洲的豆科植物種類繁多且多屬特有種，有根瘤菌和菌根真菌共生，能適應較貧瘠的土壤。

　　原產自澳洲的景觀植物主要是喬木和灌木種類，有南洋杉科之南洋杉屬、桃金孃科之桉樹、白千層等、木麻黃科、山龍眼科等，都是特產澳洲的植物科屬（陳德順和胡大維，1976；Bailey and Bailey, 1976）。原產澳洲的草本觀賞植物極少。原產澳洲的重要景觀植物如下：

一、喬木類

小葉南洋杉 *Araucaria heterophylla*（Salisb.）Franco（南洋杉科）
肯氏南洋杉 *Araucaria cunninghamii* Sweet（南洋杉科）
檸檬桉 *Eucalyptus citriodora* Hook.（桃金孃科）

20-04 檸檬桉是原產澳洲特有屬桉樹屬的成員。

20-05 白千層原分布澳洲常發生火災的乾旱地帶，厚而軟的樹皮是適應的結果。

　　常綠大喬木，樹高可達 25m。樹皮片狀剝落，樹幹白皙光滑，呈現灰白色（圖 20-04）。成年葉片披針形，先端尖，均具強裂之檸檬香味。樹形高大、壯觀，為優良景觀樹種。

大葉桉 *Eucalyptus robusta* Smith（桃金孃科）
白千層 *Melaleuca leucadendra* L.（桃金孃科）
　　常綠大喬木，樹皮褐色或灰白色，厚軟有彈性，鬆如海棉（圖 20-05）。葉互生，全緣，橢圓狀披針形至披針形，具 3-7 平行脈；葉與芽含有芳香精油，亦可蒸餾做香料，可提煉白樹油。穗狀花序頂生，花白色或淡黃色。果為蒴果，杯狀或半球形，附著於老枝上。

木麻黃 *Casuarina equisetifolia* L.（木麻黃科）
千頭木麻黃 *Casuarina nana* Sieber. *ex* Spreng.（木麻黃科）
銀樺 *Grevillea robusta* Cunn. *ex* R. Br.（山龍眼科）

二、灌木類

紅瓶刷子樹；紅千層 *Callistemon citrinus*（Curt.）Skeels.（桃金孃科）

串錢柳 *Callistemon viminalis*（Soland.）Cheel.（桃金孃科）

單子蒲桃 *Euginia pitanga* Kiaersk.（桃金孃科）

松紅梅 *Leptospermum scorparium* J. R. & G. Forst.（桃金孃科）

常綠灌木，樹高可達 2m。葉對生，卵形至線狀披針形，長 1-1.5cm，革質，全緣。花紅色或粉紅色（圖 20-06），腋生，單生或少數長於頂生的短側枝上。蒴果，扁球形。

20-06 松紅梅原產澳大利亞的昆士蘭、維多利亞等地，花色豔麗，是優良的觀賞樹種。

三、棕梠、竹類

亞力山大椰子 *Archontophoenix alexandrae*（F. Muell.）Wendl. & Drude（棕櫚科）

第二節　美洲原產的觀賞植物

美洲包含北美洲和拉丁美洲。北美洲幅員廣闊，南北伸長，地跨熱帶、溫帶、寒帶，氣候複雜。北美洲的寒帶和溫帶類型有冰原氣候、苔原氣候、高緯度之亞寒帶針葉林氣候、中緯度之濕潤大陸性氣候、中緯度之乾旱氣候、中緯度之西岸海洋性氣候。北美洲森林面積約占全洲面積的 30%，約占世界森林總面積的 18%。草原面積占全洲面積 14.5%，約占世界草原面積的 11%。北美洲除墨西哥外，加拿大和美國由於地處中、高緯度，植物種類較少。

拉美地區包括中美洲及南美洲，地處低緯度和赤道線兩側，80% 的地區位在熱帶和亞熱帶。大部分地區氣候溫和，溫差較小，雨量充沛且季節分布相對均勻。優越的地理位置和氣候條件，本區的自然資源非常豐富，動植物種類繁多。本區平均海拔僅 600m，海拔在 300m 以上的高原、丘陵和山地占地區總面積的 40%，海拔在 300m 以下的平原占 60%，特別是南美洲安第斯

山以東的廣大地區，地域遼闊，是世界上流程最長、流域最廣、流量最大的亞馬遜河系及其他眾多河流的流域範圍。

　　1492 年哥倫布首次航行到美洲大陸，是世紀性大規模航海的開始，也是新大陸植物引種至舊大陸的開始。美洲的引進，改變了歐洲人，非洲人及亞洲人的生活方式。很多食物種類，如馬鈴薯、玉米、花生、鳳梨等均原產美洲，後來成為全人類的主要食品；原產美洲新大陸的景觀植物，不但種類是各洲之冠，很多種類也成為世界各地常用的景觀新寵。

　　世界上使用最多的景觀植物，多產自美洲。如天南星科的觀賞種類，絕大多數原產中、南美洲；另外全世界竹芋科、鳳梨科的觀賞植物幾乎都來自美洲。其他還有許多熱帶的觀賞植物產自美洲，如紫葳科和夾竹桃科的多數觀賞樹種等，其中又以產自南美洲的為多，中美洲次之（陳德順和胡大維，1976；Bailey and Bailey, 1976）。全世界的仙人掌科植物大多數來自墨西哥。觀賞植物來自北美的加拿大和美國的種類較少。產自美洲的觀賞植物種類太多，僅擇其要者，羅列如下：

一、喬木類

濕地松 *Pinus elliotti* Engelm.（松科）
落羽杉 *Taxodium distichum*（L.）Rich.（杉科）
洋玉蘭 *Magnolia grandiflora* L.（木蘭科）
珊瑚刺桐 *Erythrina corallodendron* L.（蝶形花科）

落葉小喬木或大灌木，高可達 3-6m；嫩枝、小枝有刺。三出葉，小葉菱形。花為頂生總狀花序，花冠呈長牙形，鮮紅色。（圖 20-07）莢果長 10-20 cm。

20-07 珊瑚刺桐原產熱帶美洲，花冠呈彎牙形鮮紅色，花序遠望酷似紅珊瑚。

雞冠刺桐 *Erythrina crista-galli* L.（蝶形花科）
美人樹 *Chorisia speciosa* St. Hil.（木棉科）

落葉喬木，樹幹綠色，樹皮著生疏瘤狀刺。掌狀複葉；小葉 5-7 枚，長橢狀倒披針形，細鋸齒緣。花常先葉而開，紫紅、紅色或偶粉紅（圖 20-08）。蒴果長橢圓形，長約 20 cm；種子具棉毛。

20-08 美人樹原產巴西、阿根廷，樹幹綠色，花冠粉紅色似美人。

馬拉巴栗 *Pachira macrocarpa*（Cham. & Schl.）Schl.（木棉科）

雨豆樹 *Samanea saman*（Jacq.）Merr.（含羞草科）

桃花心木 *Swietenia mahagoni*（L.）Jacq.（楝科）

大葉桃花心木 *Swietenia macropnylla* King（楝科）

黃金風鈴木 *Tabebuia chrysantha*（Jacq.）Nichols.（紫葳科）

洋紅風鈴木 *Tabebuia chrysantha*（Jacq.）Nichols.（紫葳科）

藍花楹 *Jacaranda acutifolia* Humb. *et* Bonpl.（紫葳科）

雞蛋花 *Plumeria rubra* L.（夾竹桃科）

黃花夾竹桃 *Thevetia perviana* Merr.（夾竹桃科）

二、灌木類

美葉鳳尾蕉 *Zamia furfuracea* Ait.（蘇鐵科）

粉撲花 *Calliandra surinamensis* Benth.（含羞草科）

紅粉撲花 *Calliandra emarginata*（Humb. & Bonpl. *ex* Willd.）Benth.（含羞草科）

聖誕紅 *Euphorbia pulcherrima* Willd.（大戟科）

南美朱槿、大紅袍 *Malvaviscus arboreus*（L.）Cav.（錦葵科）

多年生常綠灌木，高約 1-2m。葉互生，叢集株端，長橢圓形狀，先端漸尖，粗鈍鋸齒緣。花單生，紅色；花萼 5 裂，花瓣 5 片，呈螺旋狀旋卷，四季皆可開花。（圖 20-09）幾乎不結果。

20-09 南美朱槿產自墨西哥、秘魯等地，在台灣四季都能開花。

風鈴花 *Abutilon Striatum* Dickson（錦葵科）

黃鐘花 *Tecoma stans*（Linn.）Juss.（紫葳科）

黃褥花 *Malpighia glabra* L.（黃褥花科）

刺葉黃褥花 *Malpighia coccigera* L.（黃褥花科）

馬纓丹 *Lantana camara* L.（馬鞭草科）

金露華 *Duranta repens* L.（馬鞭草科）

變色茉莉；番茉莉 *Brunfelsia hopeana*（Hook.）Benth.（茄科）

常綠灌木，高 1-2m。葉長橢圓形至披針形或倒卵形，長可達 7cm，全緣。花單生，腋生，初開時藍紫色，漸變為淺紫色，後褪為白色（圖 20-10），花於夜間散發香氣。

20-10 變色茉莉原產熱帶巴西、委內瑞拉，花夜間會散發香氣。每朵花由初開時的深紫色，漸變為淺紫色、粉紅色，再轉為白色。

大花曼陀羅 *Datura arborea* L.（茄科）

金葉木 *Sanchezia nobilis* Hook. f.（爵床科）

仙人掌類 *Opuntia* spp.（仙人掌科）

日日櫻 *Jatropha pandurifolia* Andre（大戟科）

三、單子葉木本類

大王椰子 *Roystonea regia*（H. B. et K.）O. F. Cook（棕櫚科）

常綠大喬木狀，單幹直立，幹高達 20m（圖 20-11）。葉羽狀全裂，長約 4-5m，羽片多達 250 片，長 90-100cm。肉穗花序，花序長達 1.5m；花小，乳白色。果實近球形至倒卵形，長約 1.3cm。

20-11 原產古巴、牙買加、巴拿馬，幹形粗壯優美，廣泛作行道樹和庭園綠化樹種。

華盛頓棕 *Washingtonia filifera*（Linden *ex* Andre）Wendl.（棕櫚科）

袖珍椰子 *Chamaedorea elegans*（Mart.）Liebm. *ex* Oersted（棕櫚科）

王蘭 *Yucca gloriosa* L.（龍舌蘭科）

灌木狀多肉植物；莖直立，高可達 2-2.5cm。葉叢生莖頂，劍形，葉長 60-75cm，邊緣有尖銳鋸齒。圓錐花序頂生，花莖長可達 10m；花多數，花冠鐘型（圖 20-12）。蒴果 6 稜，不開裂。

龍舌蘭 *Agave americana* L.（龍舌蘭科）

四、蔓藤類

九重葛 *Bougainvillea spectabilis* Willd.（紫茉莉科）

軟枝黃蟬 *Allamanda cathartica* Linn.（夾竹桃科）

綠性蔓狀灌木。單葉 3-4 枚輪生，葉長橢圓狀披針形或倒卵形。花色鮮黃（圖 20-13）。

20-12 王蘭產自墨西哥，花莖高大花白色，樹姿高雅，作庭園觀賞及綠籬植物。

20-13 軟枝黃蟬原產南美巴西，全台各地普遍栽植，公園及遊樂區內尤其常見。

小花黃蟬 *Allemandes neriifolia* Hook.（夾竹桃科）

炮杖花 *Pyrostegia venusta*（Ker-Gawl.）Miers（紫葳科）

蔦蘿 *Quamoclit pennata*（Lam.）Bojer（旋花科）

金蓮花 *Tropaeolum majus* L.（金蓮花科）

蒜香藤 *Pseudocalymma aliaceum* Sandw.（紫葳科）

夜香花 *Cestrum nocturnum* L.（茄科）

樹牽牛 *Ipomoea carnea* Jacq. subsp. *fistulosa*（Mart. *ex* Choisy）D. F. Austin（旋花科）

木玫瑰 *Merremia tuberosa*（L.）Rendle（旋花科）

錦屏藤 *Cissus sicyoides* L.（葡萄科）

五、雙子葉草本類

松葉牡丹；大花馬齒莧 *Portulaca grandiflora* Hook.（馬齒莧科）

多年生草花植物，植株多肉質，株高 10-15cm。葉圓柱狀線形，肥厚多肉，簇生葉片狀似松葉（圖 20-14）。花頂生，花形有重瓣或單瓣，花色有紅、紫、黃、白等色，常在豔陽下盛開。

20-14 松葉牡丹原產南美洲，常作花壇栽植或盆栽，耐熱耐旱但不耐水。

冷水花 *Pilea notate* C.H.Wright（蕁麻科）

紫茉莉 *Mirabilis jalapa* Linn.（紫茉莉科）

四季海棠 *Begonia cucullata* Willd（秋海棠科）

醉蝶花 *Cleome spinosa* Jacq.（白花菜科）

細葉雪茄花 *Cuphea hyssopifolia* H. B. K.（千屈菜科）

長春花 *Catharanthus roseus*（L.）G. Don（夾竹桃科）

矮牽牛 *Petunia x hybrida* Hort. *ex* Vilm（茄科）

翠蘆莉 *Ruellia brittoniana* Leonard（爵床科）

小蝦花 *Justicia brandegeana* Wassh. & L. B. Sm.（爵床科）

黃苞小蝦花 *Pachystachys lutea* Nees（爵床科）

紅樓花 *Odontonema strictum*（Nees）Kuntze（爵床科）

鼠尾草類 *Salvia* spp.（唇形科）

紅花鼠尾草 *Salvia coccinea* Juss. *ex* Murray（唇形科）

粉萼鼠尾草 *Salvia farinacea* Benth.（唇形科）

一串紅 *Salvia splendens* Ker-Grawl.（唇形科）

大岩桐 *Gloxinia x hybrida* Hort.（苦苣苔科）

福祿考 *Phlox drummondii* Hook（花蔥科）

向日葵 *Helianthus annuus* L.（菊科）

萬壽菊 *Tagetes erecta* Linn.（菊科）

波斯菊類 *Cosmos* spp.（菊科）

主要有：

波斯菊 *Coreopsis tinctoria* Nutt. 主要開紫紅色、粉紅色花，原產北美。

大波斯菊 *Cosmos bipinnatus* Cav. 主要開紫紅色、粉紅色花，原產墨西哥。

黃波斯菊 *Cosmos sulfureus* Cav. 花黃色，原產墨西哥、巴西。

六、單子葉草本類

蔓綠絨類 *Philodendron* spp.（天南星科）

多年生草本植物。全世界約有 200 種左右。大多數莖呈蔓性或半蔓性，莖藉氣根附著支持物向上直立伸長（圖 20-15）。

20-15 世界天南星科觀賞植物大多產自中南美洲，蔓綠絨類只是其中的一類。

火鶴花 *Anthurium scherzerianum* Schott（天南星科）

白鶴芋 *Spathiphyllum kochii* Engler *et* Krause（天南星科）

龜背芋 *Monstera deliciosa* Liebm（天南星科）

粉黛葉類 *Dieffenbachia* spp.（天南星科）

合果芋 *Syngonium podophyllum* Schott.（天南星科）

孔雀竹芋 *Calathea makoyana* E. Morr.（竹芋科）

多年生常綠草本，植株高可達 60cm。葉片薄革質，卵狀橢圓形，葉面上有墨綠與白色或淡黃相間的羽狀斑紋，葉柄紫紅色（圖20-16）。

20-16 竹芋科觀賞植物主要產自熱帶美洲，常被栽培做室內植物。本種為箭羽竹芋。

竹芋 *Maranta arundinacea* Linn.（竹芋科）

斑葉竹芋 *Calathea zebrina*（Sims）Lindl.（竹芋科）

美麗竹芋 *Calathea veitchiana* Hook.（竹芋科）

孤挺花 *Hippeastrum equestre*（Ait.）Herb.（石蒜科）

蔥蘭 *Zephyranthes candida*（Lindl.）Herb.（石蒜科）

韭蘭 *Zephyranthes carinata*（Spreng.）Herb.（石蒜科）

晚香玉 *Polianthes tuberosa* L.（石蒜科）

吊竹草 *Zebrina pendula* Schnizl.（鴨跖草科）

觀賞鳳梨類 *Ananas* spp.（鳳梨科）

有彩虹（五彩）鳳梨、小型鳳梨（紅色，又稱為斑葉鳳梨）、鳳梨（綠色）、擎天鳳梨（黃色、紅色、紫色）、紅鑽石鳳梨、小擎天（火輪）鳳梨、達摩（斑葉火輪）鳳梨、阿丹（帝王星）鳳梨、如意（金頂）鳳梨、蜻蜓（粉波蘿）鳳梨、珊瑚鳳梨、繡球鳳梨、絨葉鳳梨（粉色、紅種類）等，大部分原產於美洲熱帶地區。

赫蕉類 *Heliconia* spp.（旅人蕉科）

第三節　非洲原產的觀賞植物

赤道橫貫非洲的中部，非洲 3 / 4 的土地受到太陽的垂直照射，年平均

氣溫在攝氏 20 度以上的熱帶占全洲的 95％，其中有一半以上地區終年炎熱，因此有熱帶大陸之稱。面積約 3020 萬平方公里（包括附近島嶼），約占世界陸地總面積的 20.2％，次於亞洲，為世界第二大洲。島嶼除馬達加斯加島為最大島（世界第四大島）外，其餘多為小島。非洲氣候特點是高溫、少雨、乾燥，氣候帶分布呈南北對稱狀。氣溫一般從赤道隨緯度增加而降低，降水量從赤道向南北兩側減少，降水分布極不平衡，有的地區終年幾乎無雨，有的地方年降水多達 10,000mm 以上。全洲 1／3 的地區年平均降水量不足 200mm，僅東南部、幾內亞灣沿岸及山地的向風坡降水較多。

　　馬達加斯加島，資源非常豐富，原產非洲的著名景觀植物如旅人蕉科植物多數來自馬達加斯加。很多耐旱的大戟科、龍舌蘭科植物乾燥氣候之南非及其他國家。其他多數的棕櫚科觀賞植物也源自非洲（陳德順和胡大維，1976；Bailey and Bailey, 1976）。原產自非洲地著名景觀植物，舉示如下：

一、喬木類

光果蘇鐵 *Cycas thouarsii* **R. Brown（蘇鐵科）**
鳳凰木 *Delonix regia*（**Boj.**）**Raf.（蘇木科）**
　落葉性大喬木，高可達 20m；樹冠傘狀。總狀或圓錐花序，花冠鮮紅色，帶有黃暈，夏季 5-7 月間開花（圖 20-17）。

20-17 鳳凰木原產馬達加斯加島，花冠鮮紅色，為常見的行道樹、園景樹。

　　琴葉榕 *Ficus pandurata* **Hort.** *ex* **Sand.（桑科）**
　　猢猻木 *Adansonia digitata* **L.（木棉科）**
　　火焰木 *Spathodea campanulata* **Beauv.（紫葳科）**
　　臘腸樹 *Kigelia pinnata*（**Jacq.**）**DC.（紫葳科）**

二、灌木類

立鶴花 *Thunbergia erecta*（Benth.）T. Anders.（爵床科）

常綠小灌木，株高 1-2m。葉對生，長披針形至長圓形，葉基銳形或楔形，長 3-5cm。花單一，腋生，花冠漏斗形，淺紫色到濃紫色（圖 20-18）。果為蒴果。

20-18 立鶴花原產熱帶西非，花淺紫色到濃紫色，常作庭園叢植、綠籬。

綠珊瑚 *Euphorbia tirucalli* L.（大戟科）
麒麟花 *Euphorbia milli* Desm.（大戟科）
沙漠玫瑰 *Adenium obesum*（Forsk.）Balf. *ex* Roem. *et* Schult.（夾竹桃科）
藍雪花 *Plumbago auriculata* Lam.（藍雪科）

三、單子葉木本類

黃椰子 *Chrysalidocarpus lutescens*（Bory.）H. A. Wendl.（棕櫚科）
酒瓶椰子 *Hyophorbe lagenicaulis*（L. H. Bailey）H. E. Moore（棕櫚科）
棍棒椰子 *Hyophorbe verschaffelti* Wendl.（棕櫚科）
旅人蕉 *Ravenala madagascariensis* Sonn（旅人蕉科）
三角椰子 *Neodypsis decaryi* Jumelle（棕櫚科）
加拿列海棗 *Phoenix canariensis* Hort. *ex* Chabaud.（棕櫚科）
非洲海棗 *Phoenix reclinata* Jacq.（棕櫚科）
白花鳥蕉 *Strelitzia nicolai* Regel & Koern.（旅人蕉科）
天堂鳥蕉 *Strelitzia reginae* Banks（旅人蕉科）
竹蕉類 *Dracaena* spp.（龍舌蘭科）
巴西鐵樹；香龍血樹 *Dracaena fragrans*（L.）Ker-Gawl.（龍舌蘭科）
竹蕉 *Dracaena marginata* Lam.（龍舌蘭科）

彩虹竹蕉 *Dracaena marginata* Lam. 'Tricolor Rainbow'（龍舌蘭科）

紅刺露兜樹 *Pandanus utilis* Bory.（露兜樹科）

四、蔓藤類

龍吐珠 *Clerodendrum thomsoniae* Balf.（馬鞭草科）

文竹 *Asparagus setaceus* Jessop（百合科）

五、雙子葉草本

松葉菊 *Lampranthus spectabilis*（Haw.）N. E. Br.（番杏科）

千日紅 *Gomphrena globosa* L.（莧科）

長壽花 *Kalanchoe blossfeldiana* Poell.（景天科）

兔耳草 *Kalanchoe tomentosa* Bak.（景天科）

非洲菫 *Saintpaulia ionantha*（H.）Wendl.（苦苣苔科）

非洲鳳仙花 *Impatiens wallerana* Hook. f.（鳳仙花科）

繁星花 *Pentas lanceolata*（Forsk.）Schum.（茜草科）

瓜葉菊 *Senecio cruentus*（Masson）DC.（菊科）

六、單子葉草本

百子蓮 *Agapanthus africanus* L.（石蒜科）

君子蘭 *Clivia miniata* Regel（石蒜科）

火球花 *Haemanthus multiflorus*（Tratt.）Martyn. *ex* Willd（石蒜科）

虎尾蘭 *Sansevieria trifasciata* Prain（龍舌蘭科）

蘆薈類 *Aloe* spp.（百合科）

第四節　亞洲原產的觀賞植物

　　亞洲包括 6 個區域，分述如下：1. 東亞：指亞洲的東部之中國、朝鮮、韓國、蒙古和日本。2. 東南亞：亞洲東南部之越南、寮國 、柬埔寨、緬甸、泰國、馬來西亞、新加坡、印度尼西亞、菲律賓、汶萊、東帝汶等國家和地區。3.南亞：亞洲南部地區之斯里蘭卡、馬爾地夫、巴基斯坦、印度、孟加拉國、尼泊爾、不丹。4.西亞：亞洲西部之伊朗、土耳其、塞浦路斯、敘利亞、黎巴嫩、巴勒斯坦、以色列、約旦、伊拉克、科威特、沙烏地阿拉伯、也門、阿曼、阿拉伯聯合酋長國、卡達、巴林、格魯吉亞、亞美尼亞和阿塞拜然。5. 中亞：中亞細亞地區之土克曼、烏茲別克、吉爾吉斯、塔吉克、哈薩克和阿富汗。6.北亞：俄羅斯亞洲部分的西伯利亞地區。

　　亞洲大陸跨寒、溫、熱三帶。氣候的主要特徵是氣候類型複雜多樣、季風氣候典型和大陸性顯著。東亞東南半部是濕潤的溫帶和亞熱帶季風區，東南亞和南亞是濕潤的熱帶季風區。中亞、西亞和東亞內陸為乾旱地區。以上濕潤季風區與內陸乾旱區之間，以及北亞的大部分為半濕潤半乾旱地區。

　　森林總面積約占世界森林總面積的 13％，用材林 2 / 3 以上已開發利用。俄羅斯的亞洲部分、中國的東北、朝鮮的北部，是世界上分布廣闊的針葉林地區，蓄積量豐富，珍貴用材樹種很多。中國的華南、西南，日本山地的南坡，喜馬拉雅山南坡植物特別豐富。東南亞的熱帶森林在世界森林中占重要地位，以恒定、豐富的植物群落著稱，是許多觀賞植物的產區。

　　原產自亞洲的重要景觀植物，以南亞之印度、東亞之中國為多；熱帶喜濕之觀賞植物種類來自東南亞中南半島之馬來西亞、泰國、緬甸；少數耐旱種類產自西亞之小亞細亞（陳德順和胡大維，1976；Bailey and Bailey, 1976）。

一、喬木類

雪松 *Cedrus deodara*（Roxb.）G. Don（松科）

日本五針松 *Pinus parviflora* S. *et* Z.（松科）

黑松 *Pinus thunbergii* Parl.（松科）

黃金柏 *Thuja orientalis* L. 'Aurea Nana'（柏科）

日本花柏 *Chamaecyparis pisifera*（Sieb. *et* Zucc.）Endl.（柏科）

龍柏 *Juniperus chinensis* L. var. *kaizuka* Hort. *ex* Endl.（柏科）

塔柏 *Juniperus chinensis* L. var. *pyramidalis* Hort. *ex* Endl.（柏科）

藏柏；喀什米爾柏 *Cupressus cashmeriana* Royle *ex* Carr.（柏科）

羅漢松 *Podocarpus macrophyllus*（Thunb.）Sweet（羅漢松科）

木棉 *Bombax malabarica* DC.（木棉科）

落葉大喬木，高可達 30m；樹幹常具有瘤刺。掌狀複葉，多叢集於枝條的先端，小葉 5-7枚，長橢圓至卵狀長橢圓形。花先葉開放，呈橘紅色或者橘色，花大，肉質（圖 20-19）。蒴果橢圓形，熟時五瓣裂；內具棉毛及種子。

20-19 木棉原產印度、緬甸及爪哇一帶，樹姿優美，花大而豔麗，常被栽種於道路兩旁，作為行道樹。

白玉蘭 *Michelia alba* DC.（木蘭科）

長葉暗羅 *Polyalthia longifolia*（Sonn.）Thwaites 'Pendula'（番荔枝科）

麵包樹 *Artocarpus incisa*（Thunb.）L. f.（桑科）

印度橡膠樹 *Ficus elastica* Roxb.（桑科）

第倫桃 *Dillenia indica* Linn.（第倫桃科）

常綠喬木，高 25m。葉薄革質，矩圓形或倒卵狀矩圓形，側脈 25-56 對，在上下兩面均突起。花單生於枝頂葉腋內；萼片 5，肥厚肉質；花瓣白色，倒卵形（圖 20-20）；雄蕊多數；心皮 16-20。果實圓球形，宿存萼片肥厚；種子壓扁，邊緣有毛。

20-20 第倫桃產印度、馬來西亞、爪哇，常作為公園樹及校園樹。

黑板樹 *Alstonia scholaris*（L.）R. Br.（夾竹桃科）

法國梧桐 *Platanus orientalis* L.（法國梧桐科）

菩提樹 *Ficus religiosa* L.（桑科）

錫蘭橄欖 *Elaeocarpus serratus* Linn.（杜英科）

印度紫檀 *Pterocarpus indicus* Willd.（蝶形花科）

阿勃勒 *Cassia fistula* L.（蘇木科）

豔紫荊 *Bauhinia x blakeana* Dunn.（蘇木科）

洋紫荊 *Bauhinia purpurea* L.（蘇木科）

羊蹄甲 *Bauhinia variegata* L.（蘇木科）

盾柱木 *Peltophorum pterocarpum*（DC.）Backer *ex* K. Heyne（蘇木科）

大花紫薇 *Lagerstroemia speciosa*（L.）Pers.（千屈菜科）

二、灌木類

蘇鐵 *Cycas revoluta* Thunb.（蘇鐵科）

夜合花 *Magnolia coco*（Lour.）DC.（木蘭科）

含笑花 *Michelia figo*（Lour.）Spreng.（木蘭科）

桃 *Prunus persica*（L.）Batsch（薔薇科）

梅 *Prunus mume* S. *et* Z.（薔薇科）

月季 *Rosa chinensis* Jacq.（薔薇科）

朱槿 *Hibiscus rosa-sinensis* L.（錦葵科）

黃槐 *Cassia surattensis* Burm. f.（蘇木科）

福祿桐 *Polyscias guilfoylei*（Bull）L. H. Bailey（五加科）

變葉木 *Codiaeum variegatum* Blume（大戟科）

威氏鐵莧 *Acalypha wilkesiana* Muell.-Arg.（大戟科）

20-21 長穗鐵莧原產東印度及馬來半島，穗狀花序鮮紅色，常作為庭園景觀用，或植為綠籬。

長穗鐵莧；紅花鐵莧 *Acalypha hispida* Burm. f.（大戟科）

常綠灌木，高可達 1-3m。葉互生，倒卵狀長橢圓形或闊卵形。花雌雄異株，雌花集成密生穗狀花序，鮮紅色，懸垂濃密圓筒狀（圖 20-21）。

金剛纂 *Euphorbia neriifolia* L.（大戟科）

霸王鞭 *Euphorbia antiquorum* L.（大戟科）

青紫木；紅背桂 *Excoecaria cochichinensis* Lour.（大戟科）

錫蘭葉下珠 *Phyllanthus myrtifolius* Moon（大戟科）

山茶花 *Camellia japonica* L.（山茶科）

杜鵑花 *Rhododendron* spp.（杜鵑花科）

山馬茶 *Tabernaemontana divaricata*（L.）B. Br.（夾竹桃科）

仙丹花 *Ixora chinensis* Lam.（茜草科）

六月雪 *Serissa japonoin*（Thunb.）Thunb.（茜草科）

繡球花 *Hydrangea macrophylla*（Thunb.）Seringe（八仙花科）

三、單子葉木本類

孔雀椰子 *Caryota mitis* Lour.（棕櫚科）

蒲葵 *Livistona chinensis*（Jacq.）R. Br.（棕櫚科）

羅比親王海棗；刺葵 *Phoenix roebelenii* O' Brien.（棕櫚科）

銀海棗 *Phoenix sylvestris*（L.）Roxb.（棕櫚科）

觀音棕竹 *Rhapis excelsa*（Thunb.）Henry *ex* Rehder（棕櫚科）

朱蕉 *Cordyline terminalis*（Linn.）Kunth.（龍舌蘭科）

四、蔓藤類

三星果藤 *Tristellateia australasiae* A. Richard（黃褥花科）

紫藤 *Wisteria sinensis*（Sims）Sweet.（蝶形花科）

金銀花 *Lonicera japonica* Thunb.（忍冬科）

茉莉 *Jasminum sambac*（L.）Ait.（木樨科）

大鄧伯花 *Thunbergia gradiflora*（Roxb. *ex* Rotter）Roxb.（爵床科）

口紅花 *Aeschynanthus lobbianus* Hook.（苦苣苔科）

牽牛花 *Ipomoea nil*（L.）Roth.（旋花科）

大鄧伯花 *Thunbergia gradiflora*（Roxb. *ex* Rotter）Roxb.（爵床科）

五、雙子葉草本

彩葉草 *Coleus blumei* Benth.（唇形科）

石竹 *Dianthus chinensis* L.（石竹科）

雁來紅 *Amaranthus tricolor* L.（莧科）

雞冠花 *Celosia cristata* L.（莧科）

虎耳草 *Saxifraga stolonifera* Meerb.（虎耳草科）

桔梗 *Campanula dimorphantha* Schweinf.（桔梗科）

彩葉草 *Coleus x hybridus* Voss（唇形科）

六、單子葉草本

粗肋草類 *Aglaonema* spp.（天南星科）

蜘蛛抱蛋 *Aspidistra elatior* Blume（百合科）

射干 *Belamcanda chinensis*（L）. DC.（鳶尾科）

紅蕉 *Musa coccinea* Ander.（芭蕉科）

美人蕉 *Canna indica* L.（美人蕉科）

鬱金 *Curcuma aromatica* Salisb.（薑科）

風信子 *Hyacinthus orientalis* L.（百合科）

第五節　歐洲原產的觀賞植物

歐洲包括 1. 北歐：指日德蘭半島、斯堪的納維亞半島一帶之冰島、法羅群島（丹）、丹麥、挪威、瑞典和芬蘭。2. 南歐：阿爾卑斯山以南的巴爾幹半島、

亞平寧半島、伊比利亞半島和附近島嶼之塞爾維亞、克羅地亞、斯洛文尼亞、波斯尼亞和黑塞哥維那、馬其頓、羅馬尼亞、保加利亞、阿爾巴尼亞、希臘、義大利、梵蒂岡、聖馬力諾、馬耳他、西班牙、葡萄牙和安道爾。3. 西歐：歐洲西部瀕大西洋地區和附近島嶼之英國、愛爾蘭、荷蘭、比利時、盧森堡、法國和摩納哥。4. 中歐：波羅的海以南、阿爾卑斯山脉以北之波蘭、捷克、斯洛伐克、匈牙利、德國、奧地利、瑞士、列支敦士登。5. 東歐：歐洲東部之愛沙尼亞、拉脫維亞、立陶宛、白俄羅斯、烏克蘭、摩爾多瓦、俄羅斯歐洲部分。

　　歐洲大部分為溫帶海洋性氣候，也有地中海氣候、溫帶大陸性氣候、極地氣候和高原山地氣候等氣候，其中溫帶海洋性氣候最為典型。歐洲是世界面積排行第六的大洲，面積為 1,017 萬平方公里。歐洲絕大部分地區氣候具有溫和濕潤的特徵。大部分位於溫帶，是世界上海洋氣候分布面積最廣的一洲。由於平原遼闊，從大西洋吹來的濕潤西風能深入內陸，加上北大西洋暖流的影響使整個西歐沿海地區非常濕潤，歐洲大陸從西向東由海洋性氣候過渡到大陸性氣候。歐洲的森林面積約占全洲總面積的 39%（包括俄羅斯全部）。占世界總面積的 23%。

　　適合亞熱帶及熱帶地區生長的景觀植物大都原產自南歐較溫暖的地區，少數能長在較涼的中高海拔植物，則產自西歐。常見之原產自歐洲的景觀植物大都是草本植物，木本植物絕少（陳德順和胡大維，1976；Bailey and Bailey, 1976）。

一、灌木類

金雀花 *Cytisus scorparius*（L.）Link.（蝶形花科）

二、雙子葉草本

虞美人 *Papaver rhoeas* L.（罌粟科）

一年生草本植物，全體被伸展的剛毛，高 25-90cm。葉披針形至狹卵形，羽狀分裂。花單生下垂；花瓣 4，多鮮紅色至紫紅色（圖 20-22），基部通常具深紫色斑點。

三色堇 *Viola tricolor* L.（堇菜科）

紫羅蘭 *Matthiola incana*（L.）R. Br.（十字花科）

香豌豆 *Lathyrus odoratus* L.（蝶形花科）

羽扇豆 *Lupinus hirsutus* L.（蝶形花科）

康乃馨 *Dianthus caryophyllus* L.（石竹科）

仙客來 *Cyclamen persicum* Mill.（櫻草科）

金魚草 *Antirrhinum majus* L.（玄參科）

雛菊 *Bellis perennis* L.（菊科）

金盞菊 *Calendula officinalis* L.（菊科）

矢車菊 *Centaurea cyanus* L.（菊科）

銀葉菊 *Senecio cineraria* DC.（菊科）

20-22 虞美人原產歐洲，夏季開花，花色有紅、白、紫、藍等，極濃艷華美，是花園重要花卉。

多年生草本植物，株高約 15-30cm；全株密覆白色絨毛（圖 20-23）。葉片厚肉質，匙形或羽狀裂葉。頭狀花序；花黃色。瘦果褐色。

三、單子葉草本

洋水仙 *Narcissus tazetta* L.（石蒜科）

番紅花 *Crocus sativus* L.（鳶尾科）

鳶尾類 *Iris* spp.（鳶尾科）

鳶尾 *Iris tectorum* Maxim.

黃鳶尾 *Iris pseudacorus* L.

綠黃鳶尾 *Iris monieri* DC

20-23 銀葉菊原產地中海沿岸，葉色銀白，適合作花台、花壇、花圍栽培美化用。

參考文獻

- 吳中倫 1983 國外樹種引種概論 北京科學出版社
- 陳德順、胡大為 1976 台灣外來觀賞植物名錄 作者自行出版

- Bailey, L. H. and E. Z. Bailey 1976 Hortus Third: A Concise Dictionary of Plants Cultivated in the United States and Canada. Macmillan Inc. USA.
- Coombes, A. J. 1992 Trees. DK Publishing, Inc., New York, USA
- Cox, C. B. and P. D. Moore 1993 Biogeography: An Ecological and Evolutional Approach. 5th Ed. Blackwell Scientific Publications, London, UK.
- Johnson, O. and D. More 2015 British Tree Guide. William Collins, London, UK.
- National Parks Board 2009 Trees of Our Garden City: A Guide to the Common trees of Singapore. National Parks Board, Singapore Botanic Garden, Singapore.
- Streeter, D. , C. Hart-Davies, A. Hardcastle, F. Cole and L. Harper 2016 Wild Flower Guide 2nd. ed. William Collins, London, UK.

387

索引

一劃

一串紅　119、124、375
一品紅　320
一葉蘭　317、320
一枝黃花　320
一年生早熟禾　137
一年生黑麥草　138

二劃

九芎　46、85、90、322
丁香　52、105、113、204、265、298、299
人參　290
人蔘　290
二葉樹　39、320
七里香　111、322
七葉樹　320、322
八仙花　49、178、179、315、322、329、383、392
八角楓　47、322
八角蓮　244、317、322
九丁樹　322
九節木　317、322
九重葛　14、15、53、214、311、312、320、322、373
十字木　322
千斤拔　320、323
千年木　323
千屈菜　40、46、52、58、90、167、260、311、315、322、323、327、374、382
千金榆　323

千頭柏　323
人心果　328
人面竹　328
丁香花　268
二喬木蘭　320
八角金盤　56、243、320、322
八角茴香　322
十大功勞　56、121、122、154、242、243、317、320、322
七葉一枝花　317、322
十字蒲瓜樹　322
人厭槐葉蘋　199、203、357

三劃

大豆　185、308
大黍　355
大麥　295、296
大萍大萍　199、203、205、357
大蒜　279、295、296
小米　278、308
小麥　295、296
小蘗　46、55、56、122、153、154、242、243、244、322
川芎　280
女貞　15、56、151、153、281、359
山桃　285
山茶　30、34、35、40、42、52、60、152、175、178、240、242、243、309、311、325、327、361、383
山棕　147、342

山菊　148
山楂　55、151
山漆　46、214
木梨　265
木槿　52、58、122、146、154、192、262
土丁桂　194
三叉虎　320
三白草　148、208、317、320
三尖杉　321
三年桐　320
三色董　119、125、386
三角楓　320
三角柱　309
三果木　321
三腳鱉　321
千日紅　124、310、379
千年桐　31、323
山毛櫸　151
山枇杷　163
山茶花　30、42、52、60、178、243、309、383
山柚子　165
山素英　112、359
山馬茶　383
山茱萸　47、55、61
山櫻花　15、88、176、238、361
山黃麻　225
山豬肉　332
山蘇花　246
大甲藺　209
大紅袍　371
大理花　125、306、307、314
大葉楠　63、72、73、105、242、360

大葉桉　81、84、368

大銀龍　226

大岩桐　125、314、375

小石積　168

小苤菜　207

小荳蔻　107

小蝦花　335、374

小糠草　138

口紅花　123、383

三斗石櫟　321

三角椰子　320、378

三星果藤　383

三葉五加　320

千頭圓柏　323

大王椰子　15、19、313、372

大波斯菊　375

大花紫薇　15、42、52、58、327、382

大葉山欖　91、95、165、361

大葉合歡　219

大葉黃楊　153、192

大鄧伯花　383、384

小花黃蟬　50、313、314、373

小葉石楠　152

小葉赤楠　152、325、362

小葉欖仁　4、13、14、15、214、315

千頭木麻黃　150、323、368

大花咸豐草　352

大花馬齒莧　124、374

大花曼陀羅　372

小花蔓澤蘭　350

小葉南洋杉　68、69、82、88、184、188、367

小葉厚殼樹　152、317、362

久留米杜鵑　15、178

大葉桃花心木　45、371

四劃

五加　40、56、74、75、106、123、152、155、240、242、243、244、290、320、321、322、324、334、335、337、362、382

水仙　60、108、126、300、301、312、329、386

水杉　15、67、210、237、314

水芋　209

水柳　210、211、360

水蕨　199、210、363

水燭　363

木瓜　87、114、115、264、310

木棉　40、77、88、92、94、214、225、226、237、299、300、309、315、332、337、370、371、377、381

木筆　109、265、281

木賊　124、149、197

木蓮　109、258

木藍　325

木蘭　40、47、48、52、57、69、73、86、108、109、110、176、179、237、240、241、252、258、261、265、272、281、282、300、310、313、318、320、326、370、381、382

毛竹　267

毛柿　91、190、327

毛桃　285

文竹　379

月季　58、97、155、266、310、382

月桃　127、149、245、362

月桂　104、260

月橘　111、152、322、359、361

火棘　153

牛樟　329、330、339

王蘭　373

五月茶　321

五梨跤　211、321

五梨絞　96

五掌楠　35、320、321

五節芒　225

五斂子　321

六道木　317、320、321

六月雪　122、152、312、321、383

六角柱　321

六翅木　321

天人菊　313、314、354

天堂鳥　31、313、378

日日紅　301、302

日日櫻　214、372

牛心梨　330

牛皮消　330

牛奶榕　330

牛栓藤　330

允水蕉　149、168、195、362

內冬子　152

巴旦杏　301、302

水仙花　60、108、126、301、312、329

水芫花　167
水筆仔　96、187、211
水黃皮　4、15、63、190、
　　214、221、359、361
毛白楊　89、286
火刺木　48、55、147、
　　153、361
火球花　127、379
火焰木　214
火燄木　51、58、377
火管竹　141、147
火鶴花　245、375
巴拉草　356
天竺葵　124
木玫瑰　374
木芙蓉　42、59、122、262
木麻黃　14、28、94、141、
　　146、150、190、218、
　　223、313、323、348、
　　366、367、368
內苳子　361
天胡荽　133
毛苦參　167、168
世界爺　80、84
文殊蘭　126、168、362
孔雀豆　334
日本女貞　151、359
日本金松　326
日本花柏　29、381
日本紫珠　55、56
日本黃楊　243
日本衛矛　151、153、192
木瓜海棠　264
巴西乳香　349
巴西鐵樹　243、378
毛西番蓮　346、352
中原鼠李　56

天堂鳥蕉　31、313、378
毛葉木瓜　264
孔雀竹芋　245、376
孔雀椰子　383
日本五針松　176、381
巴西水竹葉　355
巴西胡椒木　349
巴佩道櫻桃
毛萼口紅花　150
台灣山蘇花　246

五劃

白朮　290
白芷　255、273、279
白果　328
白桐　328
白桑　328
白梨　258
白楊　89、286
白榕　95
白樺　89
白檀　328
冬瓜　302、319
冬青　39、42、48、55、
　　141、147、150、153、
　　155、240、242、243、
　　316、318、319、323
冬葵　319
石竹　124、227、312、
　　384、386
石斛　245、279、280
石楠　30、44、61、152
石榴　15、42、51、58、
　　90、115、260、261、
　　293、296、297、311
玉米　185、306、307、
　　308、370

玉簪　33、120、125、204、
　　245
玉蘭　48、73、102、109、
　　176、237、241、250、
　　258、265、282、299、
　　300、310、313、326、
　　370、381
仙茅　329
仙草　289、329、336
甘蔗　295、296、350
田蔥　210
甘藷　306、307
四方竹　321
四季蘭
四葉蓮　114、245
四照花　55、61、90、92、
　　243、317、320、321
四鱗柏　321
瓜葉菊　125、379
仙人掌　40、215、225、
　　226、306、307、309、
　　321、329、370、372
白千層　40、81、84、85、
　　89、328、367、368
白水木　37、38、71、166、
　　184、191、199、200、
　　317、328、362
白皮松　89、256、328
白玉蘭　73、109、176、
　　241、310、381
白肉榕　328
白雞油　87
白鶴芋　244、375
白鳥蕉　32
白飯樹　54
白樹仔　328
仙丹花　15、122、147、
　　214、312、329、342、383

仙客來　314、386
田字草　208、271
矢車菊　53、386
卡利撒　147
印度烤　176
冬青類　42、55
皮孫木　165
布袋蓮　202、203、356、357
石斛蘭　245
石斑木　147、361
石蓮花　227
玉龍草　125、240、245
立鶴花　121、244、378
石鹼花　227
四季海棠　374
四脈苧麻　321
仙人掌類　215、372
丘氏羊茅　138
平戶杜鵑　15、177、225、229、276
北五味子　321
白花苜蓿　133
白花鳥蕉　378
白紋竹蕉　243
台東蘇鐵　361
台灣百合　363
台灣羊桃　332
台灣肖楠　359、360
台灣苦櫧　176
台灣海桐　147、361
台灣海棗　75、166、192、362
台灣紫珠　56
台灣欒樹　4、15、32、55、60、361
生根卷柏　124

凹葉柃木　361
凹頭柃木　152
四季秋海棠　124、319
加拿列海棗　75、378
台東火刺木　361
台灣二葉松　224、320
台灣五葉松　176、321、360
台灣光蠟樹　16、361
台灣佛甲草　362
台灣繡線菊　154
加拿大早熟禾　138

六劃

灰木　240、324、327
灰莉　324、327
西瓜　298、299
百合　20、33、54、77、108、114、125、126、127、180、194、227、241、244、245、271、290、296、299、308、320、322、323、336、337、363、379、384
吉貝　82、88、237
竹芋　199、231、241、244、245、370、376
竹柏　29、146、241
竹蕉　226、243、244、324、378、379
羊茅　138
血桐　31、33、71
肉桂　103、104、242、281、282
青桐　92、323、324
朱槿　52、122、146、154、214、261、310、325、371、382

朱蕉　34、37、229、312、317、323、324、325、383
朴樹　19、72、83
青檀　324
合歡　50、52、153、219、221、224、309、326、342、346、348、367
百子蓮　54、379
百日青　241、322
百日紅　260、323
百日草　124
百合花　114、126
向日葵　33、238、306、307、375
青皮木　324
青紫花　324
安石榴　51、58、260、297、311
吊竹草　39、354、376
安旱草　169
羊角藤　332
地刷子　123、180
合果芋　120、375
西施花　324
灰背櫟　328
羽扇豆　386
羊帶來　295、332
吉祥草　126、317、336
吉野櫻　176
米飯花　327
地毯草　131、134
百喜草　131、134
竹節草　131、136、137
竹蕉類　226、243、378
羊蹄甲　214、220、315、331、382
光蠟樹　16、63、71、72、83、87、361

有青剛櫟　324
光果蘇鐵　377
光葉葡萄　285
西洋蘋果　304、305
西印度櫻桃　155
羽裂蔓綠絨　245
全緣貫眾蕨　124、197
印度橡膠樹　4、15、32、
　38、94、182、183、381
灰背葉紫珠　328
多年生黑麥草　138
西伯利亞落葉松　90

七劃

李　41、49、56、76、79、
　147、153、181、192、
　197、198、211、212、
　216、227、246、250、
　251、253、254、257、
　261、264、265、272、
　279、285、293、295、
　300、307、310、315、
　323、330、331、334、
　337、364
芋　28、31、32、120、
　127、199、209、231、
　241、244、245、273、
　297、300、308、370、
　375、376
杏　15、20、29、44、46、
　57、59、187、194、216、
　225、226、227、237、
　259、263、301、302、
　328、379
牡丹　29、40、42、57、
　124、227、263、269、
　280、313、374
杉木　29、40、68、82、
　86、311

赤皮　325
辛夷　52、57、252、265、
　281
杏花　57、263
杜松　70
杜英　40、56、313、332、
　360、382
赤松　90、224
赤柯　325
芒果　304、305
芒萁　180
杞柳　155
沙柳　155
沙梨　258
旱柳　83、287
沉香　298、299
扶桑　154、261
赤桉　325
杜梨　282
防葵　195
赤楊　218、222、223、
　317、325
豆蔻　298
杜鵑　15、40、51、122、
　158、171、175、176、
　177、178、217、224、
　225、229、238、261、
　276、313、314、324、
　331、334、361、383、392
杖藜　90、288
芍藥　42、57、263、269、
　270、279、280
杜蘅　279、280
赤小豆　289
君子蘭　127、180、379
佛手柑　304、305
冷水花　374

夾竹桃　14、20、40、50、
　51、109、110、122、
　123、124、147、190、
　225、226、293、301、
　302、309、310、311、
　314、315、319、326、
　332、362、370、371、
　373、374、378、381、383
杜虹花　56
阿勃勒　49、58、93、94、
　214、219、309、382
含笑花　102、110、111、
　179、241、261、310、382
含羞草　50、51、52、71、
　153、219、221、306、
　307、309、324、326、
　334、346、348、349、
　350、371
肖楠類　69
忘憂草　271、290、317、
　337
串錢柳　369
杜鵑花　40、122、176、
　177、178、217、224、
　225、229、261、314、
　324、331、334、383
佛甲草類　227
赤車使者　325
沙拐棗類　226
沙漠玫瑰　226、378

八劃

茇　300
花生　132、167、246、
　304、305、308、354、370
刺竹　141、147
刺茄　323

刺格　316、318
刺桐　33、88、141、220、
　　313、332、335、359、
　　361、370、392
刺葵　383
刺　104
林投　82、96、192、243、
　　362、392
林檎　325
虎杖　148、329、330
枇杷　55、163、255
卷柏　124、213
迎春　57、154、319
花紅　325、369、392
花椒　102、105、106、
　　154、281
花楸　54、176、318
泡桐　31、52、73、82、259
油桐　31、47
宜梧
芫荽　303、304
咖啡　305、306、307
刺棯　390
青楓　45、63、94、317、
　　324
虎葛　330
玫瑰　51、57、85、115、
　　154、177、211、226、
　　262、266、355、374、378
金橘　54
芭蕉　32、261、265、270、
　　279、384
松類　175、217、224、237
芎藭　252、279、280
松蘿　277、278
刺五加　321
狗牙花　332
狗牙根　131、136、332

空心菜　302
虎皮楠　330
虎耳草　124、330、384
夜合花　241、310、382
兩耳草　131、137
兔耳草　330、379
金合歡　50、153、326、367
金虎尾　326
肥皂草　227
狗尾草　238、278、332
狗娃花　332
兔尾草　330
兔腳蕨　330
長尾栲　176
雨豆樹　63、64、71、219、
　　371
虎尾蘭　309、330、379
姐妹花　58
夜香木　113
孟宗竹　267、311
迎春花　57、154、319
長春花　124、310、319、
　　374
夜香花　113、374
非洲紅　36
非洲堇　379
非洲菊　124、313、314
松紅梅　369
松葉菊　227、379
狗骨仔　332
孤挺花　126、313、314、
　　376
金剛纂　226、383
金雀花　326、385
金絲桃　50、154、326
金魚草　119、124、313、
　　314、335、386
金魚藻　201、203、205

金葉木　326、372
金粟蘭　179、240、243、
　　244、392
金盞花　301、302
金盞菊　119、125、386
金銀木　55
金銀花　123、255、326、
　　383
金蓮花　374
金錢松　237、326
金錢花　317、337
金錢樹　317、337
金龜樹　85、309
金縷梅　37、40、45、59、
　　179、257、299、326、
　　336、360
金露華　15、36、152、
　　309、372
姑婆芋　28、32、244
青莢葉　324
青紫木　323、324、383
虎斑木　243、330
沿階草　120、125、240、
　　245
波斯菊　238、313、314、
　　375
乳斑榕　38
刺裸實　192
花楸類　54、176
花蔓草　227
長壽花　125、317、337、
　　379
長穗木　346、349
拎樹龍　54
爬牆虎　123
金花石蒜　50、126
金釵石斛　280
花虎斑木　243

非洲海棗　75、378

法國梧桐　15、87、294、
　382

松葉牡丹　124、227、313、
　374

長葉暗羅　70、381

長穗鐵莧　122、382

肯氏南洋杉　68、69、88、
　165、188、189、313、
　366、367

空心蓮子草　358

非洲鳳仙花　16、246、
　315、352、353、379

波葉山螞蝗　335

刺葉黃褥花　372

亞力山大椰子　369

長花九頭獅子草　244、333

金毛杜鵑金毛杜鵑　391

九劃

柿　40、45、55、59、91、
　163、164、165、190、
　327、361、392

梨　48、54、59、96、110、
　164、168、211、231、
　251、255、258、265、
　282、306、321、330、
　370、376

栗　79、82、226、242、
　258、303、337、371

柚　110、165、281、282、
　285、295、296

茄　4、15、64、71、82、
　85、94、96、112、113、
　165、211、297、300、
　305、306、307、311、
　315、323、325、331、
　359、361、372、374

柚子　110、165

柏木　29、68、86、258、
　282

柞木　154

苦瓜　303

紅皮　324、325

紅瓜　350

紅花　37、50、51、112、
　122、123、127、179、
　238、239、295、296、
　306、307、375、382、
　383、386

紅梅　51、60、369

紅楠　30、44、105、242、
　325、339

紅蓼　59、148、209、269

柳杉　69、79

郁李　147

扁豆　302

油松　224、256

茄苳　4、15、64、71、82、
　85、94、96、165、325、
　359、361

垂柳　15、33、44、76、
　83、210、211、256、
　287、311

香茅

枸骨　102、108

胡桃　293、296、297、332

星草　356

茉莉　49、53、112、113、
　119、122、124、154、
　165、179、299、300、
　304、305、310、311、
　312、322、326、372、
　373、374、383

苧麻　300、308、321、335

枳椇　323

枳殼　54、147、153、284、
　285、286

香椿　83、290、291、314、
　316、318

香楠　94、360

香蒲　149、199、204、
　209、238、239、272、363

香蕉　26、28、32、111、270

香櫞　304、305

垂榕　94、95、151、155、
　165、360

飛蓬　284

苜蓿　133、261、289、
　296、297

柑橘　39、111

柊樹　316、318

春蘭　114、245

建蘭　114、245

韭蘭　127、376

咬人狗　332

咬人貓　333

美人蕉　31、50、52、126、
　270、299、301、310、
　311、384

美人樹　85、87、88、92、
　214、315、370、371

梔子花　49、121、122、152

映山紅　51、261

紅千層　51、325、368

洋水仙　386

洋玉蘭　48、109、176、
　241、250、313、370

洋紫荊　15、220、315、
　327、382

洋落葵　351

南天竹　48、55、122

春不老　146、316、318、
　319、362

香水樹　109、110
香根芹　284
香豌豆　386
炮仗花　315
厚皮香　34、35、240、
　242、359、361
麥門冬　120、125、126、
　245
紅豆杉　151、240、324、
　325
紅豆蔻　270
紅豆樹　249、250、257
紅背桂　383
紅茄苳　82、96、325
紅淡比　35、242、325、
　359、361
紅莧草　37
紅葉樹　325
紅瑞木　47、90
紅樓花　148、244、317、
　325、375
炮杖花　59、373
風信子　54、108、127、384
盾柱木　382
南洋杉　4、15、19、29、
　40、68、69、82、88、
　165、183、184、188、
　189、313、366、367
迷迭香　29、102、226、293
神香草　329
洛神葵　329
食茱萸　88、104、281、282
南蛇藤　331
重陽木　165
風鈴木　49、50、59、238、
　315、371
風鈴花　372

珊瑚樹　39、55、146、
　150、153
珊瑚藤　123
飛燕草　53、312
風箱樹　210、211
苦藍盤　191
苦櫧類　176
苦檻藍　191
香澤蘭　354
俄氏刺莕　16、154
威氏鐵莧　39、229、382
紅花月桃　127
紅刺林投　82、96
紅花木　37、179
紅花鐵莧　122、382
紅粉撲花　51、221、371
紅雀珊瑚　226
紅邊竹蕉　244
南洋山蘇　246、363
南美朱槿　122、371
美洲合歡　52、221
秋海棠類　179
美國凌霄　155
垂絲海棠　50
珊瑚刺桐　220、313、370
香龍血樹　243、378
飛龍掌血　106
美麗竹芋　245、376
紅果金粟蘭　243
紅刺露兜樹　379
紅花鼠尾草　375
紅瓶刷子樹　51、368
南洋山蘇花　246
南美蟛蜞菊　342、351
南國田字草　208
美洲含羞草　349、350
美洲闊苞菊　354
美國鵝掌楸　86

美葉鳳尾蕉　371
洋紅風鈴木　50、59、371
匍匐剪股穎
匍匐紫羊茅　138
厚葉石斑木　147
柿葉茶茱萸　164

十劃

桑　31、32、33、36、38、
　40、47、71、74、84、
　93、95、97、123、151、
　152、154、155、165、
　192、239、240、251、
　261、277、282、299、
　300、306、307、311、
　322、326、327、328、
　330、331、332、334、
　353、360、361、362、
　377、381、382

桃　14、20、37、40、42、
　45、50、51、57、61、
　81、84、87、89、90、
　92、103、105、109、
　110、115、121、122、
　123、124、127、141、
　147、149、150、152、
　154、155、190、217、
　225、226、239、243、
　245、251、253、254、
　262、264、272、284、
　285、293、301、302、
　309、310、311、313、
　314、315、319、321、
　322、323、324、325、
　326、328、332、353、
　362、367、368、369、
　370、371、373、374、
　378、381、382、383

茶　28、30、34、35、40、
　42、52、60、109、112、
　152、164、175、178、
　240、241、242、243、
　268、289、303、306、
　309、311、321、325、
　327、361、383
射干　126、149、279、
　280、312、384
烏木　91
烏竹　327
烏材　327
菱白　204、209
唐竹　147、267
桂竹　147、266、283
剛竹　266、283
桂花　15、102、111、260、
　281、282、342
茯苓　290
通草　25、75
海桐　146、147、153、
　166、184、191、361
海棠　50、52、57、97、
　124、179、190、231、
　240、241、264、316、
　318、319、360、374
海棗　15、75、166、192、
　229、313、342、362、
　378、383
馬桑　331
馬藍　148、244、317、324
馬蘭　53
桔梗　54、125、384
荇菜　50、58、203
茶梅　60、178、243、311
桔梗　54、125、384

唐棣　264、292
高粱　307
臭椿　318
茼蒿　301、302
凌霄　97、155、265、327
烏頭　53
鬼櫟　328
素馨　112、113
狸藻　203、205
旅人蕉　31、32、93、94、
　313、314、376、377、378
烏心石　40、68、69
烏皮茶　327
夏皮楠　319
栓皮櫟　84、230、242
馬甲子　331
高羊茅　138
馬尾松　86、175、224、
　256、282、331
馬兜鈴　239、280、331
馬鈴薯　304、305、331、
　370
馬齒莧　29、124、227、
　314、331、374
馬鞍藤　187、193
馬醉木　331
馬錢子　331
馬蹄金　133
馬纓丹　16、309、331、
　342、346、349、372
狼尾草　137、238、178、
　356
唐杜　51、177 鵑
海茄苳　96
海埔姜　194
海馬齒　29、194

海棗類　75、229
海檬果　190、191
夏枯草　316、319
夏蠟梅　318、319
草海桐　184、191
秋海棠　97、124、179、
　231、240、241、316、
　318、319、374
桑寄生　277
茵陳蒿　148、188
鬼杪櫊　329
鬼紫珠　329
彩葉草　125、179、384
烏飯樹　327
凌霄花　97、265、327
粉撲花　51、221、371
流蘇樹　362
馬尼拉芝　135
馬拉巴栗　226、337、371
桃花心木　45、61、371
桃葉珊瑚　92、121、243
烏來杜鵑　177、225、361
彩虹竹蕉　244、379
彩紋竹蕉　244
袖珍椰子　243、373
酒瓶椰子　77、313、378
華盛頓棕　76、373
馬齒牡丹　29
粉黛葉類　375
草地早熟禾　137
粉花繡線菊　154
粉萼鼠尾草　375
琉球野薔薇　193
琉球雞屎樹　56
狹瓣八仙花　179

十一劃

梅　37、40、42、45、49、
　　51、55、59、60、146、
　　178、179、192、218、
　　222、243、247、249、
　　251、253、255、257、
　　263、299、310、311、
　　317、318、319、326、
　　334、336、337、360、
　　369、382

荷　16、42、58、102、
　　106、109、126、199、
　　202、207、239、272、
　　273、279、297、309、
　　310、385

莞　209

荻　257、271

梔子　49、121、122、152、
　　154、261、361

蛇木　331

魚木　335

匏瓜　295、296

麻竹　266

荷花　42、58、109、199

雪松　69、380

探春　57、266、319

側柏　15、29、146、153、
　　258、282、311

梧桐　15、30、40、42、
　　47、59、61、82、87、
　　92、95、190、225、237、
　　256、294、305、313、
　　324、382

野桐　31

烏桕　34、44'46、59、327

豚草　333

莕菜　207、273

莪蒁　108

粗榧　321

鳥榕　40、317、334

甜橙　55

鹵蕨　149、199、208、363

黑樺　327

荸薺　204、209

魚藤　317、335

桫欏　74、75、246、329、
　　331、363

梔子花　49、121、122、
　　152、361

野牛草　137

眼子菜　207、276

康乃馨　386

牽牛花　53、155、239、384

軟毛柿　91、327

剪股穎　137、138

探春花　57、319

雪茄花　315、374

硃砂根　55、243、323、362

常春藤　56、120、123、
　　155、244

曼陀羅　299、300、323、
　　372

第倫桃　40、313、381

蛇根草　331

崗姬竹　122

醉魚草　335

雀梅藤　192、317、334

野慈菇　209

野豌豆　288

野鴉椿　334、362

莢蒁類　54

假儉草　131、136

菩蓮　298、299 菜

婆羅蜜　74

粗肋草類　384

密花芋麻　335

密葉竹蕉　243

軟枝黃蟬　50、313、314、
　　373

甜根子草　196

粗莖早熟禾　138

細弱剪股穎　138

鹿皮斑木薑子　333

細葉假黃鵪菜　195

十二劃

菱　194、203、208、220、
　　272、370

菰　204、209、239、298、
　　306、307

菊　33、38、42、50、53、
　　59、97、119、123、124、
　　125、148、154、168、
　　194、195、227、238、
　　269、277、279、280、
　　283、284、287、289、
　　290、296、300、302、
　　307、311、313、314、
　　320、332、333、337、
　　342、345、346、347、
　　350、351、352、353、
　　354、358、362、375、
　　379、386

絡石　120、123、362

黃瓜　293、299、300

黃楊　30、121、122、151、
　　153、192、243、263、
　　287、326

黃葵　300

黃槐　59、222、326、382

黃梔　102、111

黃荊　284、285、326

黃槿

黃槐　189、317、326、360

黃蟬　50、313、314、326、
　　373

絲瓜　303、304

紫竹

紫荊　91、147、312、327

紫珠　55、56、155、328、
　　329

紫萁　149、181

紫葳　40、49、50、51、
　　53、58、59、61、97、
　　155、265、315、318、
　　322、324、326、327、
　　370、371、372、373、
　　374、377

紫檀　19、214、221、313、
　　382

紫薇　15、42、46、52、
　　58、90、260、311、323、
　　327、382

紫藤　42、53、57、266、
　　315、317、327、383

斑竹　267

棕竹　141、147、243、
　　312、383

番杏　20、29、187、194、
　　216、225、226、227、379

菊花　50、59、97、269、
　　287

黑松　91、224、317、324、
　　381

黑桑　327

黑稠　327

黑檀　324、327

報春　58、195、319

斑桉　87

菹草　276

菸草　306、307

象草　356

楂梧　223

菠菜　301、302

葡萄　56、97、115、123、
　　217、285、293、296、
　　297、315、330、374、385

棣棠　154

菖蒲　120、149、273、
　　279、280

喜樹　317、337

棕櫚　26、39、74、75、
　　76、77、89、93、94、
　　147、166、179、183、
　　241、243、266、268、
　　297、312、313、320、
　　369、372、373、378、383

寒蘭　60、114

紫丁香　52

紫玉簪　125

紫金牛　40、48、55、146、
　　240、242、243、318、
　　323、326、362

紫茉莉　53、119、124、
　　165、304、305、311、
　　312、322、326、373、374

紫雲英　132

紫葉槭　37

紫錦草　36

紫羅蘭　306、307、386

華山松　224、257

黃土樹　90

黃心柿　165

黃玉蘭　299、300、326

黃金竹　89

黃刺玫　154

黃金柏　381

黃金榕　36、152、239、
　　326、360

黃連木　44、275、334、361

黃椰子　14、85、89、313、
　　378

黃鳶尾　386

黃褥花　150、155、326、
　　333、372、383

黃蝴蝶　222、309、326、
　　329、335

黃櫨木　34、46、59

黃鐘花　42、49、59、326、
　　372

黃鸝芽　334

象牙樹　163、361

森氏櫟　325

番石榴　90

硬羊茅　138

無花果　305、306、307

無患子　40、47、49、55、
　　59、60361

番紅花　306、307、386

番茉莉　113、372

番茉莉　113、372

雁來紅　301、302、310、
　　384

梯牧草　138

黑板樹　4、14、15、93、
　　94、214、315、381

晚香玉　113、127、311、
　　376

報春花　58、195、319

發財樹　317、337

猩猩木　333

猩猩草　333

菩提樹　74、93、94、298、299、382

筆筒樹　75、85、246、331、363

猢猻木　77、226、332、377

報歲蘭　60、114、245

無憂樹　49、317、337

結縷草　131、135

猴歡喜　332

單子蒲桃　369

番仔林投　243、362

無芒雀麥　138

無葉檉柳　192

黃波斯菊　375

黃金槐樹　89

黃金露華　36

貼梗海棠　52

斑葉竹芋　376

掌葉牽牛　351

棍棒椰子　75、313、378

圓葉澤瀉　209

掌葉蘋婆　94、313

猢猻木類　226

萍蓬草類　206

棋盤腳樹　19、164、189

紫鴨跖草　34、180

朝鮮紫珠　55、155

喀什米爾柏　76、381

森氏紅淡比　35、242、359、361

傳氏鳳尾蕨　124、197

黑天鵝竹芋　245

黃花夾竹桃　371

黃花美人蕉　50

黃金風鈴木　49、59、371

黃苞小蝦花　374

黃綠紋竹蕉　243

紫花藿香薊　352

紫葉酢醬草　36

越橘葉蔓榕　362

斑葉鴨跖草　354

鈍頭雞蛋花　226

斑葉印度橡膠樹　38

十三劃

棟　40、42、45、55、59、61、86、111、152、179、290、310、318、361、371

榆　40、63、71、72、83、87、151、225、323、324、332、360

椰子　14、15、19、40、74、75、77、85、89、243、296、297、309、313、320、369、372、373、378、383

楠木　93、104

瑞木　47、90、336

鼠李　56、76、153、192、279、285、323、330、331、334

鼠刺　196、330

萬苣　300

楓香　4、15、45、59、85、94、257、360

塔柏　69、381

圓柏　15、68、153、323

萱草　120、126、251、271、290、291、317、337

楊桃　311、321

楊梅　55、218、222

溲疏　146

榲桲　295

蜀葵　57、124、268、297

椰榆　72、83、87、360

腎蕨　123、149、197、363

路蕎　308

楸樹　59、61、316、318

椴樹　73、151

槐樹　15、19、89、221、256、276

葛藤　284

葛藟　252、284、285

稚子竹　122

鳳丫蕨　181

過山龍　123、181、331

雷公根　133

矮仙丹　315

落羽杉　68、96、204、210、237、370

萬年松　124

滿江紅　199、206、222

萬字果　323

鼠尾草　125、227、329、330、375

鼠尾粟　330

楊樹類　47

猿尾藤　333

落花生　304、305

萬兩金　323

萬桃花　323

萬壽菊　313、314、375

萬點金　320、323

虞美人　300、311、385、386

矮牽牛　374

菟絲子　278

鉛筆柏　70

滿福木　317、362

聖誕紅　341、371

椴樹類　73
義大利柏　70、293
落地生根　148、215
鼠尾草類　375
奧古斯丁草　131、135
圓柏屬植物　68

十四劃

福木　30、32、63、68、
　69、146、190、240、
　317、336、359、361、362
蒼术　290
綠竹　92、267
綠豆　299、300
綠栲　324
綠樟　317、323、324
蒼耳　283、295、296
銀杏　15、44、46、59、
　237、259、328
鳶尾　53、120、126、149、
　280、307、312、384、386
鹼茅　138
蒲桃　15、369
蒲草　209
蒲葵　15、75、183、268、
　313、383
榅桲　265
蓖麻　304
翠菊　53
酸棗　153、279、284、
　285、303
辣椒　0306、307
槟榕　264
睡蓮　199、203、206、
　208、238、239、272、
　300、325

銀樺　93、368
榕樹　4、15、32、71、80、
　84、94、95、359、360
蒺藜　278、283、284、346
樺樹類　47、237
銀葉菊　38、386
銀合歡　309、342、346、
　348
銀海棗　75、342、383
銀葉樹　95、190
銀膠菊　353
華八仙　49、179、322
鳳仙花　16、58、124、
　246、255、311、315、
　352、353、379
鳳尾竹　121、310
鳳凰木　4、15、58、94、
　313、335、377
鳳凰竹　147、153
鳳眼蓮　203、206、356
鳶尾類　126、386
綠珊瑚　309、323、324、
　378
綠島榕　361
蒜香藤　51、374
繡球花　179、315、383
福祿考　317、337、375
福祿桐　337、382
槐葉萍　203、205
蜘蛛蘭　148、149、245
蒲葵類　75
繡線菊　148、154
赫蕉類　376
榕樹類　80、84、95
翠蘆莉　374
對葉百部　323
銀絲竹蕉　243

銀線竹蕉　243
銀邊竹芋　245
綠葉朱蕉　324
綠葉竹蕉　324
綠黃鳶尾　386
蜘蛛抱蛋　120、245、384
綠葉水竹草　355

十五劃

蔥　66、102、104、127、
　210、268、298、299、
　310、337、375、376
蔥蓮　4、15、19、26、40、
　54、58、109、158、164、
　171、183、189、199、
　202、203、206、207、
　208、227、238、239、
　244、246、255、258、
　272、273、300、312、
　317、322、325、346、
　352、356、357、358、
　374、379
蕈　206、207、272
稻　206、308、356、357
餘甘　301、302
箸竹　121、268
豌豆　288、302、386
魯花　16、154
蔓荊　187、194
醋栗　303
豬草　354
蓴菜　206、207、272
緬梔　93、94、110、309
樟樹　4、15、35、40、71、
　85、86、94、104、360
槲樹　47、59、237、259
蓼藍　325

蔞藤　97、120、297
墨蘭　114、245
檳榔　265
蕙蘭　127、376
蕵蘿　123、155、239、373
樟子松　90
蝦公鬚　335
蔓花生　132
櫻花類　57、88、176、238
豬殃殃　333
豬籠草　332
播娘蒿　291
蓮葉桐　19、164、189
豬腳楠　44、333
醉蝶花　124、317、335、
　374
蝴蝶蘭　245
蝙蝠草　335
槭樹類　72、93
箭羽竹芋　245、376
蔓綠絨類　245、375
蝙蝠刺桐　335
鄧氏胡頹子　223
鋪地狼尾草　137
澳洲鴨腳木　75
蝴蝶戲珠花　337

十六劃

橘　39、54、111、152、
　166、223、260、261、
　268、281、283、285、
　322、327、336、353、
　359、361、362、381
蒙吾　148
曇花　299、300、309
龍柏　15、29、68、146、
　314、331、381
龍膽　53、331

鴨茅　138
薜荔　97、123、281、282、
　295、362
蕪菁　295、296
樹棉　300
樹蘭　111、112、152、
　179、310
錦葵　40、52、57、58、
　59、122、124、146、
　154、155、189、192、
　261、262、268、269、
　295、296、297、300、
　310、319、325、326、
　329、360、371、372、382
薔薇　30、40、44、48、
　49、50、51、52、54、
　55、57、58、60、61、
　87、88、90、114、146、
　147、148、151、152、
　153、154、155、163、
　168、176、193、255、
　262、263、264、265、
　266、282、285、292、
　296、302、305、310、
　318、319、325、361、382
澤瀉　120、209、238、
　239、283
蕙蘭　108、114、245
澤蘭　277、279、280、
　289、350、354
龍爪柳　76
龍爪棗　76
龍爪槐　76
龍吐珠　195、331、379
龍舌蘭　20、37、93、94、
　167、225、226、243、
　309、312、323、324、
　325、330、331、362、
　373、377、378、379、383

龍骨木　331
龍船花　331
龍腦香　217、331
燈心草　209、238
賽柃木　152
龜背芋　31、241、245、375
錦屏藤　374
樹牽牛　374
樹蘆薈　77
錦帶花　51、154
鴨跖草　20、34、36、39、
　180、241、244、245、
　354、355、376
薄荷屬　106
鴨腳木　75、242、334
燈稱花　323
駱駝刺　333
龍舌蘭類　226
錫蘭肉桂　103、242
錫蘭橄欖　313、382
燈籠草類　227
闊葉麥門冬　126、245
錫蘭七指蕨　168
錫蘭葉下珠　122、383

十七劃

薤　308
檉柳　28、33、76、187、
　192、310
藏柏　37、76、381
藍桉　37、324
薑黃　108、245、271
濱刀豆　193
濕地松　86、176、224、370
濱防風　195
濱刺麥　187、196
濱豇豆　194

濱旋花　194
濱排草　195
繁星花　125、379
藍雪花　324、378
藍睡蓮　325
韓國草　135
濱箬草　196
優曇花　299、300
濱龍吐珠　195
穗花棋盤腳　210、211、360
翼莖闊苞菊　358
薄葉蜘蛛抱蛋　245

十八劃

薑　102、103、107、108、
　127、149、210、239、
　241、244、245、270、
　271、280、287、296、
　297、298、299、308、
　333、362、384
檵木　179
薑花　210、239
雞油　87、332
薑草　283、284
雛菊　386
檳榔　297、309
檸檬　84、85、89、102、
　108、305、306、307、
　367、368
藍花楹　53、324、371
薰衣草　107、227
鵝耳櫪　332
雞油舅　332
雞冠花　124、299、300、
　310、384
雞蛋花　110、199、200、
　226、332、371

雙面刺　106
雙扇蕨　123、124
繡球花　315、383
鵝掌楸　47、59、86、237、
　316、318
鵝掌藤　152、243、335、
　362
蟛蜞菊　123、194、342、
　351
薔薇類　152
檸檬桉　84、85、89、367、
　368
雞舌丁香　298、299
雞冠刺桐　220、313、332、
　370
雙穗雀稗　137
鵝鑾鼻榕　192

十九劃

藜　90、185、187、225、
　278、283、284、285、
　288、289、299、302、346
懷香　302、303
羅勒　107
蘺草　149
藺草　209
瓊麻　167
蟻塔　336
櫟屬　84、242
鵲不踏　334
藤花椒　106
麗春花　300
臘腸樹　377
羅漢松　29、34、39、40、
　146、176、218、222、
　240、241、322、360、381
繡線菊　148、154

麒麟花　85、226、311、
　333、378
類地毯草　131、134
藍莖冰草　138
瓊崖海棠　190、360
羅比親王海棗　15、75、
　229、313、383

二十劃

蘇木　40、49、58、59、
　89、219、220、222、
　305、306、307、309、
　313、315、326、327、
　331、335、337、377、382
蘄艾　38、158、159、168、
　362
蘆竹　148、210
蘋婆　94、304、305、313
罌粟　300、311、385
蘆葦　148、204、209、272
蘇鐵　40、74、75、218、
　223、237、312、361、
　371、377、382
麵包樹　31、33、71、311、
　381
蘇合香　298、299
猴面果　332
猴胡桃　332
獼猴桃　239、332
蘆薈類　227、379
蘭嶼肉豆蔻　146、360
蘭嶼羅漢松　146、222、
　241、360
蘭嶼小鞘蕊花　169

二十一劃

櫸木　72、83、87、332、
　360

鐵色　166
蠟梅　42、60、318、319
鵞爪花　334
霸王鞭　226、383
鐵冬青　242
蘋果桉　87
魔星花　227
露兜樹　93、94、96、192、
　379
鐵線蕨　181、208、246
櫻屬植物　90

二十三劃

竊衣　283、284
蘿蔔　34、35、44、295、
　296
變葉木　35、122、147、

214、239、311、382
欒樹類　49
變色茉莉　113、372

二十四劃

蠶豆　302
靈芝　279、289
鷹爪花　112、113、310
艷紫荊　94、220、315
靈壽木　337
艷紫杜鵑　177、313、314

二十五劃

欖仁　4、13、14、15、46、
　93、94、95、184、214、
　315、359、361
觀音竹　123

觀音棕竹　141、147、243、
　383
觀音座蓮　246

二十七劃

鑽天楊　70

二十八劃

豔紫荊　327、382

二十九劃

鬱金　107、108、245、
　271、295、296、384

A

A. acpillaris L.　138

Abelia biflora Turcz.　321

Abelmoschus moschatus L.　300

Abutilon striatum Dickson　372

Acacia farnesiana（L.）Willd.　50、153、326

Acacia melanoxylon R. Br.　324

Acalypha hispida Burm. f.　122、382

Acalypha wilkesiana Muell.-Arg.　39、382

Acer buerferianum Miq.　320

Acer palmatum Thunb. ‘　37

Acer serrulatum Hayata　324

Acer spp.　33、72、83、93

Aconitum carmichaeli Debx.　53

Acorus calamus L.　149、273、280

Acrostichum aureum L.　149、208、363

Actinidia chinensis Planch　239、332

Actinidia chinensis Planch. var. *setosa* Li　332

Adansonia digitata L.　77、377

Adansonia spp.　226

Adenanthera pavonina Linn.　334

Adenium obesum（Forssk.）Roem. & Schult.　397

Adiantum capillus-veneris Linn.　181

Adiantum spp.　246

Aeschynanthus radicans Jack　123

Aesculus chinensis Bunge　322

Agapanthus aficanus（L.）Hoffm.　54、379

Agave americana L.　167、331、373

Agave spp.　226

Agave sisalana（Engelm.）Perrier　167

Ageratum houstonianum Mill.　352

Aglaia odorata Lour.　111、152、179、310

Aglaonema spp.　384

Agrostis matsumurae Hack. ex Honda　137

Agrostis alba L.　138

Ailanthus altissima（Miller）Sw.　318

Alangium chinensis（Lour.）Harms.　47

Albizia julibrissin Durazz.　50、219

Albizia lebbeck（Willd.）Benth.　219

Aleurites fordii Hemsl.　320

Aleurites montana（Lour.）Wils.　31、47、323

Alhagi sparsifolia Shap. *ex* Keller & Shap.　333

Alisma canaliculatum A. Braun & Bouche.　209

Alium chinense G. Don　308

Allamanda cathartica Linn.　50、314、326、373

Allamanda neriifolia Hook.　50、314

Allium fistulosum L.　299

Allium sativum L.　296

Alnus japonica（Thunb.）Steud.　223、325

Alocasia macrorrhiza（L.）Schott & Endl.　32、244

Aloe arborescens Mill.　77

Aloe spp.　227、379

Alpinia galanga Willd.　270

Alpinia purpurata（Vieill.）K. Schum.　127

Alpinia zerumbet（Persoon）B. L. Burtt & R. M. Smith　127、149、362

Alstonia scholaris（L.）R. Br.　315、381

Alternanthera paronychioides St.　37

Alternanthera philoxeroides（Mart）Griseb.　358

Althaea rosea（L.）Cavan.　57、124、268、297

Amaranthus tricolor L.　302、310、384

Ambrosia artemisiifolia L.　333、354

Amomum cardamomum L.　299

Angelica dahurica（Fisch. ex Hoffm.）Benth. *et* Hook. f.　397

Angiopteris lygodiifolia Rosenst.　246

Annona reticulata Linn.　330

Anredera cordifolia（Tenore）van Steenis.　351

Anthurium scherzerianum Schott　245、375

Antidesma japonicum Siebold & Zucc. var. *densiflorum* Hurusawa　321

Antigonon leptopus Hook. & Arn.　123

Antirrhimum majus L.　124、314、335

A. Palustris Huds.　138

Aquillaria agallocha Roxb.　299

Arachis duranensis Krapov. & W. C. Gregory　132

Arachis hypogaea L.　304、305、308

Aralia bipinnata Blanco　75

Aralia decaisneana Hance　334

Araucaria cunninghamii Sweet　68、69、88、
165、188、313、367

Araucaria excelsa（Lamb.）R. Br.　29

Araucaria heterophylla（Salisb.）Franco　68、
69、82、88、188、367

Ardisia crenata Sim　55、243、323、362s

Ardisia japonica（Hornst.）Blume　326

Ardisia squamulosa Presl　146

Areca catechu L.　297、309

Arenga engleri Beccari　147

Aristolochia spp.　331

Artabotrys hexapetalus（L. f.）Bhandari　112、334

Artemisia capillaris Thunb.　148

Arthraxon hispidus（Thunb.）Makino　284

Artocarpus incisa（Thunb.）L.f.　31、33、71、
311、381

Artocarcus integrifolia L. f　74

Artocarpus rigida Blume　332

Arundo donax L.　148

Asarum forbesii Maxim.　280

Aspidistra attenuata Hayata　245

Aspidistra elatior Blume　245、320、384

Asplenium antiquum Makino　246

Asplenium australasicum（J. Sm.）Hook.　46、363

Asplenium nidus L.　246

Astragalus sinicus L.　132

Asparagus setaceus Jessop　379

Aster hispidus Willd.　332

Atractylodes macrocephala Koidz.　290

Aucuba chinensis Benth.　92、243

Averrhoa carambola L.　321

Avicennia marina（Forsk.）Vierh.　96

Axonopus affinis Chase　134

Axonopus compressus（SW.）Beauv.　134

Azolla pinnata R. Br.　206

B

Bambusa dolichomerithalla Hayata　147

Bambusa multiplex（Lour.）Raeuschel 'Fernleaf'
123、147、153、310

Bambusa multiplex Raeusch.　123、310

Bambusa spp.　92

Bambusa stenostachya Hackel　147

Barringtonia racemosa（L.）Blume *ex* DC.　210

Barringtonia asiatica（L.）Kurz　164、189

Bambusa multiplex Raeusch. 'Fernleaf'　123、
147、153、310

Bauhinia purpurea L.　220、315、327、382

Bauhinia variegata L.　220、331、382

Bauhinia x blakeana Dunn.　220、315、324、
382

Begonia cucullata Willd　374

Begonia evansiana Andr.　319

Begonia spp.　179

Begonia semperflorens Link. & Otto　124、319

Belamcanda chinensis（L）.DC.　384

Bellis perennis L.　386

Beloperone guttata Brandeg　335

Benincasa hispida（Thunb.）Cogn.　302、319

Berberis spp.　46、153

Berrya cordifolia（Willd.）Burret　321

Beta vulgaris L. var. *cicle* L.　298、299

Betula dahurica Pall.　327

Betula platyphylla Suk.　89

Betula spp.　47、237

Bidens pilosa L. var. *radiata* Sch.　352

Bischofia javanica Blum　64、71、165、361

Boehmeria densiflora Hook. et Arn.　335

Boehmeria nivea（L.）Gaud.　308

Bombax malabarica DC.　88、300、309、381

Bougainvillea spectabilis Willd.　53、312、322、373

Brachiaria mutica（Forssk.）Stapf.　356

Brassica rapa L.　296

Brasenia schreberi Gmel.　206

Brasenia schreberi J. F. Gmel.　272

Brassia verrucosa Batem　245

Bromus inermis Leyss.　138

Bruguiera gymnorrhiza（L.）Lam.　96、325

Brunfelsia hopeana（Hook.）Benth.　113、372

Bryophyllum pinnatum（Lam.）Kurz　148

Buchloe dactyloides（Nutt.）Engelm.　137

Buddleja lindleyana Fort.　335

Buxus microphylla S. & Z. subsp. *sinica*（Rehd. & Wils.）Hatusima.　30、122、151、153、287、26

C

Cactus spp.　306、307

Caesalpinia pulcherrima（L.）Swartz　399

Caesalpinia sappan L.　305、307

Calathea insignis Bull　245

Calathea makoyana E. Morr.　376

Calathea undulata（Linden & André）Linden & André　245

Calathea veitchiana Veitch *ex* Hook. f.　399

Calathea warscewiczii Körn.　245

Calathea zebrina（Sims）Lindl.　376

Caldesia grandis Samuel.　209

Calendula officinalis L.　302、386

Calliandra emarginata（Humb. & Bonpl. *ex* Willd）Benth.　51、371

Calliandra haematocephala Hassk.　52、221

Calliandra surinamensis Benth.　221、371

Callicarpa bodinieri Levl.　155

Callicarpa formosana Rolfe　56

Callicarpa hypoleucophylla W. F. Lin & I. L. Wang　328

Callicarpa japonica Thunb.　55、155

Callicarpa kochiana Makino　329

Calligonum spp.　226

Callistemon citrinus（Curt.）Skeels　325

Callistemon viminalis（Soland.）Cheel.　369

Callistemon rigidus R. Br.　51

Callostephus chinensis（L.）Nees.　53

Calocedrus spp.　69

Calophyllum inophyllum L.　190、360

Calycanthus chinensis Cheng & Chang　319

Calystegia soldanella（L.）R. Br.　399

Camellia japonica L.　30、52、60、178、243、309、383

Camellia sasanqua Thunb.　60、178、243

Camellia sinensis（L.）O.Ktze.　152、178、243

Campanula dimorphantha Schweinf.　384

Campsis grandiflora（Thunb.）K. Schum.　97、155、265、327

Campsis grandiflora（Thunb.）Loisel　155

Campsis radicans（L.）Seem.　155

Camptotheca acuminata Decne.　337

Cananga odorata（Lam.）Hook. f. & Thoms.　109

Canavalia rosea（Sw.）DC.　193

Canna indica L.　31、50、52、126、270、301、311、384

Canna indica L. var. *flava* Roxb.　50

Capsicum annuum L.　306、307

Carpinus kawakamii Hayata　323、332

Carissa grandiflora A. DC　147

Carthamus tintorius L.　295、296

Caryota mitis Lour.　383

Cassia fistula L.　49、58、219、309、382

Cassia surattensis Burm. f.　59、222、326、382

Castanea mollissima Bl.　258

Castanopsis carlesii（Hemsl.）Hay.　176

Castanopsis formosana Hayata　176

Castanopsis indica（Roxb.）A. DC.　176

Castanopsis spp.　176

Casuarina nana Sieber *ex* Spreng.　150、323、368

Casurina equisetifolia Furst.　28

Catalpa bungei C. A. Mey.　61

Catharanthus roseus（L.）G. Don　124、310、319、374

Cayratia japonica（Thunb.）Gagnep　330

Cedrus deodara（Roxb.）G. Don　69、380

Ceiba pentandra Gaertn.　88

Celosia cristata L.　124、300、384

Celastrus orbiculatus Thunb.　331

Celtis sinensis Persoon　19、72、83

Centaurea cyanus L.　53、386

Centella asiatica（L.）Urb.　133

Cephalanthus naucleioides DC.　210、211

Cephalotaxus spp.　321

Ceratophyllum demersum L.　205

Ceratopteris thalictroides（L.）Brongn.　210

Cerbera manghas L.　190

Cercis chinensis Bunge　52、57、263、291、327

Cereus peruvianus（L.）Mill.　321

Cestrum nocturnum L.　113、374

Chaemomeles cathayensis（Hemsl.）Schneid.　264

Chaenomeles sinensis（Thouin）Koehne　87、114、164

Chamaecyparis pisifera（Sieb. *et* Zucc.）Endl.　29、381

Chamaedorea elegans（Mart.）Liebm. *ex* Oersted　373

Chenopodium album L.　284、288

Chenopodium giganteum D. Don.　90

Chimonanthus praecox（L.）Link　60

Chimonobambusa quadrangularis（Fenzi）Makino　321

Chionanthus retusus Lindl. & Paxton　362

Chloranthus oldhamii Solms.　244

Chloranthus spicatus（Thunb.）Makino　179、243

Chorisia speciosa St. Hil.　88、370

Christia vespertilionis（L. f.）Bahn. F.　335

Chromolaena odorata（L.）R. M. King & H. Rob.　354

Chrysalidocarpus lutescens（Bory.）H. A. Wendl.　313

Chrysanthemum coronarium L.　302

Chrysanthemum indicum Linn.　50、59

Chrysanthemum morifolium Ramat.　269、280

Chrysopogon aciculatus（Retz.）Trin.　136

Cinnamomum camphora（L.）Presl　35、360

Cinnamomum cassia Presl　282

Cinnamomum kanehirai Hayata　330、339

Cinnamomum verum J. S. Presl　103、242

Citrullus lanatus（Thunb.）Mansfeld　298、299

Citrus grandis（L.）Osbeck　282

Citrus limon（L.）Burm.f.　305、307

Citrus maxima（Burm.f.）Merr.　110

Citrus medica L.　305

Citrus medica L. var. *sarcodactylis*（Noot.）Swingle　305

Citrus reticulata Banco　111

Cissus sicyoides L.　374

Citrus sinensis（L.）Osbeck　55

Cleome spinosa Jacq.　124、335、374

Clerodendron inerme（L.）Gaertn.　191

Cleyera japonica Thunb. var. *morii*（Yam.）Masam.　35、242、325、361

Clerodendrum paniculatum Linn.　331

Clerodendrum thomsoniae Balf. f.　331

Clivia miniata Regel　127、180、379

Coccinia grandis（L.）Voigt　350

Codiaeum variegatum Blume　35、122、147、239、382

Coffea arabice L.　307

Coleus blumei Benth.　384

Coleus formosanus Hayata　169

Coleus x hybridus Voss　125、179、384

Colocasia esculenta（L.）Schott209、273、297、308

Commelina communis L.　245

Coniogramme intermedia Hieron.　181

Consolida ajacis（L.）Schur.　53

Cordyline fruticose（L.）Kunth.　312

Cordyline fruticosa（L.）Goepp. 'Ti'　324

Cordyline terminalis（Linn.）Kunth.　37、323、325、383

Coreopsis tinctoria Nutt.　238、314、375

Coriandrum sativum L.　304

Coriaria intermedia Matsum.　331

Cornus alba L.　90

Cornus kousa Buerg. *ex* Hance　61、321

Cornus officinalis S. & Z.　55、61

Cosmos bipinnatus Cav.　375

Cosmos sulfureus Cav.　375

Corylopsis multiflora Hance　336

Cotinus coggyria Scop.　46

Crataegus pinnatifida Bunge　55、151

Crateva adansonii DC. subsp. *formosensis* Jacobs　335

Crepidiastrum lanceolatum（Houtt.）Nakai　195

Crescentia alata Kunth.　322

Crinum asiaticum L.　126、149、168、195、362

Crocus sativas L.　306、307

Crossostephium chinense（L.）Makino　38、168、362

Cryptomeria japonica（L.f.）D.Don.　69

Cuphea hyssopifolia H.　315、374

Cunninghamia lanceolata（Lamb.）Hook.　68、82

Cupressus cashmeriana Goyle　37

Cupressus cashmeriana Royle *ex* Carr.　381

Cupressus funebris Endl.　29、68、86、258、282

Cupressus sempervirens L.　70、293

Curculigo orchioides Gaertn.　329

Curcuma aerugionosa Roxb.　108

Curcuma aromatica Salisb.　107、245、271、384

Curcuma longa L.　108、245

Cuscuta chinensis Lam.　278

Cuvumis satirus L.　300

Cyathea lepifera（Hook.）Copel　75、246、331、363

Cyathea spinulosa Wall.　75、246、363

Cycas revoluta Thunb.　75、223、237、382

Cyclamen persicum Mill.　314、386

Cyclobalanopsis gilva（Blume）Oerst.　325

Cyclobalanopsis glauca（Thunb.）Derst.　242、324

Cyclobalanopsis hypophaea Kudo　328

Cyclobalanopsis morii（Hayata）Schottky　325

Cyclobalanopsis myrsinifolia（Bl.）Oerst.　327

Cydonia oblonga Mill.　265、296

Cyathea podophylla（Hook.）Copel　329

Cymbidium ensifolium（L.）Sw.　114、245

Cymbidium faberi Rolfe　114、245

Cyrtomium falcatum（L. f.）Presl.　401

Cymbidium goeringii（Rchb. f.）Rchb.f.　114、245

Cymbidium kanran Makino　60、114

Cymbidium sinense（Andr.）Willd.　60、114、245

Cymbopogon nardus Rendle.　108

Cynodon dactylon（L.）Pers.　136、332

Cytisus scoparius（L.）Link　326

Cynanchum atratum Bunge　330

Cycas taitungensis C. F. Shen *et al.*　361

Cycas thouarsii R. Brown　377

Cynodon plectostachyum（Schum.）Pilger.　356

D

Dactylis glomerata L.　138

Dahlia pinnata Cav.　125、307、314

Daphniphyllum oldhamii（Hemsl.）K. Rosenthal　330

Datura arborea L.　372

Datura metel Linn.　401

Datura stamonium L.　300、323

Davallia mariesii Moore *ex* Bak.　330

Decaspermum gracilentum（Hance）Merr. & L. M. Perry　322

Decusscarpus nagi（Thunb.）dr Laub.　29

Delonix regia (Boj.) Raf.　58、313、335、377

Delphinium hybridum Steph. *ex* Willd.　312

Dendrobium moniliforme（L.）Sw.　245

Dendrobium nobile Lindl.　280

Dendrocalamus latiflorus Munro.　266

Dendrocnide meyeniana（Walp.）Chew　332

Derris trifoliata Lour.　335

Descurainia sophia（L.）Webb. *ex* Prantl.　291

Desmodium sequax Wall.　335

Deutzia pulchra Vidal.　146

Dianthus caryophyllus L.　386

Dianthus chinensis L.　124、312、384

Dichondra micrantha Urban.　133

Dicranopteris linearis（Burm. f.）Under.　180

Dieffenbachia spp.　375

Dillenia indica Linn.　313、381

Diospyros eriantha Champ.　91、327

Diospyros eriantha Champ. *ex* Benth.　91、327

Diospyros ebenum Koeing.　91、327

Diospyros discolor Willd.　91

Diospyros maritime Blume　165

Diospyrus kaki Thunb.　45、55

Dipteris conjugata（Kaulf.）Reinw.　124

Dracaena angastifolia Roxb.　243

Dracaena deremensis Engler 'Compacta'　243

Dracaena deremensis Engler 'Longii'　243

Dracaena deremensis Engler 'Warneckii'　243

Dracaena fragrans（L.）Ker-Gawl.　378

Dracaena marginata Lam.　244、378、379

Dracaena marginata Lam. 'Tricolor'　244、378、379

Dracaena marginata Lam. 'Tricolor Rainbow'　244、379

Dracaena reflexa Lam.　324

Dracaena spp.　226、243、378

Dryobalanops aromatica Gaerth.　331

Drypetes littoralis（C. B. Rob.）Merr.　166

Duranta repens L. 'Golden Leaves'　36、372

Duranta repens Linn.　152、309

Dysosma pleiantha（Hance）Woodson322

E

Ehretia microphylla Lam.　152、362

Eichhornia crassipes（Mart.）Solms　206、356

Elaeagnus oldhamii Maxim.　38、223

Elaeagnus thunbergii Serv.　223

Elaeocarpus serratus Linn.　313、382

Elaeocarpus spp.　56

Elaeocarpus sylvestris（Lour.）Poir.　360

Eleocharis aulcis（Burm. f.）Trinius　209

Eletteria cardamomum Maton　107

Eleutherococcus gracilistylus W. W. Smith　106

Eleutherococcus senticosus Extract

Eleutherococcus trifoliatus（L.）S. Y. Hu　320

Epiphyllum oxypetalum （DC.）Haworth　309

Equisetum ramosissimum Desf.　124、149、197

Eremochloa ophiuroides （Munro）Hack.　136

Erigeron acer L.　284

Eriobotrya deflexa （Hemsl.）Nakai　163

Eriobotrya japonica （Thunb.）Lindl.　55

Erythrina corallodendron L.　220、313、370

Erythrina crista-galli L.　220、313、332、370

Erythrina variegata L. var. *orientalis* （L.）Merr.　402

Erythrina vespertilio Benth.　335

Ervatamia puberula Tsiang *et* P. T. Li　332

Eucalyptus camaldulensis Dehn.　325

Eucalyptus citriodora Hook.　84、89、367

Eucalyptus globulus Labill.　37

Eucalyptus gunnii Hook. f.　87

Eucalyptus maculate Hook.　87

Eucalyptus robusta Smith　81、84、368

Euginia pitanga Kiaersk.　369

Euonymus japonicus Thunb.　151、153、192

Euphorbia antiquorum L.　226、383

Euphorbia cotinifolia Linn.　36

Euphorbia milii Desn.　311

Euphorbia neriifolia L.　226、383

Euphorbia pulcherrima Willd.　320、371

Euphorbia pulcherrima wilid. *et* Klotz.　333

Euphorbia resinifera Berg.　331

Euphorbia tirucalli L.　309、324、378

Eupatorium japonicum Thunb.　277、280、289

Euphorbia heterophylla L.　333

Euonymous japonicus Thunb.　243

Eurale ferox Salisb.　300

Eurya emarginata （Thunb.）Makino　152、361

Eurya crenatifolia （Yamamoto）Kobuski　152

Euscaphis japonica （Thunb.）Kanitz　334、362

Evolvulus alsinoides Linn.　194

Excoecaria cochichinensis Lour.　324、383

F

Fagara nitida Roxb.　106

Fagraea ceilanica Thunb.　327

Fagus spp.　151

Fatsia japonica （Thunb.）Decaisne & Planch.　56、243、322

Farfugium japonicum （L.）Kitam.　148

Festuca arundinacea Schreb　148

Festuca brevipila Tracey.　148

Festuca rubra L.　148

Festuca rubra L. ssp. *fallax* （Thuill.）Nyman　148

Festuca ovina L.　148

Ficus elastica Roxb. 'Doesheri'　38、381

Ficus microcarpa L. f. 'Milky Stripe'　38、71、95、152、326

Ficus microcarpa Linn. f. 'Golden Leaves'　36、239

Firmiana simplex （L.）W. F. Wight　30

Ficus benjamina L.　95、151、155、165、328、360

Ficus carica L.　305、307

Ficus elastica Roxb.　38、381

Ficus erecta Thunb. var. *beecheyana* （Hook. & Arn.）King　330

Ficus microcarpa L. f.　38、71、95、152、326、360

Ficus nervosa Heyne　322

Ficus pedunculosa var. *mearnsii* （Merr.）Corner.　192

Ficus pubinervis Bl.　361

Ficus pumila L.　97、282、362

Ficus racemosa L.　300

Ficus religiosa L.　74、298、299、382

Firmiana simplex （L.）W.F. Wight　42、47、61、82、92、237、256、324

Ficus spp.　80、84、93、95

Ficus superba （Miq.）Miq.　334

Ficus vaccinioides Hemsl. *ex* King　362

Flemingia philippinensis Merr. & Rolfe　323

Foeniculum vulgare Mill.　302

Fortunella margarita（Lour.）Swingle　54

Fraxinus griffithii Kaneh.　72、83、361

G

Galium taiwanense Masam.　333

Ganoderma spp.　289

Garcinia subelliptica Merr.　30、69、146、190、336、361

Gardenia jasmioides Ellis　49

Gelonium aequoreum Hance　328

Gentiana spp.　53、331

Gerbera amesonii Bolus *ex* Hook. f.　314

Glehnia littoralis F. Schmidt *ex* Miquel　195

Gloxinia x hybrida Hort.　314、375

Glycine max（L.）Merr.　308

Gomphrena globose L.　310

Gossypium arboreum L.　300

Graptopetalum spp.　227

Grevillea robusta Cunn. *ex* R. Br.　368

Ginkgo biloba L.　46、237、259、328

Gunera manicata Linden.　336

H

Haemanthus multiflorus（Tratt.）Martyn. *ex* Willd　127、379

Hamamelis mollis Oliv.　326

Hedera helix L.　56、123、155

Hedyotis strigulosa Bartl. *ex* DC. var. *parvifolia*（Hook.& Arn.）Yamazaki　195

Helianthus annus L.　33、306、307

Helicia cochinchinensis Lour.　325

Heliconia spp.　376

Helminthostachys zeylanica（L.）Hook.　168

Helwingia formosana Kanehira *et* Sasaki　324

Hemerocallis flava L.　271

Heritiera littoralis Dryand.　95

Hernandia nymphiifolia（Presl）Kubitzki　189

Hibiscus mutabilis L.　59、122、262

Hibiscus rosa-sinensis L.　52、122、146、154、261、310、325、382

Hibiscus sabdariffa L.　329

Hibiscus syriacus L.　52、58、122、146、154、155、192、262

Hibiscus tiliaceus L.　189、326、360

Hippeastrum equestre（Ait.）Herb.　126、376

Hiptage benghalensis（L.）Kurz　333

Hyacinthus orientalia L.　54

Hosta plantaginea（Lam.）Aschers.　33、125、245

Hosta ventricosa（Salisb.）Stearn　404

Hovenia dulcis Thunb.　323

Hyacinthus orientalia L.　54

Hydrangea angustipetala Hayata　179

Hydrangea chinensis Maxim.　49、179、322、329

Hydrangea macrophylla（Thunb.）Ser.　179

Hydrangea macrophylla（Thunb.）Sirringe　315、383

Hydrangea spp.　178

Hydrocotyle sibthorpioides Lam.　133

Hylocereus undatus（Haw.）Br. *et* R.　309

Hymenocallis speciosa（L. f. *ex* Salisb.）Salisb.　149

Hyophorbe lagenicaulis（L. H. Bailey）H. E. Moore　404

Hyophorbe verschaffeltii Wendl.　75、313

Hypericum monogynum L.　50、154、326

Hyssopus officinalis L.　329

I

Ilex asprella（Hook. & Arn.）Champ.　323

IIex cornuta Lindl.　147

Ilex pubescens Hook.　155

Ilex rotunda Thunb.　242

Ilex spp.　55、150

Illicium verum Hook. f.　322

Impatiens balsamina L.　58、124、311

Impatiens wallerana Hook. f.　352、379

Indigofera tinctoria L.　325

Indocalamus tessellatus（Munro）Keng f.　268

Inula japonica Thunb.　337

Ipomoea aquatica Forsk.　302

Ipomoea batatas（L.）Lam.　306、307

Ipomoea cairica（L.）Sweet　351

Ipomoea carnea Jacq. subsp. *fistulosa*（Mart. *ex* Choisy）D. F. Austin

Ipomoea nil（L.）Roth.　374

Ipomoea pes-caprae（L.）R. Br. ssp. *brasilensis*（L.）Oostst.　193

Ipomoea quamoclit L.　155

Iris lacteal Pall. var. *chinensis*（Fisch.）Koidz.　53

Iris monieri DC　386

Iris pseudacorus L.　386

Iris spp.　126、386

Iris tectorum Maxim.　386

Itea parviflora Hemsl.　330

Ixora chinensis Lam.　122、147、329、383

Ixora x williamsii Hort. 'Sunkist'　315

J

Jacaranda acutifolia Humb. *et* Bonpl.　53、324、371

Jasminums ambac（L.）Ait.　49

Jasminum floridum Bunge　57、319

Jasminum grandiflorum Linn.　112

Jasminum nervosum Lour.　112

Jasminum nudiflorum Lindl.　57、154、319

Jatropha pandurifolia Andre　372

Juglans regia L.　297

Juniperus chinensis L.　29、69、146、153、314、323、331、381

Juniperus chinensis L. 'Globosa'　323

Juncus effusus L. var. *decipiens* Buchen.　209

Juniperus chinensis L. var.*kaizuka* Hort.　29、146、314、331、381

Juniperus chinensis L. var. *pyramidalis* Hort.　69、381

Juniperus rigida S. *et* Z.　70

Juniperus spp.　68

Juniperus virginiana L.　70

Justicia brandegeana Wassh. & L. B. Sm.　374

K

Kalanchoe blossfeldiana Poell.　337、379

Kalanchoe spp.　215、227

Kalanchoe tomentosa Bak.　379

Kandelia candel（L.）Druce　405

Kerria japonica（L.）DC.　154

Kigelia pinnata（Jacq.）DC.　377

Koelreuteria henryi Dummer　361

Koelreuteria spp.　49

L

Lablab purpureus（L.）Sweet　302

Lactuca sativa L.　300

Lagenaria siceraria（Molina）Standly　296

Lagerstroemia indica L.　52、58、90、260、311、323、327

Lagerstroemia speciosa（L.）Pers.　46、52、58、327、382

Lagerstroemia subcostata Koehne　46、322

Lagotis glauca Gaertn.　330

Lampranthus spectabilis（Haw.）N. E. Br.　227

Lantana camara L.　16、309、331、346、349、372

Larix sibirica Lebeb.　90

Lasianthus fordii Hance　56

Lathyrus odoratus L.　386

Laurus nobilis Linn.　104

Lavandula officinalis Chaix.　227

Lecythis zabucajo Aubl.　332

Leptospermum scorparium J. R. & G. Forst.　369

Leucaena leucocephala（Lam.）de Wit　348

Leucosyke quadrinervia C. Robinson　321

Ligusticum chuanxiong Hort　280

Ligustrum japonicum Thunb.　151

Ligustrum lucidum Ait.　56、153、281

Lilium formosanum Wallace　323、363

Lilium spp.　114、126

Liquiambar fomosana Hance　45

Liriope platyphylla Wang & Tang　126、245

Liriope spicata（Thunb.）Lour.　125

Liriodendron chinense Semsley　47、237、318

Liriodendron tulipfera L.　86

Lindera akonsis Hayata　152

Liquidambar orientalis Mill.　299

Lindera akoensis Hayata　361

Lithocarpus lepidocarpus Hayata　328

Litsea coreana Levl.　333

Livistona chinensis（Jacq.）R. Br.　75、383

Livistoia spp.　75

Lolium multiflorum Lam.　138

Lolium perenne L.　138

Lonicera japonica Thunb.　123、326、383

Lonicera maackii (Rupr.) Maxim.　55

Loropetalum chinense（R. Br.）Oliver　179

Loropetalum chinense（R. Br.）Oliver var. *rubrum* Yieh　179

Luffa cylindrical L.　303、304

Lupinus hirsutus L.　386

Lycopodium cernuum L.　123、181、331

Lycopodium complanatum L.　123

Lycoris aurea Herb.　50、126

Lysimachia mauritiana Lam.　195

Lythrum salicaria Linn.　323

M

Maba buxifolia（Rottb.）Pers.　163、361

Machilus kusanoi Hay.　72、105、242、360

Macaranga tanarius（L）Muell.-Arg.　31、33、71

Machilus thunbergii Sieb. & Zucc.　30、105、242、325、333

Machilus zuihoensis Hayata　360

Malus halliana Koehne　50、52

Magnolia coco（Lour.）DC.　405

Magnolia denudate Desr.　48、57

Magnolia grandiflora L.　48、109、176、241、250、313、370

Magnolia liliflora Desr.　52、57、265、281

Magnolia × *soulangeana* Soul.-Bod.　320

Mahonia japonica（Thunb.）DC.　56、122、154、243、322

Mallotus japonicas Muell.-Arg　31

Malpighia coccigera L.　326、372

Malpighia glabra L.　150、326、372

Malus asiatica Nakai.　325

Malus halliana Koehne　50、52

Malus pumila Mill.　304、305

Malus spectabilis（Ait.）Borkh..　50、57

Malva crispa Linn.　319

Malva sinensis Cavan　269

Malvaviscus arboreus（L.）Cav.　122、371

Mangifera indica L.　305

Manilkara zapota（L.）Van Royen　406

Maranta arundinacea Linn. 376

Marsilea crenata Presl 208

Marsilia quardrifolia L. 271

Matthiola incana （L.）R. Br. 306、307

Maytenus diversifolia （Maxim.）D. Hou 192

Medicago sativa L. 289、297

Melia azedarach L. 42、55、61、86、361

Melaleuca leucadendron L. 81、84、89、328

Melicope pteleifolia （Champ. *ex* Benth.）T. Hartley 320

Melicope triphylla （Lam.）Merr. 321

Meliosma rhoifolia Maxim. 332

Meliosma squamulata Hance 324

Mentha spp. 106

Merremia tuberosa （L.）Rendle 406

Mesembryanthemum cordifolium L. f. 227

Messerschmidia argentea （L. f.）Johnston 37、71、328

Mesona procumbens Hensl. 406

Metasequoia glyptostroboides Hu *et* Chen 67、210

Michelia alba DC. 73、109、241、310、381

Michilia champaca L. 300

Michelia compressa （Maxim.）Sargent 69

Michelia figo （Lour.）Spreng. 406

Mikania micrantha H. B. K. 350

Mimosa diplotricha C. Wright *ex* Sauvalle 349

Mimosa pudica L. 306、307、350

Mirabilis jalapa L. 124、304、305、311、326

Miscanthus floridulus （Labill.）Warb. 406

Momordica charantia （L.）Roem. 303

Monstera deliciosa Liebm. 31、245

Morinda umbellata L. 332

Morus nigra L. 327

Morus alba L. 47

Morus alba Linn. 328

Murraya paniculata （L.）Jack. 111、152、361

Musa basjoo S. *et* Z. 270

Musa coccinea Ander. 384

Musa nana Lour. 32、270

Myrica rubra S. *et* Z. 55、222

Myristica ceylanica A. DC. var. *cagayanensis* （Merr.）J. Sinclair 146、360

Myoporum bontioides A. Gray 191

N

Nacissus tazetta L. var. *chinensis* Roem. 60

Nageia nagi （Thunb.）O.Ktze. 241

Nageia nagi （Thunb.）Kuntze 146

Nandina domestica Thunb. 55、122

Narcissus tazetta L. 126、329、386

Nerium indicum Mill. 51、122、226、302、311

Nelumbo nucifera Gaertn. 58、207、239、272、312

Neodypsis decaryi Jumelle 320、378

Neolitsea konishii （Hay.）Kaneh. *et* Sasaki 35

Nephrolepis auriculata （L.）Trimen 363

Nepenthes mirabilis （Lour.）Durce 406

Nicotiana tabacum L. 306、307

Nucifera coco L. 297

Nuphar spp. 206

Nymphaea nouchali Burm. f. 325

Nymphaea tetragona Georgi 208

Nymphoides coreana （Lev.）Hara 207

Nymphoides peltatum （Gmel.）O. Kuntze 50、58、207、273

O

Ocium basilicum L. 107

Odontonema strictum （Nees）Kuntze 148、244、325、375

Ophiorrhiza japonica Blume 331

Ophiopogon japonicus （L. f.）Ker-Gawl 125、245

Ophiopogon japonicus （L.f.） Ker-Gawl. 'Nanus' 125、245

Opilia amentacea Roxb. 165

Opuntia dillenii (Ker-Gawl.) Haw. 407

Opuntia spp. 372

Ormosia hosiei Hemsl. *et* Wils. 257

Oryza sativa L. 308

Osmanthus fragrans Lour. 260、282

Osmanthus fragrans （Thunb.） Lour. 111、260、282、312

Osmanthus heterophyllus （G.Don.） Green 318

Osmorhiza aristata （Thumb.） Makino *et* Yabe 284

Osmunda japonica Thunb. 149、181

Osteomeles anthyllidifolia Lindl. 168

Oxalis violacea L. 'Purple Leaves' 36

P

Pachira macrocarpa （Cham. & Schl.） Schl. 407

Pachystachys lutea Nees 374

Paeonia lactiflora Pall. 57、269、280

Paeonia suffruticosa Andr. 57、263

Palaquium formosanum Hay. 91、95、165、361

Paliurus ramosissimus （Lour.） Poir. 331

Panax ginseng C. A. Mey. 290

Pandanus odoratissimus L. f. var. *sinensis* （Warb.） Kaneh. 192

Pandanus utilis Bory 96、379

Panicum maximum Jacq. 355

Papaver rhoeas L. 300、311、385

Papaver somniferum L. 300

Paris polyphylla Sm. 322

Parthenium hysterophorus Linn. 353

Parthenocissus tricuspidate （Sieb & Zucc .) Planch. 123

Pasania hancei （Benth.） Schott. 321

Pascopyrum smithii （Rybd.） Love 138

Paspalum conjugatum Berg. 137

Paspalum distichum L. 137

Paspalum notatum Flugge 134

Passiflora hispida DC. 352

Paulownia fortunei Hemsl. 31

Paulownia kawakamii Ito 328

Pedilanthus tithymaloides （L.） Poit. 226

Pelargonium x hortorum Bailey 124

Pellionia radicans （Sieb. & Zucc.） Wedd. 325

Peltophorum pterocarpum （DC.） Backer *ex* K. 382

Pemphis acidula J. R. Forst. & G. Forst. 167

Pennisetum alopecuroides （L.） Spreng. 238、278

Pennisetum clandestinum Hochst *ex* Chiov. 137

Pennisetum purpureum Schumach. 356

Pentas lanceolata （Forsk.） Schum. 125、379

Petunia x hybrida Hort. *ex* Vilm 374

Peristrophe roxburghiana （Schult.） Bremek. 344、333

Peucedanum japonicum Thunb. 195

Phalaenopsis aphrodite Rchb. f. 245

Philodendron selloum Koch 245

Philodendron spp. 245、375

Philoxerus wrightii Hook. f. 169

Philydrum languginosum Banks & Sol. 210

Phleum bertolonii D.C. 138

Phlox drummondii Hook 337、375

Phoebe zhennan S. Lee 104

Phoenix canariensis Hort. *ex* Chabaud. 378

Phoenix hanceana Naudin 166、192、362

Phoenix reclinata Jacq. 378

Phoenix roebelenii O' Brien. 313、383

Phoenix spp. 75

Phoenix sylvestris （L.） Roxb. 383

Photinia parvifolia（Pritz.）Schneider　152

Photinia serratifolia（Desf.）Kalkman　30

Phragmites communis（L.）Trin.　148、209

Phyllanthus myrtifolius Moon　122、383

Phyllanthus emblica L.　302

Phyllostachys aurea Carr. *ex* A. & C. Riviere　328

Phyllostachys bambusoides S. *et* Z. f. *larcrima-deae* Keng f. *et* Wen　267

Phyllostachys bambusoides Sieb. *et* Zucc.　266、283

Phyllostachys makinoi Hayata　147

Phyllostachys nigra（Lodd.）Munro　147、327

Phyllostachys pubescens Mazel *ex* de Lehaie.　267

Phyllostachys sulphurea（Carr.）Riviere　89

Phylostachys nigra（Lodd.）Munro　408

Pieris japonica（Thunb.）D. Don　331

Pilea notate C.H.Wright　374

Pinus armandi Franch.　257

Pinus bungeana Z. *ex* Endl.　89、328

Pinus densiflora S. *et* Z.　90

Pinus elliottii Engelm.　176

Pinus massoniana Lamb.　86、175、256、282、331

Pinus morrisonicola Hayata　176、321、360

Pinus parviflora S. *et* Z.　176、381

Pinus spp.　224、237

Pinus taiwanensis Hayata　320

Pinus thunbergii Parl.　91、327、381

Pinus sylvestris Linn.

Piper betle L.97、297

Pistacia chinensis Bunge　44、334、36

Pistia stratiotes L.　205、357

Pittosporum pentandrum（Blanco）Merr.　147、361

Pittosporum tobira Ait.　147、153、166、361

Pisonia umbellifera（Forst.）Seem.　408

Pisum sativum L.　302

Pithecellobium dulce（Roxb.）Benth　408

Platanus orientalis L.　87、382

Platycodon grandiflorus（Jacq.）A. DC.　54、124

Pleioblastus fortunei（Houtte）Nakai　122

Ploygonum tinctoriium Lour.　325

Pluchea carolinensis（Jacq.）G. Don　354

Pluchea sagittalis（Lam.）Cabera　358

Plumbago auriculata Lam.　324、378

Plumeria acuminata Ait.　309

Plumeria obtuse L.　226

Plumeria rubra L.　110、226、332、371

Poa annua L.　137

Poa pratensis L.　137

Poa trivialis L.　138

Podocarpus costalis Presl　146、222、241

Podocarpus macrophyllus（Thunb.）Sweet　34、176、222、241、381

Podocarpus nakaii Hay.　241、322

Podophyllum pleianthum Hance　244

Polianthes tuberosa L.　113、127、376

Polyalthia longifolia（Sonn.）Thwaites 'Pendula'　70、381

Polygonum cuspidatum Sieb. *et* Zucc.　148

Polygonum orientale L.　59、148、209、269

Polyscias guilfoylei（Bull）L. H. Bailey　337

Poncirus trifoliate（L.）Raf.　54、153

Pongamia pinnata（L.）Pierre　190、361

Populus alba L.　286

Populus pyramidalis Roz.　70

Populus spp.　47

Populus tomentosa Carr.　89、286

Poria cocos（Schw.）Wolf　290

Portulaca grandiflora Hook.　124、374

Portulaca pilosa L.　227、314

Portulaca pilosa L. subsp. *grandiflora*（Hook.）Geesink.　227

Portulaca oleracea Linn.　331

Portulaca umbraticola Kunth　29

Potamogeton crispus L.　276

Potamogeton octandrus Poir.　207

Prunus amydalus Stokes　302

Prunus armeniaca L.　57、263

Prunus campanulata Maxim.　88、176、361

Prunus davidiana（Carr.）Franch.　285

Prunus japonica Thunb.　147

Prunus mume S. *et* Z.　49、51、382

Prunus persica（L.）Batsch　409

Prunus salicina Lindl.　49

Prunus spp.　57、90、176、238

Prunella vulgaris L.　319

Prunus × *yedoensis*　（Matsum.）A. N. Vassiljeva　176

Prunus zippeliana Miq.　90

Pseudocalymma aliaceum Sandw.　51、374

Pseudolarix amabilis（Nelson）Rehd.　326

Psidium guajava L.　90

Psychotria rubra（Lour.）Poir.　322

Psychotria serpens L.　54

P. tabulaeformis Garr.　256

Pteris fauriei Hieron.　124、197

Pteroceltis tatarinowii Maxim.　324

Pterocarpus indicus Willd.　313、382

Pterocarpus vidalianus Rolfe　221

Puccinellia distans L. Parl.　138

Pueraria lobata（Willd.）Ohwi　284

Punica granatum L.　51、58、260、297、311

Pyracantha koidzumii（Hayata）Rehder　361

Pyracantha koidzumii (Hay.) Rehder　55、147、153

Pyrostegia venusta（Ker-Gawl.）Miers　373

Pyrostegia venusta（Kerr.）Miess　315

Pyrus betulaefolia Bunge　282

Pyrus bretschneideri Rehd.　258

Pyrus pyrifolia（Burm. f.）Nakai　48、158

Q

Quamoclit pennata（Lam.）Bojer　373

Quercus dentata Thunb.　47、237、259

Quercus spp.　80、82、84

Quercus variabilis Blume　84、242

R

Raphanus sativus L.　296

Ravenala madagascariensis Sonn.　32、314

Reineckia carnea（Andr.）Kunth　126、336

Rhamnus spp.　330

Rhamnus nakaharai（Hayata）Hayata　56

Rhaphiolepis indica（L.）Lindl. var. *tashiroi* Hayata　409

Rhapis excelsa（Thnub.）Henry & Rehder　147、243、383

Rhapis humilis（Thunb.）Blume　312

Rhaphiolepis umbellate var.*integerrima*（Hook. & Arn.）Masamune　147

Rhizophora mucronata Lam.　211、321

Rhizophora mucronata Poir　96

Rhododendron ellipticum Maxim　225、324

Rhododendron kanehirai Wilson　177、225、361

Rhododendron x mucronatum（Blume）G. Don 'Oomurasaki'　409

Rhododendron x obtusum（Lindley）Planchon　09

Rhododendron oldhamii Maxim.　177、225

Rhododendron pulchrum Sweet　177、314

Rhododendron simsii Planch.　51、177、261

Rhododendron spp.　122、225、238、334、383

Rhoeo spathacea（Sw.）Stearn　180

Rhus succedanea L.　46

Ribes spp.　303

Ricinus communis L.　304

Rosa bracteata J.C. Wendl. 193

Rosa chinensis Jacq. 58、155、310、382

Rosa multiflora Thunb. 49、266

Rosa multiflora Thunb. var. *carnea* Thory 58

Rosa rugosa Thunb. 51、57、154、266

Rosa spp. 152

Rosa xanthina Lindl. 154

Rosmarinus officinalis L. 29、293

Rourea minor（Gaertn.）Leenh. 330

Roystonea regia（H.B. *et* K.）O. F.Cook 313、372

Ruellia brittoniana Leonard 374

S

Saccharum sincensis Roxb. 196

Saccharum spontaneum L. 371

Samanea saman（Jacq.）Merr.

Saraca indica L. 49、337

Sapindus mukorossi Gaertn. 47

Sapium sebiferum（L.）Roxb. 46、327

Saururus chinensis（Lour.）Baill. 148、320

Saxifraga stolonifera Meerb. 124、330、384

Sageretia thea（Osbeck）Johnst. 192、334

Sagittaria trifolia L. 209、239

Salix babilonica L. 76

Salix cheilophila C. K. Schneider. 155

Salix integra Thunberg 155

Salvinia natans（L.）All. 203、205

Salix matsudana Koidz. f. *pendula* Sch. 76

Salix matsudana Koidz. 76、287

Salvia officinalis Linn. 125、227、330

Salix warburgii O. Seem. 211、360

Salvia coccinea Juss. *ex* Murray 375

Salvia farinacea Benth. 375

Salvia splendens Ker-Grawl. 124、375

Salvia spp. 375

Salvinia molesta D. S. Mitchell 199、203、357

Sarcandra glabra（Thunb.）Nakai 243

Sanchezia nobilis Hook. f. 326、372

Sansevieria trifasciata Prain 309、330、379

Santalum album L. 328

Scaevola taccada（Gaertner）Roxb. 191

Schefflera actinophylla（Endl.）Harms 75

Schefflera arboricola Hay. 152、243、335、362

Schefflera octophylla（Lour.）Harms 242、334

Schinus terebinthifolius Raddi 349

Schisandra chinensis（Turcz.）Baill. 321

Schoenoplectus triqueter（L.）Palla 149、209

Schoenoplectus validus（Vahl.）Koyama 209

Schoepfia chinensis Gardner & Champ 324

Sciadopitys verticillata（Thunb.）S. & Z. 326

Scolopia oldhamii Hance 16、154

Securinega virosa（Roxb.）Pax & Hoffm. 54

Sedum formosanum N. E. Br. 362

Sedum spp. 227

Selaginella doederleinii Hieron. 124

Selaginella tamariscina（Beauv.）Spring 124、213

Senecio cineraria DC. 38、386

Senecio cruentus（Masson）DC. 125、379

Serissa japonica（Thunb.）Thunb. 122、152、
312、321

Sequoia sempervirens Endl. 84

Sesuvium portulacastrum（L.）L. 29

Setaria italic（L.）P.Beauv. 308

Setaria viridis（L.）Beauv. 278、332

Setcreasea purpurea Boom 36

Shibataea kumasasa（Zoll. *ex* Steud.）Makino 122

Sinobambusa tootsik（Makino）Makino 147、267

Sloanea formosana Li. 332

Sophora japonica L. 76、221、256、276

Sophora japonica L. f. *pendula* Hort. 76

Sophora japonica Linn. 89

Sophora tomentosa Linn. 167

Sorbus pohuashanensis (Hance) Hedlund 318

Sorbus spp. 54、176

Sorghum bicolor（L.）Moench. 307

Solanum melongena L. 297

Solanum torvum Swartz 323

Solanum tuberosum L. 304、305、331

Solidago virgaurea L. 320

Spathiphyllum kochii Engler *et* Krause 244、375

Spathodea campanulata Beauv. 51、58、377

Spiraea formosama Hayata 154

Spiraea japonica L. f. 154

Spinifex littoreus（Burm. f.）Merr. 196

Spinacia oleracea L. 301、302

Spiraea spp. 154

Spiraea thunbergii Siebold 148

Sporobolus virginicus（L.）Kunth 330

Stachytarpheta jamaicensis（L.）Vahl. 349

Stapelia gigantea N. E. BR. 227

Stemona tuberosa Lour. 323

Stenolobium stans（L.）Seem. 49

Stenotaphrum secundatum（Walt.）Kuntze 135

Sterculia foetida Linn. 313

Sterculia nobilis Smith 305

Stranvaesia niitakayamensis Hayata 319

Strelitzia nicolai Regel & Koern. 378

Strelitzia reginae Banks 31、313、378

Strobilanthes cusia（Nees）Kuntze 411

Strychnos cathayensis Merr. 331

Styrax suberifolia Hook. & Arn. 325

Swietenia macrophylla King 45、61

Symplocos chinensis（Lour.）Druce 327

Syngonium podophyllum Schott. 375

Syringa julianae Schneid. 52

Syringa oblate Lindl. 265

Syzygium aromaticum（L.）Merr. 105、299

Syzygium aromaticum（L.）Merr. *et* Perry. 299

Syzygium buxifolium Hook. & Arn 152、325、362

Syzygium jambos（L.）Alston 115

T

Tabebuia chrysantha（Jacq.）Nichols. 49、59、371

Tabebuia impetiginosa（Mart. *ex* DC）Standl. 315

Tabebuia pentaphylla（L.）Hemsl. 50、59

Tabernaemontana divaricata（L.）B.Br. 383

Tagetes erecta Linn. 314、375

Tamarix aphylla（L.）H. Karst. 192

Tarmarix chinensis Lour. 28

Taxodium distichum（L.）Rich. 68、210、370

Taxus sumatrana（Miq.）de Laub. 151、325

Taxillus sutchuenensis（Lecomte）Danser 277

Tecoma stans（Linn.）Juss. 59、326、372

Terminalia caltappa L. 46

Ternstroemia gymnanthera（Wright *et* Arn.）Bedd. 34、242、361

Tetraclinis articulata（Vebl.）Masters 321

Tetragonia tetragonoides（Pall.）Ktze. 194

Tetrapanax papyriferus（Hook.）K.Koch. 75

Terminalia arjuna（Roxb.）Beddome 321

Terminalia boivinii Tul. 315

Thuarea involuta（G. Forst.）R. Br. 196

Thuja orientalis L. 29、146、153、258、282、311、323、381

Thuja orientalis L. 'Aurea Nana' 411

Thunbergia erecta（Benth.）T. Anders. 244、378

Thunbergia gradiflora（Roxb. *ex* Rotter）Roxb. 383、384

Tillia spp. 73

Toddalia asiatica（L.）Lamarck 106

Toona sinensis（Juss.）M. Roem. 290、318

Tournefortia argentea L. f. 166、191、362

Trachelospermum jasminoides（Lindl.）Lem. 123、362

Trachycarpus fortunei（Hook.）Wendl. 411

Trapa bispinosa Roxb. 208、272

Trema orientalis Blume 225

Trifolium repens L. 133

Tradescantia fluminensis Vell. 355

Triarrhena sacchariflora（Maxim）Nakai 271

Tribulus terrestris L. 278、284

Tristellateia australasiae A. Richard 383

Triticum aestivum L. 296

Tropaeolum majus L. 374

Thuja orientalis L. var. *nana* Carr. 323

Tutcheria shinkoensis（Hayata）Nakai 327

Typha angustifolia Linn. 363

Typha orientalis Presl 149、209、272

U

Ulmus parvifolia Jacq. 72、83、87、360

Ulmus pumila L. 151

Uraria crinita（L.）Desv. *ex* DC. 330

Urtica thunbergiana Sieb. & Zucc. 333

Usnea diffracta Vain. 277

Utricularia spp. 205

V

Vaccinum bracteatum Thunb. 327

Viburnum odoratissimum Ker. 55、146、150、153

Viburnum plicatum Thunb. 337

Viburnum spp. 54

Vicia cracca L. 288

Vicia faba L. 302

Vigna marina（Burm.）Merr. 194

Vigna radiata（L.）Wilczek 300

Vigna umbellata（Thunb.）Ohwi *et* Ohashi 289

Viola tricolor L. 125、386

Vitex negundo L. 285、326

Vitex rotundifolia L. f. 194

Vitis flexuosa Thunb. 285

Vitis uinifera L. 56

W

Washingtonia filifera（Linden *ex* Andre）Wendl. 76、373

Wedelia chinensis (Osbeck) Merr. 412

Wedelia triloba（L.）Hitchc. 351

Welwitschia mirabilis Hook.f 320

Weigela florida（Bunge）A. DC. 51、154

Wisteria sinensis（Sims.）Sweet. 53、315

X

Xanthium strumarium L. 283、296、332

Xylosma racemosum（Sieb. *et* Zucc.）Miq. 154

Y

Yucca gloriosa L. 373

Z

Zamia furfuracea Ait. 371

Zamioculcas zamiifolia（Lodd.）Engl. 317、337

Zanthoxylum ailanthoides S. *et* Z. 88、282

Zanthoxylum bungeanum Maxim. 105、154

Zanthoxylum scandens Blume 106

Zea mays L. 306、307、308

Zebrina pendula Schnizl. 39、354、376

Zelkova serrata（Thunb.）Makino 72、87、332、360

Zephyranthes candida（Lindl.）Herb. 127、376

Zephyranthes carinata（Spreng.）Herb. 376

Zingiber officinale Roscoe 308

Zingiber zerumbet（L.）Sm. 210

Zinnia elegans Jacquin　124

Zizania latibolia（Griseb.）Stapf.　209

Ziziphus jujuba Mill. ' toutuosa'　76、153、279

Ziziphus jujuba Mill. var. *spinosa*（Bunge）Hu
　153、279

Zoysia japonica Steud.　135

Zoysia matrella（L.）Merr.　135

Zoysia tenuifolia Willd. *ex* Trin.　135

索引

國家圖書館出版品預行編目資料

植栽設計選種大要／潘富俊著. --初版.--臺中
市：尚禾田股份有限公司，2021.9
　　面：　公分.
ISBN 978-986-06638-0-8（平裝）
1.景觀園藝 2.景觀工程設計 3.園藝學
435.7　　　　　　　　　　　110008373

植栽設計選種大要

作　　者　潘富俊
校　　對　潘富俊、李芝韻
發 行 人　梁心怡
出　　版　尚禾田股份有限公司
　　　　　401台中市東區東光園路24號
　　　　　Mail：sunherbsfield@gmail.com
設計編印　白象文化事業有限公司
　　　　　專案主編：陳逸儒　經紀人：徐錦淳
經銷代理　白象文化事業有限公司
　　　　　412台中市大里區科技路1號8樓之2（台中軟體園區）
　　　　　出版專線：（04）2496-5995　　傳真：（04）2496-9901
　　　　　401台中市東區和平街228巷44號（經銷部）
　　　　　購書專線：（04）2220-8589　　傳真：（04）2220-8505
印　　刷　基盛印刷工場
初版一刷　2021年9月
定　　價　680元

白象文化　印書小舖 PressStore　出版 · 經銷 · 宣傳 · 設計
www·ElephantWhite·com·tw　f 自費出版的領導者　購書 白象文化生活館